发酵肉制品中功能乳酸菌的研究与应用

田建军　靳　烨　著

中国轻工业出版社

图书在版编目（CIP）数据

发酵肉制品中功能乳酸菌的研究与应用 / 田建军，
靳烨著 . — 北京：中国轻工业出版社，2024.1
ISBN 978-7-5184-4563-9

Ⅰ.①发⋯ Ⅱ.①田⋯ ②靳⋯ Ⅲ.①发酵肉制品—
乳酸菌发酵—研究 Ⅳ.① TS251.5 ② TS252.42

中国国家版本馆 CIP 数据核字（2023）第 180121 号

责任编辑：伊双双　　责任终审：劳国强
文字编辑：邹婉羽　　责任校对：吴大朋　　封面设计：锋尚设计
策划编辑：伊双双　　版式设计：砚祥志远　　责任监印：张　可

出版发行：中国轻工业出版社（北京鲁谷东街 5 号，邮编：100040）
印　　刷：北京君升印刷有限公司
经　　销：各地新华书店
版　　次：2024 年 1 月第 1 版第 1 次印刷
开　　本：710×1000　1/16　印张：17.75
字　　数：357 千字　插页：6
书　　号：ISBN 978-7-5184-4563-9　定价：88.00 元
邮购电话：010-85119873
发行电话：010-85119832　　010-85119912
网　　址：http://www.chlip.com.cn
Email：club@chlip.com.cn
如发现图书残缺请与我社邮购联系调换
200434K1X101ZBW

前　　言

发酵肉制品，特别是一些传统发酵肉制品多采用自然发酵，参与发酵的微生物主要来自原料和生产环境，环境条件和地区差异可以筛选和富集不同类型和代谢特征的菌群。受地理、气候、人为操作等因素的影响，发酵肉制品中的菌群结构及其细菌丰度往往存在明显不同，造就了发酵肉制品中微生物的多样性，也导致了产品品质的差异性。乳酸菌是最早从发酵肉制品中分离出的微生物，其自身的功能及理化特性与发酵肉制品品质密切相关，是传统发酵肉制品中重要的优势菌群，可抑制腐败菌的生长与脂肪的过度氧化。

近年来，由靳烨教授作为内蒙古自治区"草原英才"产业创新团队和内蒙古农业大学"肉品科学与技术"创新团队学术带头人，领导建设的"肉品科学与技术"研究平台于 2020 年入选了农业农村部"生鲜牛羊肉加工技术集成"科研基地，成为国家级研究基地。田建军教授曾在加拿大曼尼托巴大学（University of Manitoba）研修学习，主要从事肉品科学基础理论与应用技术研究，工作期间积极探索牛羊肉及其制品特色风味形成机制，潜心构建牛羊肉精深加工关键技术体系。本书的研究内容主要是在国家重点研发计划中美国际合作项目（2016YFE0106200）、国家自然科学基金项目（31960514）、内蒙古自治区科技计划项目（201701008、2019GG239）、内蒙古自治区科技成果转化项目（2019CG066）、内蒙古自治区自然科学基金重大专项（2020ZD11）等项目的支持下完成。

在认真梳理了近几年研究工作的基础上，我们撰写了本书。本书内容包括 6 章：第一章发酵肉制品概述，简要论述了发酵肉制品的概念、分类、生物活性物质、非健康因子、优势乳酸菌及其对胆固醇的调控、品质特性及其研究现状；第二章发酵肉制品细菌多样性分析，详细论述了发酵肉制品细菌物种信息、优势菌的群落结构以及乳酸菌功能预测；第三章发酵肉制品中功能乳酸菌代谢组学分析，对不同发酵方式发酵肉制品代谢物进行了组学比较分析、主成分分析、差异物质聚类分析以及差异代谢物鉴定与分析；第四章发酵肉制品中功能乳酸菌的筛选及生物学特性分析，详细论述了乳酸菌的分离、筛选、鉴定、耐受性、降胆固醇与产脂肪酶的能力及全基因组测序分析；第五章发酵肉制品中优势乳酸菌抗氧化及体内降胆固醇作用，评价了乳酸菌抗氧化特性及体内降胆固醇作用；第六章乳酸菌对发酵肉制品品质特性的影响，详细论述了瑞士乳杆菌对发酵肉制品品质特性的影响、戊糖片球菌对发酵羊肉干品质特性的影响、嗜酸乳杆菌和木糖葡萄球菌对发酵香肠理化品质及有害生物胺的影响、乳酸菌对发酵肉制品中脂肪酸和氨基酸的影响。

本书凝聚了由靳烨教授带领的内蒙古农业大学肉品科学与技术研究团队多年的科研积累，通过分析传统发酵肉制品微生物多样性及安全性，筛选优良乳酸菌调制肉制品专用发酵剂并进行示范，以便提高产品的食用安全性及科技含量，促进传统发酵肉制品向现代化加工食品的转变。本书内涵研究团队的创新性及前沿性研究成果，旨在为肉制品加工研究与产业化示范以及应用提供参考和帮助，为我国肉制品加工产业的健康快速发展提供技术支持。

参与本书整理和书中所涉及实验研究过程的人员有张开屏、贺银凤、赵丽华、苏琳、郭月英、段艳、孙立娜、张保军、顾悦、王德宝、马牧然、曹凯慧、马俊杰、韩军、王怡、王待巽、高芳、景智波、杨明阳、李权威、赵艳红、郭慧芬、程峰、杨雪倩、魏雅茹、石乐乐、钱敏、夏玲燕、徐晔等，他们为本书的面世做出了重要贡献，在此一并表示衷心的感谢。

鉴于肉制品加工业的发展日新月异，书中难免有不当之处，恳请各位读者批评指正。

田建军、靳烨

2023 年 9 月

目　　录

第一章

发酵肉制品概述

　　乳酸菌作为一类在自然界中普遍存在的革兰阳性细菌，在发酵肉制品中有着极大的应用价值和开发前景。同时，人们对于乳酸菌已经有了很深入的了解，从对乳酸菌的分离、筛选、纯化、鉴定到乳酸菌代谢组学分析，以及对乳酸菌的功能和生物学特性都进行过细致的研究。目前，对于乳酸菌的研究已经深入到了基因层面，研究学者们通过对发酵肉制品中功能乳酸菌的全基因组测序分析，在基因层面上取得了一定的研究进展。有研究表明，乳酸菌具有抑菌、抗氧化、降胆固醇、抗肿瘤、延缓衰老及增强免疫力等功能（Charles 等，1997）。同时，将乳酸菌接种到发酵肉制品中，在发酵过程中能够产生大量酶，对碳水化合物、脂肪及蛋白质进行初步水解，产生大量具有活性的小分子物质，可以改善肉品品质、色泽、质地及风味，也可以降低发酵肉制品中亚硝酸盐的含量，为开发新型功能性食品提供了一种新的途径。

　　肉类属于优质蛋白质来源，含有丰富的蛋白质和生物活性肽，同时肉类也是维生素和矿物质的重要来源。例如，铁、硒、维生素 A、维生素 B_{12}、叶酸等营养素或者不存在于植物源性食物中或者即使存在于植物源性食物中生物利用率也很低。作为饮食的重要组成部分，肉类除了能保证人体微量营养素的摄入量，还参与能量代谢的调节过程，因此肉制品是人类的重要营养来源（Biesalsihk 等，2005）。几千年前，人们开始采用发酵来延长肉的保存时间，发酵肉制品成为了一种独特的肉类产品。与一般肉制品相比，发酵肉制品的发酵过程能够对肉中的蛋白质、糖类、脂肪等物质进行初步的分解，产生更多的肽、更丰富的氨基酸和挥发性脂肪酸，不仅使肉制品的营养成分更丰富，而且使其更容易被消化吸收。发酵肉制品在肉制品中占据着重要的地位，且因其特殊的发酵风味、高营养、高消化率等特性备受消费者的青睐而被广泛生产销售。研究和发展发酵肉制品产业是促进我国肉制品工业迅速发展的关键之一（董建国等，2012）。

第一节　发酵肉制品的概念与分类

　　发酵肉制品是指猪、羊、牛等禽畜肉类利用自然环境中的微生物或者添加人工发酵剂发酵，经过腌制、干燥、成熟等一系列工艺生产的一类水分活度（A_w）较低、pH 较低，且具有良好风味、色泽和质地，能够长期保存的肉制品（李默等，2017）。

　　发酵肉制品的特点：①易消化，新风味，高营养。通过微生物在代谢过程中产生的蛋白酶，将肉中的蛋白质分解成氨基酸和肽，同时形成大量的酸类、醇类、杂环化合物、氨基酸和核苷酸等风味物质，从而赋予肉制品独特的风味，并极大提高了其消化性能与营养价值。②色泽鲜艳，不易变色。利用微生物的发酵（如葡萄糖发酵产生乳酸）使肉制品的 pH 降至 4.8~5.2，在氢离子的作用下，亚硝酸分解为 NO，NO 与肌红蛋白结合生成亚硝基肌红蛋白，最终使肉品呈腌制的特有色泽；再者，发酵过程中产生的 H_2O_2 还原为 H_2O 和 O_2，防止了肉的氧化和变色。③抑制有害毒素，降低生物胺含量。发酵中的发酵剂产生的细菌素、H_2O_2 及有机酸、醇等都具有一定的杀菌作用，可以抑制肉毒梭菌的繁殖和毒素的分泌，同时能够降低脱羧酶的活性，避免生物胺的形成。④抗癌。肠道内腐生菌分解食物、胆汁等，可以产生许多有害代谢产物（如色氨酸产生甲基吲哚和胺、氨、硫化氢），这些物质是潜在的致癌物，此外，腐生菌还能将一些致癌前体物质转化为致癌物，而发酵肉制品中的双歧杆菌及其他乳酸菌等均能抑制腐生菌的生长和上述致癌物的生成，起到防癌的作用。⑤保证食品安全，延长产品保质期。接种筛选出来的有益微生物，可起到对致病菌和腐败菌的竞争性抑制作用，从而保证产品的安全性并延长产品保质期。发酵肉制品的保质期普遍可以达到在常温下保存 6 个月。我国的"金华"火腿，保质期可达一年以上。⑥改善质构，增进口感。由于微生物及酶的发酵导致其结构发生良性变化，经过发酵的肉制品肉质鲜嫩，口感舒适（周传云等，2004；郭晓芸等，2009；李轻舟等，2011；葛长荣等，2002）。

发酵肉制品作为肉类产品中的一个重要组成部分，因其特殊的风味和诱人的色泽而受到人们的喜爱。通常情况下，发酵肉制品根据其制作方式的不同，可以分为发酵香肠、发酵火腿以及风干肉等，具体产品见表 1-1。在内蒙古地区，常见的发酵肉制品主要是发酵香肠以及肉干制品，因此针对地域特点，本节主要对发酵香肠以及风干肉进行概述。

表 1-1　　　　　　　　　　　发酵肉制品的种类及具体产品

种类	具体产品
发酵香肠	广式腊肠、川味腊肠、意大利萨拉米香肠等
发酵火腿	金华火腿、宣威火腿等
风干肉	风干牛肉、猪肉等

一、发酵香肠

（一）发酵香肠概述

发酵香肠是指在自然或人工控制条件下，将绞碎的原料肉、动物脂肪同发酵剂以及其他辅料混合灌进天然或人造肠衣，经微生物发酵而制成的具有稳定微生物特性、较好保藏性能、典型风味及诱人色泽等的肉制品。发酵香肠通常以 pH 高低分为低酸和高酸两种；有时也按照产品 A_w 的变化，将其分为涂抹型香肠、半干型香肠和干香肠三种。发酵香肠在微生物和酶的作用下，还原硝酸盐形成亚硝酸盐的过程中可促使产品发色，呈现诱人的玫瑰红色；香肠发酵后pH 低于 5.3，此时可抑制香肠中腐败菌的生长繁殖，也可掩盖除去原料肉的腥、膻等不良风味。研究人员通过对微生物发酵剂菌种的筛选以及生物工程技术的研究，使发酵香肠完成了从传统的自然发酵向定向接种培育的工业化生产的转变，并形成了较为成熟的发酵肉制品的生产工艺（张开屏等，2017）。在我国，传统发酵香肠生产中的原料肉大多数采用新鲜猪肉，而以羊肉为原料肉成功解决了发酵香肠产品种类单一的问题，羊肉发酵香肠作为一种新型发酵香肠有广阔的发展前景。

几千年前，人们就已经开始采用发酵来延长肉的保存时间。在发酵香肠的发酵过程中，肉类蛋白质降解会产生一些生物活性肽，如血管紧张素转换酶（AngiotensinI-converting Enzyme，ACE）抑制剂、谷胱甘肽和抗氧化肽等（Arihara 等，2006）。目前，一些研究人员已经在发酵香肠中发现了具有体外抗氧化或抗高血压作用的小分子多肽、寡肽、游离氨基酸和一些其他生物活性分子，如共轭亚油酸、肌肽、鹅肌肽、谷胱甘肽、肉碱、肌酸、牛磺酸、辅酶 Q、胆碱等（Broncano 等，2011；Sentandreu 等，2013）。

（二）发酵香肠的起源

发酵香肠起源于地中海地区，那里气候温和，湿度较大，有利于发酵香肠的成熟。罗马人在两千多年前就用碎肉加盐、糖和香辛料制成美味可口的香肠，并且这类产品具有较长的保质期（孟少华等，2006）。

随着人们对发酵肉制品认识的加深，发酵香肠的发酵方式和生产技术得到了进一步的改善。总的来说，发酵香肠的发展大致经历了两个历史阶段：第一阶段是 20 世纪以前，当时是以自然发酵为基础，采用传统发酵工艺生产发酵香肠；第二阶段是 20 世纪前期在欧美兴起的，以人工添加发酵剂即微生物纯培养物为标志，采用现代生物技术手段和现代发酵控制技术进行发酵香肠研制和生产（蓝梦哲等，2011）。随着我国改革开放的深入，我国的肉制品工业得到了飞速发展，人民生活水平大幅度提高，国人开始重视发酵制品的研究与开发。国内研究者从各个方面开始对发酵香肠展开研究。国内关于发酵香肠的研究主要是吸收国外的研究成果和技术，结合中国发酵肉制品传统技术，研发适合中国人口味的中式发酵香肠（马德功等，2007）。

（三）发酵香肠的分类

发酵香肠的分类总体上有 3 种。①按照水分含量可以分为干发酵香肠和湿发酵香肠。干发酵香肠的成熟时间一般在 4 周以上，代表产品是正宗意大利香肠和匈牙利香肠。②湿发酵香肠的成熟时间一般小于 4 周，代表产品是西班牙生香肠和美国夏季香肠。发酵香肠按照发酵酸度分为低酸发酵香肠和高酸发酵香肠。其中高酸发酵香肠的 pH 一般在 5.4 以下，代表产品是广式发酵香肠和欧洲的萨拉米香肠；低酸发酵香肠的 pH 一般在 5.5 以上，代表产品是美国香肠（崔国健，2017）。③发酵香肠按照发酵产地可以分为意式香肠、德式香肠、美式香肠和中式香肠等。意式香肠的水分含量和酸度较低，代表产品是米兰萨拉米香肠和那不勒思萨拉米香肠；德式香肠的水分含量较高，口味相对较酸，代表产品是 Dauerwerst；而中式香肠属于低水分低酸的自然风干香肠，代表产品是川味腊肠和广味腊肠等。

（四）发酵香肠的特点

1. 安全性

发酵香肠的安全性，主要取决于原料肉的新鲜程度、微生物发酵剂以及外加的辅料种类及含量占比。一般认为发酵香肠是安全的，因为低 A_w 和低 pH 抑制了肉中病原微生物的增殖。发酵和成熟期间，有害微生物会因香肠中的酸性环境而死亡。

2. 稳定性

发酵香肠是一类性质非常稳定的产品，保质期一般较长。这种稳定性是低 A_w、低 pH、高浓度食盐和亚硝酸盐以及有机酸等多种因素组合的结果。在直径比较大的香肠中，低氧化还原电位会进一步抑制好氧型腐败微生物的生长。发酵香肠的种类不同，其稳定性也有差别，这是各种抑制因素在不同产品中的相对重要性不同所致（刘战丽等，2002）。

3. 营养特性

乳酸菌和含活的乳酸菌的食品会在人体肠道内发挥作用，从而形成不利于有害微生物增殖的环境，有利于协调人体肠道内微生物菌群的平衡（徐岩等，2001）。乳酸菌还能降低致癌前体物质的量，并降低转化前体物质生产致癌物的酶的活性，因此可减少致癌物污染的危害。发酵过程中，肌肉蛋白质被分解成肽和游离氨基酸，因此消化率升高。而且微生物是理想的食品防腐剂，应用发酵剂后往往不需要再使用其他化学防腐剂（张元生等，1991）。

二、风干肉

（一）风干肉概述

风干肉为鲜（冻）肉经修整和腌制（或不腌制）后，置于通风良好的风干环境中，去除肉中的部分水分后，经熟制或不经熟制加工而成的肉制品（饶伟丽等，2017）。肉制品的加工方式起源于不同的贮藏方法，在没有制冷技术及设备的时代，人们会把食用剩余的肉制品吊挂在野外干燥，这样处理的剩肉不仅保存时间较长，食用时还很有风味，由此出现了风干肉（朱建军等，2014）。风干肉是典型的传统肉制品，其生产加工历史悠久，早在三千多年前的《周礼》中就有关于风干肉的文字记载（李新生等，2012）。史书记载：成吉思汗常年率队征战，便将鲜牛肉风干好放在皮囊中随身携带，由于风干肉拥有体积较小、营养丰富、不易变质等特点，为蒙古大军建立战功起到了重要的作用，同时解决了运输粮草的问题，因此风干肉也被称为成吉思汗军粮（孙宇霞等，2010）。

（二）风干肉的起源

风干肉也是一种非常有特色的传统中式肉制品，其生产加工历史悠久。在新疆、西藏和内蒙古西部地区，因冬季寒冷，所以肉类产品可以进行长期的悬挂贮藏而不用担心腐败变质等问题，对风干肉进行简单的"一洗二煮三上盘"，就可以品尝到浓浓的肉香。在西藏地区，因其寒冷的气候原因，牧民普遍爱吃一些肉类产品，一方面可以享受到肉干的鲜美，另一方面可以从肉中获取能量和营养，从而抵御严寒，度过漫长冬季。相对于其他肉类产品，风干肉的风味主要来源于肉本身的味道，风干肉一般采取自然晾晒的方式，将肉切成条状，悬挂在阴凉处，使肉在自然风干的状态下，肉品本身的碳水化合物、脂肪以及蛋白质等营养物质被分解转化，从而生成一系列的风味物质，形成独特的味道。同时，风干肉一般选择气温较低的季节进行晾晒，一般是11月左右制作肉条，在来年的春季，肉条就变成了肉干，在去除水分的同时，又形成了特殊的鲜味。这样既保证了较低的水分含量，又保持了肉本身的鲜味。风干肉的制作过程，一般是先经过温水浸泡，沥干后用糖、盐、酱油、硝酸钠和白酒等腌制，然后进行烘烤，通过控制干湿程度使风干肉的表面受热均匀，经过晾晒烘焙后形成风干肉。自然晾晒的过程中，来源于原料本身和环境中的微生物，特别是一些耐低温的乳酸菌和葡萄球菌仍然具有代谢活力，可以代谢产酸、产细菌素、产蛋白酶和脂肪酶等，这些酶对蛋白质和脂肪进行适当的降解和氧化，从而赋予产品独特的感官和食用品质。所以传统的风干肉是一种自然发酵的、风味独特的发酵肉制品。

（三）风干肉的营养价值

传统风干肉一般是顺着肌肉纹理分割成长条状，有利于悬挂，色泽黑褐发亮。风干肉的口感外硬里嫩，是一类高蛋白质含量的理想食品。据研究，每100g风干肉中，蛋白质含量约为45.6g，是新鲜牛肉的2.3倍，脂肪含量约为40g，是新鲜牛肉的4倍；钙、磷、铁等微量元素的含量相对较高，可以满足人体营养需求，其中风干肉中的铁元素以血红素铁为主要存在形式，是人体中存在的生物利用率较高的一种铁元素存在形式，且不受食物中其他因素的干扰（史晓燕等，2012）。

第二节 发酵肉制品中的生物活性肽

发酵肉制品作为肉制品的一个重要门类，其对我国肉类经济发展的贡献不容忽视（冉春霞等，2017）。在自然或人工控制条件下，利用微生物或酶的发酵作用，使原料肉发生一系列生物化学变化及物理变化，可以形成具有特殊风味、色泽和质地，能够较长时间保藏的肉制品。在发酵过程中来源于肉中的蛋白酶以及微生物代谢产生的蛋白酶，甚至是微生物菌体将原料肉中的蛋白质进行初步水解产生具有生物活性的小分子多肽、寡肽等，经分离、纯化后制备出的具有特定生理功能的小分子肽类物质被称为生物活性肽（Kim等，2018）。

一、生物活性肽的特性

生物活性肽（Bioactive peptides，BAP）是指对生物机体的生命活动有益或具有生理作用的肽类分子，又称为功能肽。活性肽是由氨基酸以不同的组成、数量和排列方式构成的，其结构介于氨基酸和蛋白质之间，既有大量氨基酸组成的复杂的长链多肽，也有只由2个氨基酸组成的二肽，均可通过糖基化、磷酸化或酰基化进行修饰（杨闯，2003）。生物活性肽具有调节人体生理机能的作用，这些调节作用几乎涉及人体所有的生理系统，如心血管系统、消化系统、免疫系统等（巢警受等，2010）。许多活性肽还具有原蛋白质或其组成氨基酸所不具备的独特的生理活性（郑惠娜等，2008）。由于其众多的生理功能，生物活性肽在功能性食品的研究中具有重要的地位，是食品学界研究的热点之一。

（一）生物活性肽的功能

自然界蛋白质的种类千差万别，尽管不同的生物都具有功能上非常相似的蛋白质，但由于其非功能区存在着较大氨基酸差异，所以不能互相使用。因为生物通过免疫系统识别自身蛋白质和外来蛋白质的这些非功能区的差异来消除异己和保持自身稳定性。生物活性肽可有效地避免免疫排斥反应的困扰，从而在不同生物体内使用，这也是生物活性肽应用于医药工业的最重要的基础。目前人们已经发现并逐步应用于临床实践的活性肽的生理功能主要有以下几项（岑怡红，2006）。

1.抑制微生物生长

抗菌肽一般是指能抑制或杀灭微生物的多肽或寡肽，是宿主非特异性防御系统的重要组分。多数抗菌肽由12~60个氨基酸残基组成，分子质量小于10ku。抗菌肽通常有两亲结构，N端含亲水性氨基酸残基，C端含疏水性氨基酸残基，这使抗菌肽能与两性分子构成的细胞膜结合。抗菌肽的来源广泛，人体口腔、眼睛中都含有抗菌肽。到目前为止，从生物体中分离获得的抗菌肽已经超过200种。大部分抗菌肽具有强碱性、热稳定性及广谱抗菌等特点。国内外研究成果表明，抗菌肽对部分细菌、真菌、原虫、病毒及癌细胞等均具有强大的杀伤力。临床实验也表明，在机体感染病菌或可能导致病菌感染的情况下，抗菌肽能快速杀灭已侵入的病菌，并且能阻止病菌的继续感染。Bao等（2016）的研究中，使用凝胶过滤色谱法纯化了两种类型的泥蚶血红蛋白Tg-Hb Ⅰ和Tg-Hb Ⅱ，并且测量了它们的抗菌和过氧化物酶活性。结果显示，泥蚶血红蛋白可能通过天然分子的过氧化物酶活性和从蛋白质释放的一些内部肽发挥宿主抗菌防御的作用。章检明（2018）利用琼脂扩散法筛选产抗菌肽的菌株，运用细胞吸附解吸法和阳离子交换层析法纯化抗菌肽，筛选出的鼠李糖乳酪杆菌（*Lacticaseibacillus rhamnosus*）4121所产生的抗菌肽热稳定性及酸稳定性良好，具有广谱抑菌能力。

2.降血脂、降胆固醇

高胆固醇血症是高脂血症的一种，他汀类是攻克高胆固醇血症的理想药物，需长期服用。然而长期服用此类药物会带来一定的副作用，可能导致患者血糖水平异常、肌无力、肌痛、肝酶异常以及记忆和认知障碍，有非常严重的安全隐患。研究发现，从食物蛋白中获得的具有降胆固醇作用的小肽，不仅效果好，且天然无害（宋玲钰等，2016）。降胆固醇肽主要通过抑制胆固醇的吸收、合成以及降低体内胆固醇的含量来实现降胆固醇的功效（杨玉英等，2013）。①抑制胆固醇的吸收：与胆汁酸结合。②抑制胆固醇的合成：抑制3-羟基-3-甲基戊二酸单酰辅酶A（HMG-CoA）还原酶、激活低密度脂蛋白受体（LDLR）基因的表达。③降低体内胆固醇的含量：激活7α-羟化酶，抑制胆固醇的酯化。

3.免疫增强

各种疾病的发生主要是由于机体免疫力低下。例如，机体免疫力低下可能引起感冒发烧，继续发展还可能有生命危险。根据有关报道，抗菌肽、干扰素、白介素及生物防御素等生物活性肽能够激活和调节机体免疫反应，显著提高人体外周血液淋巴细胞的增殖，从而起到抗微生物的作用。另有研究显示，某些寡肽和多肽可增强肝细胞活力，有效地调节淋巴T细胞亚群的功能，增强体液免疫和细胞免疫功能，从根本上提高人体免疫力，是治疗和预防各种肝病变的有效制剂。具有免疫调节功能的生物活性肽包括寡肽、多肽和一些蛋白酶水解的混合肽（陈月华等，2016）。邓志程（2015）的研究采用模拟消化酶水解法制备马氏珠母贝全脏器免疫活性肽，同时探究了制备的马氏珠母贝全脏器免疫活性寡肽对小鼠免疫活性的影响。结果表明，小鼠淋巴细胞的转化能力显著增强，小鼠的免疫应答能力显著提高。

4. 降血糖

生物活性肽能及时补充体内合成蛋白质的营养元素，从而减轻分泌胰岛素的胰岛 a 细胞的负担，对胰岛 a 细胞起到很好的保护作用。特别是相对胰岛素分泌不足的糖尿病患者尤为适宜。另外，生物活性肽能有效地提高机体免疫力，防止糖尿病并发症的发生，如神经系统病变、心、脑、肾及肢体等处的大血管病变，肾及视网膜等微血管，各种感染，如皮肤化脓性感染、肺结核、尿路感染、牙周炎等，使这些并发症的发病率大幅降低，促进糖尿病患者的机体康复，是理想的降血糖功能因子（Vincenzini 等，1989）。

5. 抗肿瘤

目前，癌症已成为危害人类健康的一大疾病，其发病率与死亡率极高，人们对癌症的预防和治疗尤为重视。与传统的化疗药物相比，抗肿瘤生物活性肽具有特异性强、毒副作用小、不易产生耐药性等优点（谢书越等，2015），是抗肿瘤药物研究开发的热点。由于生物活性肽具有免疫调节、抗氧化等多种生物学功能，其在临床肿瘤治疗中也显示出了一定的优势。放线菌素 D、博来霉素等生物发酵来源的抗肿瘤肽早已应用于临床多年，胸腺素、干扰素、白介素、抗菌肽等免疫活性肽也已用于人体实体瘤、淋巴瘤、前列腺癌、子宫癌、结肠癌等多种肿瘤的治疗。

抗肿瘤肽有许多来源，如牛乳、干酪、大豆、禽蛋（Blanco 等，2016）。王楠等（2017）采用 Sephadex G-25 凝胶柱层析分离，得到 Ⅰ、Ⅱ、Ⅲ、Ⅳ、Ⅴ 5 个抗肿瘤肽组分，再以不同浓度（6.25~100μg/mL）的甲鱼碱溶蛋白肽处理人肺癌 A549 细胞 24h。结果显示，肽组分 Ⅰ、Ⅱ、Ⅲ、Ⅳ 对人肺癌 A549 细胞有不同程度的抑制，且活性存在很大的差异。其中肽组分 Ⅰ 的抗肿瘤活性最高，对 A549 细胞的最高抑制率超过了 60%，有很好的量效关系（药理效应与剂量在一定范围内成比例），半抑制浓度（50% Inhibiting concentration，IC_{50}）为 32.26μg/mL。由此可判断肽组分 Ⅰ 在体外具有较好的抗肿瘤作用。

6. 抗氧化、延缓衰老

因生物活性肽分子质量小、结构紧凑，能最大限度地捕捉和消除体内过多的自由基及有害物质，抑制自由基的过氧化作用，使细胞功能修复，保持机体活力，减少色素沉着的发生，阻止和推迟老年斑的出现。另外生物活性肽能有效地增强机体免疫功能，维持细胞正常代谢，延缓细胞衰老，延年益寿。发酵肉制品中天然的抗氧化肽包括肌肽、鹅肌肽、高肌肽及谷胱甘肽等，均具有较强的清除自由基的能力。肌肽（L-carnosine）是一种广泛存在于心肌、骨骼肌、肾脏、胃和大脑等活跃组织中的水溶性物质，既可以有效清除活性氧和自由基，也可以抑制金属－抗坏血酸催化的磷酸酯酰胆碱（PC）脂质体的过氧化作用（罗有文等，2008），同时其类似物鹅肌肽（Anserine）和高肌肽（Homocarnosine）也具有较强的抗氧化活性。Bellia 等（2008）在研究中证实肌肽和高肌肽具有清除活性氧的能力，发现肌肽、鹅肌肽和高肌肽与 β－环糊精通过不同的羟基和氨基键合作用形成共价型衍生物，且它们的衍生物抗氧化性能均比游离的二肽物质高。谷胱甘肽（Glutathione，γ-glutamyl cysteingl，glycine，GSH）是一种含有 γ－酰胺键和巯基的三肽化合物，是由半胱氨酸、谷氨酸和甘氨酸这三种氨基酸通过肽键缩合而成，化学名为 γ-L-谷氨酰-L-半胱氨酰-甘氨酸（王小巍等，2019）。谷胱甘肽不仅具有解毒、抗氧化、抗惊厥、抗血栓和抗动脉粥样硬化等功效（代涛等，2014），而且具有促进肉羊生长，提高饲料转化率，提高羊肉的嫩度和系水力（离体肌肉保持原有水分的能力），提升肉制品品质的功效。适量谷胱甘肽可减缓羊肉 pH 的变化，有利于肉的贮藏（宋增廷等，2008）。谷胱甘肽主要是通过谷胱甘肽过氧化物酶（GSH-Px）和谷胱甘肽-S-转移酶（GST）两种酶清除细胞内的自由基和过氧化物，达到抗氧化的效果（宋增廷等，2008）。

7. 血管紧张紧转化酶（ACE）抑制活性

肉类蛋白衍生生物活性肽研究最广泛的是 ACE 抑制肽（Korhonen，2006）。这些多肽因其能预防高血压而备受关注，高血压是心血管疾病发展的危险因素，是当今最常见的慢性生活方式相关疾病（Chronic Lifestyle-Related Diseases，CLSRDs）之一。ACE 抑制肽可作为有效的功能性食品添加剂，是一种天然、健康的高血压药物替代品。血管紧张素转化酶Ⅰ是一种二肽酰羧肽酶，它能将一种非活性形式的血管紧张素Ⅰ转化为有效的血管收缩剂血管紧张素Ⅱ。ACE 是一种多功能酶，能使一种已知的血管舒张剂失活，还可以发挥抗高血压作用（Iwaniak，2014）。研究人员在食物蛋白质的酶水解产物中发现了大量的 ACE 抑制肽（Arihara 等，2006），食源性 ACE 抑制肽对正常血压无影响，具有天然性、高安全性的优点。同时，食源性 ACE 抑制肽有促进降血糖血栓、增强人体免疫力等复合功效。目前，已有国内外学者对火腿中肽的 ACE 抑制活性进行了体外实验和动物实验研究。Mora 等（2015）的研究指出，自发性高血压大鼠摄入伊比利亚干腌火腿的肽提取物 8h 后，收缩压显著下降 1.6kPa，分析结果鉴定了 2632 个含有上述 ACE 抑制片段的肽序列 PPK、PAP 和 AAP。此外，有人研究了干腌火腿加工过程中自然产生的肽，显示出 ACE 抑制活性，还研究了肽在 Caco-2 细胞单层的跨上皮转运过程中的稳定性，结果显示其能够被肠道上皮吸收并到达血流以发挥抗高血压作用（Mora 等，2015）。在体外实验中，水溶性成分和洗脱组分都显示出体外血管紧张素转化酶抑制活性。研究表明活性肽能有效促进血小板中前列环素的生成，对血小板聚集和血管收缩都有很强的抑制作用，并且可以对抗血栓素 A_2 的作用，有效防止血栓素形成，对心、脑血管病如心肌梗死和脑梗死的发生有预防作用。日本已申报了治疗心肌梗死的肽类药物专利。

8. 促进矿质元素吸收

矿质元素螯合肽是多肽与矿质元素形成的螯合物，不仅能够提高矿质元素的吸收转化率，还具有抗氧化、增强免疫力、降血糖等生物活性。酪蛋白磷酸肽（Caseinphosphopeptides，CPPs）是一种促进钙、铁吸收的含有 25~37 个氨基酸的肽。它是以乳中的酪蛋白为原料，利用酶技术分离而取得的特定肽片段。远端回肠是吸收钙和铁的主要场所，食物中的钙通过胃时，碰到胃酸可形成可溶性钙，当到达小肠时，酸度降低，部分钙、铁即与磷酸形成不溶性盐而沉淀排出，导致吸收率下降，而酪蛋白磷酸肽可在 pH 为 7~8 的条件下有效地与钙、铁离子形成可溶性络合物，使钙、铁在整个小肠环境中保持溶解状态，明显延缓和阻止了难溶性磷酸盐结晶的形成，从而增加远端回肠的钙、铁吸收率，且不需要维生素的参与。此外，酪蛋白磷酸肽还可以作为矿质元素，如铁、锰、铜及硒的载体，是一种良好的金属结合肽。因此酪蛋白磷酸肽可以作为以钙、镁、铁等矿物质为原料的营养素补充剂的配料，预防骨质疏松、高血压和贫血等疾病（Daniel 等，2004）。

（二）生物活性肽的吸收机制及特点

生物活性肽主要是激活体内有关酶系，促进中间代谢膜的通透性，或通过控制 DNA 转录或翻译而影响特异的蛋白质合成，最终产生特定的生理效应或发挥其药理作用。小肽在生物体内作为载体和运输工具，将摄入的营养物质输送到人体各个部位，充分发挥其功能。

生物活性肽吸收机制有六大特点：①无需消化，直接吸收，生物活性肽表面有一层保护膜，不会受到人体内的胃蛋白酶、胰酶等酶及酸碱物质的二次水解，它以完整的形式直接进入小肠，被小肠吸收，进入人体循环系统，发挥其功能；②吸收特别快，吸收进入循环系统的时间，如同静脉针剂注射一样，快速发挥作用；③具有 100% 吸收的特点，吸收时没有任何废物及排泄物，能被人体全部利用；④主动吸收；⑤吸收时，不需耗费人体能量，不会增加胃肠功能负担；⑥起到载体作用，生物活性肽可将人所食的各种营养物质运载输送到人体各细胞、组织、器官。

（三）生物活性肽的分类

生物活性肽来源广泛、种类繁多、结构复杂、功能各异，因此，学术界尚未有统一的分类方法。

（1）按来源分为内源性生物活性肽和外源性生物活性肽　①内源性生物活性肽即机体内存在的天然的生物活性肽，主要包括：体内一些重要内分泌腺分泌的肽类激素，如促生长激素释放激素、促甲状腺素、肝脏合成的类胰岛素生长因子、胸腺分泌的胸腺素、脾脏中的脾脏活性素、胰腺分泌的胰岛素等；由血液或组织中的蛋白质经专一的蛋白水解酶作用而产生的组织激肽，如缓激肽、胰激肽；作为神经递质或神经活动调节因子的神经多肽；由昆虫、微生物、植物等生物体产生的抗菌肽。②外源性生物活性肽多以特定的氨基酸序列肽片段存在于蛋白质中，包括：存在于动植物和微生物体内的天然生物活性肽和蛋白质降解后产生的生物活性肽，直接或间接来源于动物食物的蛋白质，如动物乳汁，尤其初乳就可直接提供多种生物活性肽，包括乳源性表皮生长因子、神经生长因子、转化生长因子和胰岛素等；动物饲料蛋白质原料，包括筋肉、牛乳酪蛋白、小麦谷蛋白、小麦醇溶蛋白、玉米醇溶蛋白、大豆蛋白等在动物胃肠道消化后可间接提供多种生物活性肽；人工合成的活性肽，如风味肽、苦味肽等。外源性生物活性肽进入机体后可经磷酸化作用、糖基化作用或酰基化作用变换为多种其他形式的肽。外源性活性肽与内源性活性肽的活性中心序列相同或相似，外源性活性肽在蛋白质消化过程中被释放出来，通过直接与肠道受体结合参与机体的生理调节作用或被吸收进入血液循环，从而发挥与内源性活性肽相同的功能。

（2）按功能分为生理活性肽（包括抗菌活性肽、神经活性肽、激素调节肽、抗高血压活性肽、抗氧化活性肽、免疫活性肽等）、调味肽、抗氧化肽、营养肽等。

（3）按取材分为海洋生物活性肽和陆地生物活性肽　①海洋生物活性肽包括鱼类多肽、扇贝多肽、海绵多肽、海鞘多肽、海葵多肽、海藻多肽等。②陆地生物活性肽包括大豆多肽、乳蛋白活性肽、麦胚活性肽、玉米蛋白肽等。

二、生物活性肽的提取

随着生物科技的发展，生产制备活性肽的方法也在不断地发展，目前生物活性肽的提取主要有直接提取法、酶解法、酸碱法、合成法、基因工程法及微生物发酵法。

（一）直接提取法

直接提取法通常是将生物原料直接浸于适合的溶剂中以增加活性肽的溶解性，通过调节 pH，加入蛋白质变性剂使蛋白质沉淀，然后经离心、超滤、层析等方法除去杂质。目前最常选用的是磷酸盐缓冲溶液法及稀盐酸溶液法。

罗雨婷等（2017）用 0.2mol/L pH7.2 的磷酸缓冲液从诺邓火腿中提取出具有抗氧化性的粗肽；郑锦晓等（2018）用磷酸缓冲液从金华火腿、如皋火腿、宣威火腿中提取了具有抗氧化活性和抑制大肠杆菌（*Escherichia coli*）的粗肽；

韩冬雪（2015）用不同体积（5, 10, 15, 20, 30mL）相同浓度的盐酸（0.01mol/L）提取了发酵牛肉火腿中的ACE抑制肽，结果表明，用15mL 0.01mol/L的盐酸提取更合适，这是蛋白质达到一定浓度时，随着盐酸量的增加，提取物中蛋白质含量降低导致的；马志方（2016）用0.01mol/L盐酸提取了低钠金华火腿中的多肽，结果表明，低钠金华火腿具有抗氧化活性和ACE抑制活性。在提取活性肽时，不同的提取条件获得的活性肽可能不同，同时也可能会影响活性肽的稳定性，在今后仍需要进一步研究。

（二）酶解法

酶解法生产生物活性肽操作简便易行，条件温和，成本低且产品的安全性极高，是目前制备生物活性肽最主要的方法。由于酶具有专一性，不同的酶作用的蛋白质位点不同，因此可根据目标活性肽的特点，选择合适的蛋白酶直接作用于蛋白质，以得到所需的活性肽。酶解法中使用蛋白酶的种类有很多，几种常见的蛋白酶有胃蛋白酶、木瓜蛋白酶、胰蛋白酶等。蛋白酶催化蛋白质中肽键的水解时，因水解条件（pH、温度、时间等）不同会影响多肽链的长度、氨基酸顺序和游离氨基酸的数量，从而影响水解产物的生理活性（刘铭等，2016）。Wu等（2015）使用胃蛋白酶，胰蛋白酶和β-胰凝乳蛋白酶水解蚕蛹蛋白质，并通过超滤，凝胶过滤层析和反相高效液相色谱依次纯化水解产物。结果显示，鉴定出一种新型的ACE抑制肽Ala-Ser-Leu，具有很强的ACE抑制活性，IC_{50}为102.15μmol/L。表明蚕蛹蛋白水解物可作为高血压治疗产品开发。唐蔚等（2016）利用大孔吸附树脂对南瓜籽抗氧化肽进行分离纯化。结果显示最优的条件：碱性蛋白酶，酶解pH 10.1，温度52℃，时间120min，底物浓度57g/L，加酶量20g/L，此条件下抗氧化性最为显著。在制备生物活性肽的方法中，优先使用的方法是酶解法，尤其是在食品和药物中，因为其最终产物中残留的有机溶剂和有毒物质较少。而且酶解法是一种在温和条件下进行的方法，酶解条件很容易控制。将反应介质调节到酶的最佳pH和温度，可以在连续的酶促反应中使用多种酶进行水解（Agyel等，2011）。在工业生产中，纯化成本较高限制了高纯度生物活性肽的生产，可用固定化酶进行水解生产多肽。固定化酶允许在更温和更受控制的条件下进行酶促水解，可以实现连续生产，而且固定化酶可回收，避免了酶产生次生代谢产物，易于分离纯化。

（三）化学水解法

化学水解法多用于实验机构中，较少用于生产实践，包括酸水解和碱水解。碱法水解蛋白质使苏氨酸、丝氨酸等氨基酸被破坏，营养成分损失严重，因此较少使用。酸法水解利用酸可以使蛋白质中肽键断裂，结合力小的肽键先断裂由此形成长短不一的肽链。此法优点是成本低、操作简单、水解速度快、反应彻底，弱点是副产物较多、水解过程难以控制、氨基酸受损程度大且环境污染大。

（四）化学合成法

化学合成法分为液相合成和固相合成两种。液相合成由于其对物质溶解度的要求，仅适用于小肽的合成。固相合成在一定程度上弥补了液相合成的不足，它是根据目的肽的氨基酸组成及排列顺序，将带有氨基保护基的氨基酸的羧基固定到不溶性树脂上，脱去其氨基保护基，同下一个氨基酸活化羧基形成酰胺键，从而延伸肽链形成目的肽。

（五）基因工程重组法

基因工程重组法是利用 DNA 重组技术合成生物活性肽，其主要步骤为：

构建基因工程菌 → 微生物诱导表达 → 生成特定序列的肽分子 → 分离纯化 → 生物活性肽

基因工程重组法生产多肽技术已经趋于成熟，具有不受生产原料限制、表达定向性强等优点，但其仅限于大分子肽的合成，表达短肽链较为困难，且具有表达效率低等问题（李璇等，2017）。

（六）微生物发酵法

微生物发酵法制备生物活性肽，是制备生物活性肽的新方法，因其高得率、高活性及简便的工艺成为近年来制备肽工艺的研究焦点。微生物发酵法是以菌种生长过程中代谢产生的蛋白酶水解底物蛋白，同时微生物生长过程中也会利用底物蛋白，这两种方式共同作用使得底物蛋白水解产生活性肽。Niu等（2013）利用枯草芽孢杆菌（*Bacillus subtilis*）B1 发酵制备脱脂小麦胚芽肽（Defatted wheat germ peptides，DWGPs），并研究 DWGPs 的抗氧化活性。结果显示，发酵制备的 DWGPs 表现出对 1,1- 二苯基 -2- 三硝基苯肼（DPPH）、羟自由基和超氧自由基清除活性的作用，表明 DWGPs 可作为食品工业中有前景的抗氧化物质。Jain 等（2017）利用植物乳植杆菌（*Lactiplantibacillus plantarum*）发酵鸡蛋壳膜，在初始 pH 8.0 条件下培养 36h 获得水解产物。发酵产生的水解产物具有优异的溶解度（907g/L），良好的发泡能力（36.7%）和乳化活性（94.6m^2/g）。这些产物表现出显著的抗氧化活性、降高血压活性、抗菌活性。微生物发酵法制备功能性食品添加剂的应用前景可观，但也存在不可避免的问题：其一，微生物在发酵过程中的安全性问题；其二，微生物发酵机制尚不完全明确；其三，微生物发酵法产物纯化困难，有很多产酶菌株对机体产生毒害、效率低、安全性低等限制了该法的应用（陈文雅等，2017）。

三、生物活性肽的分离纯化

活性肽由于其众多的生理活性功能，日益受到重视，从动植物体中分离活性肽是目前研究的重点。但是由于机体内活性肽含量甚微，且提取物成分复杂，为了提高其活性和纯度，必须对多肽进行分离纯化，以得到纯度较高的目标活性肽。生物活性态的常见分离提纯方法如下。

（一）膜分离技术

膜分离技术是根据物质分子质量及结构形态的不同，其通过膜的速度也不同来达到分离纯化的目的。有微滤、超滤、纳滤、反渗透滤等方法。微滤（Microfiltration，MF）又称微孔过滤，其原理是筛孔分离过程，常用于水解液分离纯化的第一步。超滤（Ultra filtration，UF）是介于微滤和纳滤之间的膜分离技术，以超滤膜为过滤介质，在一定压力下达到分离纯化、浓缩的目的。纳滤（Nanofiltration，NF）截留物质的相对分子质量为80~1000，孔径为几纳米，因此称为纳滤，是一种压力驱动型膜分离技术。

（二）凝胶过滤色谱

凝胶过滤又称分子筛过滤，是根据样品分子质量大小和形状差异进行分离分级的方法。该法操作简单，条件温和，具有重复性好、样品回收率高的特点，在多肽的分离纯化中使用广泛。常用的凝胶有聚丙烯酰胺凝胶（Bio-gel）、琼脂糖凝胶（Sepharose）、交联葡聚糖凝胶（Sephadex），其中交联葡聚糖凝胶应用最为广泛。

（三）反向高效液相色谱（RP-HPLC）

反向高效液相色谱是由非极性固定相和极性流动相组成的液相色谱体系，是多肽纯化最常用也是最有效的方法。石扬等（2018）通过Sephadex G-75、G-50及LH-60等层析技术手段对经超滤截留所得活性成分进行分离纯化，RP-HPLC谱图的结果表明，最终分离纯化出了一个纯度较高的抗癌活性组分。

（四）盐析法

在溶液中加入中性盐使蛋白质、酶和多肽等生物大分子沉淀析出的过程称为盐析。最常用于盐析的无机盐是硫酸铵。盐析法沉淀分离生物活性肽的基本原理：多肽分子表面的亲水基团（—OH、—NH_2、—COOH等）可与水分子相互作用形成水化膜，向溶液中加入大量中性盐后，因为中性盐的亲水性大于肽的亲水性，所以夺走了水分子，破坏了膜，暴露出疏水区域，同时多肽分子表面电荷被中和，导致多肽在水溶液中的稳定性被去除而沉淀。吴疆等（2009）对分离提取的抗菌肽溶液进行两次硫酸铵盐析，实验结果表明，通过两次硫酸铵沉淀，获得的抗菌肽样品已经达到电泳纯。盐析法简单方便，成本低，但提纯浓度不高，只适合初步提纯，且会引入很多盐，需要进行脱盐处理。

（五）电泳法

多肽具有可电离基团，它们在某个特定 pH 下可以带正电或负电，在电场作用下，这些带电分子会向着与其所带电荷极性相反的电极方向移动。现广泛应用于活性多肽分离的是高效毛细管电泳技术，该技术具有样品和缓冲液用量少及分离效果快速准确等特点。黄颖等（2008）采用毛细管区带电泳紫外检测法，对酪氨酸及其重要衍生物酪胺、对尿黑酸、羟基苯丙酮酸以及含酪氨酸残基的活性肽 Tyr-Arg、Tyr-Gly-Gly 和 Tyr-D-Arg 7 种物质进行了分离，在优化条件下，7 种组分在 20min 以内达到完全基线分离。Zigoneanu 等（2015）合成了与蛋白激酶 C（Protein kinases C，PKC）底物融合的 WKpG β - 发卡肽，并且研究了针对该肽及其蛋白质水解片段的毛细管电泳分离条件。毛细管电泳具有所需样品量少、灵敏度高、分析速度快、分离效率高等优点，但由于其进样量少，难以实现大规模生产。

第三节　发酵肉制品加工中衍生的非健康因子的形成机制与控制策略

发酵肉制品的生产过程是多种微生物参与的复杂加工过程，一些肉制品的发酵过程，多采用自然发酵，参与发酵的微生物主要来自原料本身、加工设备和周围环境。由于环境中微生物种群结构的不确定性，在加工过程中可能因氧化和生物降解而产生多环芳烃、生物胺等，因大量腐败菌和致病菌污染而产生毒素，这些非健康因子会给消费者带来安全隐患。

本节介绍自然发酵肉制品加工过程中与微生物相关的外源非健康因子和内源非健康因子的形成机制与消除策略。

一、非健康因子的定义

非健康因子是一些影响食品安全性，对人体健康造成危害的物质。长期摄入这些物质可能会引发各种慢性病，如发酵肉制品在加工、贮藏过程中，因氧化而产生的自由基、氨基酸脱羧产生的生物胺、美拉德反应产物、腐败微生物的代谢产物等，这些物质积累可能引发一系列疾病，如动脉粥样硬化、糖尿病、关节炎和癌症等（Lin 等，2003）。

二、外源非健康因子的形成机制与控制策略

与微生物相关的外源非健康因子的形成机制与控制策略中，影响发酵食品安全性最为重要的是蛋白质、多肽和氨基酸等多种含氮化合物在微生物代谢酶的作用下生成了有害的胺（氨）类物质或细菌毒素，当人们摄入含有这些非健康因子的食品时就会有安全隐患（Vlieg 等，2011）。如肉制品中生物胺含量大于 200mg/kg 时，可能会引起偏头疼和高血压等症状（Nout 等，1994；Suzzi 等，2003）。

（一）生物胺的形成机制与控制策略

1. 生物胺的形成机制

生物胺（Biogenicamines，BA）主要由氨基酸脱羧或醛、酮的转氨基作用产生，是—NH$_3$ 基上的氢原子被烷基或芳香基取代所产生的物质（王光强等，2016）。氨基酸的脱羧反应是在那些产生氨基酸脱羧酶的微生物的作用下，将氨基酸中的 α– 羧基脱去而生成相应的生物胺，如图 1–1 所示。

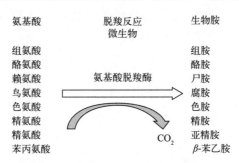

图 1–1　食品中生物胺的形成机制

食品中常见的生物胺有腐胺、尸胺、精胺和亚精胺等脂肪族生物胺，酪胺、苯乙胺和多巴胺等芳香族生物胺，组胺、色胺等杂环族生物胺（Mohammed 等，2016）。发酵肉制品中生物胺的积累主要是环境中污染微生物对氨基酸代谢的结果（Bodmer 等，1999）。因此一些传统发酵肉制品的质量安全问题引起了越来越多的科研工作者的广泛关注。在肉制品中，通常认为传统发酵肉制品中的生物胺含量比较高，因为原料中的蛋白质，经微生物发酵可降解产生一定量的游离氨基酸，而传统发酵肉制品生产过程中参与发酵的微生物主要来源于周围环境，这些微生物可能具有氨基酸脱羧酶活性，为生物胺的合成提供了必要条件。

肠杆菌属（*Enterobacter*）、乳酸杆菌属（*Lactobacillus*）、明串珠菌属（*Leuconostoc*）、假单胞菌属（*Pseudomonas*）肠球菌属（*Enterococcus*）、链球菌属（*Streptococcus*）、酒球菌属（*Oenococcus*）、梭菌属（*Clostridium*）是食品中产生生物胺的主要菌属（De 等，2006）。微生物代谢产生生物胺是对环境的应激反应，即在环境胁迫条件下，为适应环境，受其抗胁迫机制调控而产生碱性的生物胺。Ladero 等（2012）对产胺菌株定量研究时发现，乳酸乳杆菌（*Lactobacillus lactis*）、弯曲广布乳杆菌（*Latilactobacillus curvatus*）、短乳杆菌（*Lactobacillus brevis*）和粪肠球菌（*Enterococcus*）与腐胺的产生积累相关。Benkerroum 等（2016）发现从乳制品中分离的汉逊德巴利酵母菌（*Debaryomyces hansenii*）、粪肠球菌（*Enterococci faecalis*）和布氏乳酸杆菌（*Lactobacillus buchneri*）具有产组胺的活性。Fausto 等（2016）发现酵母菌能够产生高含量的生物胺，而肠球菌能够产生酪胺和腐胺。

通常情况下，生物胺是机体内正常的活性成分，对机体生长是必不可少的，具有重要的生理功能。例如一定量的生物胺对血管和肌肉的舒张和收缩有明显作用，对大脑皮质和神经系统有重要的调节作用，可促进 DNA 的解链、RNA 的转录和蛋白质的合成，进而促进机体的生长发育。Galgano 等（2012）发现生物胺有调节基因表达、细胞生长、修复组织和细胞内信号通路的作用。然而，过量的生物胺对人体有严重的毒害作用，可造成心血管系统和神经系统损伤（Gomes 等，2014）。给实验动物小鼠注射精胺或亚精胺，给药不久小鼠血液就会变得黏稠并伴随产生呼吸道症状和神经毒性，导致肾功能不全（Anthony 等，2013）。Fausto 等（2016）研究发现，一定浓度的腐胺可促进结肠肿瘤细胞生长。

2. 生物胺的控制策略

生物胺的积累必将引起食品安全问题，因此研究控制食品中生物胺的策略尤为重要。生物胺的热稳定性强，通过加热几乎不能去除原料或食品中已有的生物胺（Tapingkae 等，2010）。目前，控制发酵食品中生物胺的主要方法有：①通过生物技术手段，控制游离氨基酸的含量；②对产生氨基酸脱羧酶微生物抑制甚至灭活；③抑制氨基酸脱羧酶的活性；④提高生物胺的降解水平（Pradenas 等，2016）。

食品中蛋白质的降解产物氨基酸是生物胺形成的关键限制因子，减少食品中游离氨基酸的含量，可以达到降低生物胺合成的目的。Yerlikaya 等（2015）研究发现谷氨酰胺转氨酶（Microbial transglutaminase，MTG）可催化氨基酸发生聚合反应，从而抑制游离氨基酸因发生脱羧反应而形成生物胺。对于发酵肉制品，如发酵香肠、风干肉等，传统去除生物胺的方法是通过冷冻、添加食品添加剂等来抑制酶活性和微生物的生长，从而减少食品中生物胺的积累。Wang 等（2015）发现将中式传统发酵香肠分别在 –18℃、0℃、4℃、25℃

条件下贮藏20d，然后分别测定不同贮藏温度下发酵香肠中组胺的含量，结果表明除了-18℃的贮藏温度外，其余实验温度条件下组胺含量均显著高于初始量（$P<0.05$），因此，降低发酵肉制品的贮藏温度可有效抑制生物胺的形成和积累。

生物胺的产生不仅是外界环境微生物作用的结果，而且还与添加的微生物发酵剂直接相关，用无氨基酸脱羧酶活性的益生菌发酵剂来进行发酵，可以从源头上减少生物胺的产生。由于有些乳酸菌的代谢产物有明显的抑菌作用，所以在不影响产品品质的前提下，可以将这类乳酸菌作为生产发酵剂应用到发酵肉制品的生产中。Simion等（2014）发现接种植物乳植杆菌和酿酒酵母（*Saccharomyces cerevisiae*）的混合发酵剂发酵香肠，香肠中腐胺的含量减少了37%，尸胺的含量减少了76%。发酵剂的使用可以影响不同微生物菌群的相互作用，对一些脱羧酶阴性的新型发酵剂进行研究，发现这些新型发酵剂对发酵制品中的生物胺降低有一定的作用，研究人员认为复合发酵剂对减少生物胺的产生具有较好的效果。混合使用木糖葡萄球菌（*Staphylococcus xylosus*）、植物乳植杆菌和清酒广布乳杆菌（*Lactobacillus sakei*）作为发酵剂发酵香肠时，可有效抑制腐胺、尸胺、色胺和酪胺的生成。近年来随着分离技术的不断成熟，分离到的这类菌株也越来越广，各菌株分离情况见表1-2（景智波等，2018）。

表1-2　　　　　　　　　　　降解生物胺的微生物菌株

生物胺	分离菌株	分离源
组胺	木糖葡萄球菌	干的发酵香肠
	乳杆菌	鱼酱
	植物乳植杆菌、戊糖片球菌（*Pediococcus pentosace*）、酒类酒球菌（*Denococcus oeni*）	发酵体系
酪胺	干酪乳酪杆菌、植物乳植杆菌	阿根廷手工香肠
	植物乳植杆菌、戊糖片球菌、酒类酒球菌	发酵体系
腐胺	枯草芽孢杆菌	鱼酱
	植物乳植杆菌、乳酸杆菌	葡萄酒、发酵乳
	酿酒酵母	发酵香肠
尸胺	枯草芽孢杆菌	鱼酱
	酿酒酵母	发酵香肠

控制发酵肉制品中生物胺的含量，还可以利用微生物产生的胺氧化酶将生

物胺降解为过氧化氢和氨，或利用某些微生物代谢产生的胺脱氢酶将生物胺分解为乙醛和氨。木糖葡萄球菌可以通过代谢产生的胺氧化酶降低发酵香肠中生物胺的含量（Bover-cid 等，1999；Gardini 等，2002）。通过微生物建模可以研究食品体系中微生物的相互作用，以及生物胺的形成途径，探索温度、酸度和发酵时间等一些关键控制点对生物胺产生的影响（Naila 等，2010）。

（二）亚硝胺的形成机制与控制策略

1. 亚硝胺的形成机制

亚硝胺是一类含氮化合物，天然存在于食品中的亚硝胺含量虽很低，但其合成反应的前体物质亚硝酸盐和胺类化合物却广泛存在，在适宜的条件下可以形成亚硝胺。

肉制品中含有的亚硝胺主要是由亚硝酸和蛋白质分解产物氨基酸和胺类物质反应形成（Eveline 等，2014；Combet 等，2010）。传统工艺在制作风干肉、风干肠、腊肉等发酵肉制品时为了抑菌和发色，常添加硝酸盐和亚硝酸盐来抑菌和发色，导致这些肉制品中亚硝酸盐含量增加。而胺类化合物是蛋白质代谢过程的中间产物，常存在于蛋白质含量相对较高的动物性食品当中。在一定的条件下，当亚硝酸盐与胺类化合物相遇时可在腌肉制品、发酵肉制品以及人体内合成亚硝胺，摄入一定量的亚硝胺可导致人体多组织器官发生病变。

研究发现，环境中的微生物能够参与亚硝胺的合成，硝酸盐在一些细菌还原酶的作用下，会被还原成亚硝酸盐。如大肠杆菌、葡萄球菌、芽孢杆菌、酵母菌和霉菌等都能还原硝酸盐生成亚硝酸盐，亚硝酸盐可与胺类化合物结合而生成亚硝胺。在传统自然发酵肉制品的生产过程中，除了优势菌群乳酸菌外，可能还存在一些有害微生物。在发酵初期，可能会出现硝酸盐的还原过程。同时一些细菌、霉菌和酵母菌可以使肉制品中的蛋白质、多肽进一步分解，氨基酸在裂解酶的作用下脱氨基形成氨或脱羧基形成胺。经微生物的转化，氨可形成大量亚硝酸，进而与胺结合形成亚硝胺。如传统自然发酵香肠中常见的肠杆菌具有较高的脱羧酶活性，可与亚硝酸盐反应生成杂环类的亚硝胺。亚硝胺具有致癌、致畸、致突变效应，是毒性和危害作用很强的一类化学致癌物质。在已报道的近 300 多种亚硝胺类化合物中，90% 以上可以诱发引起 DNA 烷化，而 DNA 烷化可能致畸和致癌（黄高凌等，2007）。

2. 亚硝胺的控制策略

减少食品中亚硝胺及其前体物质的含量，阻断亚硝胺的合成途径，促进亚硝胺的生物降解，可以有效防止亚硝胺对人体造成危害。有些微生物可还原硝酸盐为亚硝酸盐，可分解蛋白质形成胺类物质，因此，防止食品被微生物污染可有效降低食品中亚硝胺的含量。同时在食品加工中，特别是一些传统的发酵肉制品，如风干肉、腊肉、熏马肠等的加工中，原料肉本身或环境是参与发酵的微生物的主要来源途径，因此，通过添加目标发酵剂人为调控发酵微生物的菌群结构，扩大益生菌的优势，抑制腐败菌的生长，对降低食品中亚硝胺含量至关重要。李木子等（2016）发现用弯曲广布乳杆菌调制生产发酵剂，在哈尔滨风干肠制备过程中进行接种发酵，在后期的发酵过程中可以显著降低亚硝胺的生成（$P<0.05$）。

利用阻断剂，阻止食品中胺类与亚硝酸盐的亚硝化反应，可以有效地抑制或阻断亚硝胺的合成途径。酸性条件下，亚硝酸及其盐类通过还原剂的作用可被还原成无害的 N_2 和 NO。因此，具有还原性和抗氧化性的物质均可抑制亚硝酸盐的生成，如香辛料中富含硫化物、酚类和黄酮类等抗氧化物质，这些物质能够与亚硝酸盐发生氧化还原反应而阻断 N- 亚硝胺的生成。已有研究证实，洋葱、大蒜、生姜等香辛料中的生理活性物质能与亚硝酸盐结合生成硫代亚硝酸酯而发挥阻断作用，抑制亚硝胺的合成（Kuniyuki 等，1998）。另外，发酵肉制品中产胺微生物对香辛料比较敏感，香辛料能够抑制这些微生物的生长，减少脱羧酶的产生从而阻断亚硝胺的合成。食品的加热温度、加热方式、pH、食品中的添加剂种类、脂肪的含量和种类、生物胺、氨基酸、微生物和酶的作用、亚硝化反应的促进剂和抑制剂等都会影响肉制品中亚硝胺的形成（孙敬等，2008）。

利用生物技术手段，促进亚硝胺的分解也是减少机体摄入亚硝胺的一种有效方法。亚硝胺在阳光的直接照射下，可分解成氨基和次亚硝基，一般情况下该反应不可逆，这样就减少了亚硝胺在食品中的残留量。辐照、高压等新型生产技术对肉制品进行处理，也可以减少亚硝胺的含量。黄晓东等（2015）分别研究了多酚、总黄酮和桐花树叶乙醇的提取物对亚硝化反应的抑制作用，结果表明，这些物质的提取物均能够不同程度地清除亚硝酸盐并阻断亚硝胺的合成。杨华等（2017）研究了 4 种香辛料（大葱、生姜、大蒜、洋葱）对 N- 二甲基亚硝胺（N-nitrosodimethylamine，NDMA）的影响，发现香辛类的种类、添加量和亚硝化反应体系的温度、时间等都与 N- 二甲基亚硝胺的形成相关。另外杨华等（2017）研究发现，猪肉反复冻融可导致脂肪和蛋白质的加速氧化，并可促进亚硝胺的生成。由此可见，避免肉制品贮藏过程中脂肪和蛋白质的氧化，可以抑制亚硝胺的产生。

三、内源非健康因子的形成机制与控制策略

内源非健康因子是指在食品贮藏和加工过程中，通过食品固有物质的降解、加热、氧化、美拉德反应等所产生的对健康有潜在危害的物质，如醛类、多环芳烃。低含量的脂肪氧化产物，特别是不饱和醛类物质的形成对肉制品独特的风味具有重要作用，然而高含量的氧化产物会造成产品品质劣变（Park 等，2008）。氨基酸、多肽、蛋白质等含有游离氨基的化合物与还原糖之间发生的非

酶褐变反应，其产物被称为美拉德反应产物，对食品的风味、色泽、营养及安全性有重要影响（Friedman 等，2005；Chen 等，2015）。

（一）醛类物质的形成机制与控制策略

1. 醛类物质的形成机制

原料肉在冷冻贮藏期间或熟化过程中，脂类物质的氧化反应，水溶性低分子化合物加热发生的非酶褐变反应，蛋白质、肽、氨基酸和糖类物质的加热分解反应，都能导致醛类物质的产生（李晓蓓等，2011）。如风干肉、熏马肠、腊肠、腊肉等一些自然发酵的肉制品，除了烟熏成分中含有醛类物质外，在贮藏期间和熟化过程中由于脂质的水解氧化或在脂肪酶的作用下也会生成醛类物质，如图 1-2 所示（陈坚等，2016）。

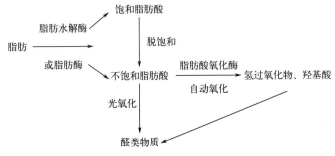

图 1-2　脂肪酸氧化形成醛类物质

这些醛类物质因其阈值较低且在脂质氧化过程中生成速率较快，会对发酵食品的风味形成产生一定影响。适量的醛类物质能增添食品的风味，然而当醛类物质过量时则会对食品有破坏作用，甚至对健康有危害。发酵肉制品在发酵过程中，柠檬酸、乳酸、丙酮酸等代谢都会产生乙醛，如图 1-3 所示（陈坚等，2016）。

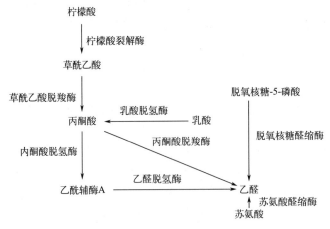

图 1-3　乙醛的合成途径

2. 醛类物质的控制策略

在肉品加工过程中添加抗氧化剂，对脂肪氧化所产生的醛类物质有良好的抑制效果。Jones 等（2015）研究了茶提取物对羊肉香肠的抗氧化效果，实验表明当添加量达到 10g/kg 时，香肠在 15d 的观察期内均具有良好的抗氧化效果。Geeta 等（2017）利用植物乳植杆菌发酵剂对鸡肉进行发酵时发现，发酵剂具有清除超氧自由基的作用，脂质氧化程度较对照组明显降低（$P<0.01$）。Lee 等（2015）研究发现干酪乳酪杆菌 KCTC3260 的抗氧化活性最高可达到 46.2%，抑制脂质过氧化率为 72.9%。朱光华等（2010）研究发现植物乳植杆菌 X9 和干酪乳酪杆菌 N2 能够提高高脂血症小鼠肝和肾组织中超氧化物歧化酶（SOD）和谷胱甘肽过氧化物酶（GPx）的活性，并能够诱导抗氧化基因 *Nrf2* 的表达。Yu 等（2016）研究发现黏膜乳杆菌和植物乳植杆菌能上调人结肠癌细胞 HT-29 和 Caco-2 中主抗氧化基因 *MT1*、*MT2* 等的表达，并可以提高超氧化物歧化酶、谷胱甘肽过氧化物酶的活性。由此可见，在发酵肉制品的生产加工中，除了传统的控制加工工艺条件，还可通过添加合适的天然抗氧化剂或具有抗氧化功能的乳酸菌来有效抑制由于脂质氧化而产生的非健康因子。

（二）多环芳烃的形成机制与控制策略

1. 多环芳烃的形成机制

多环芳烃（Polycyclicaromatic hydrocarbons，PAHs）是一类分子中含有两个以上苯环的碳氢化合物（Haritash 等，2009）。流行病学研究显示，一些不健康的食品是人类摄入多环芳烃的主要途径之一。GB 2762—2017《食品安全国家标准　食品中污染物限量》中对多环芳烃中的苯并芘的限值规定为肉制品中不超过 5.0μg/kg。

发酵肉制品中主要的脂类物质甘油三酯在 400~450℃条件下加热分解时会产生链状和环状烷烃、烯烃和脂肪酸，其中长链脂肪酸可脱氧产生烷烯基，烷烯基内部环化后产生环状化合物，这是多环芳烃产生的一个重要途径（Lochan 等，2016）。多环芳烃多数具有 DNA 损伤性，能诱导机体基因发生突变。Li 等（2003）研究发现多环芳烃进入人体后，分别在多功能氧化酶、环氧化物水解酶以及二氢脱氢酶作用下代谢产生活化的醌类物质，诱导活性氧的产生，从而引起 DNA 氧化损伤。哥伦比亚大学的一项研究表明，多环芳烃–DNA 聚合物与脐带血染色体畸变频率呈正相关，这一研究首次发现多环芳烃是引起细胞遗传学损伤的潜在危险因素，而细胞遗传学损伤可增加人群癌症患病的风险性（Bocskay 等，2005）。Grote 等（2005）研究发现多环芳烃在太阳光中的紫外线（10~400nm）和可见光（400~760nm）的照射下很容易形成光毒性化合物，这些物质能够破坏细胞膜、氨基酸、蛋白质以及细胞中的辅酶等物质，最终导致严重的细胞毒性和遗传毒性。

2. 多环芳烃的控制策略

部分烟熏的干发酵香肠中多环芳烃污染程度与烟熏密切相关。如烟熏木材的类型、氧气的供应量、烟熏温度、烟熏时间以及食品与热源的距离等都会影响烟熏食品中多环芳烃的含量（Essumang 等，2013）。由于多环芳烃具有亲脂性，对于脂肪含量偏高的肉类食品，多环芳烃更容易扩散迁移到肉制品的里层，进而影响多环芳烃的含量（Imko，2005）。因此，原料肉中的脂肪含量、烟熏方式、加热温度、处理时间是影响多环芳烃产生的主要因素。优化肉类食品加工过程中的工艺参数，利用生物技术，加快微生物分解多环芳烃的速度，可以减少加工过程中食品材料受多环芳烃污染的可能性。

Gemma 等（2009）研究发现肉制品在熏烤过程中最易产生多环芳烃，不同处理方式的肉制品多环芳烃的含量不同，烤制肉制品中的多环芳烃含量最高。Chen 等（2005）发现使用低密度聚乙烯袋真空包装烤鸭，样品室温放置 24h 后，鸭皮中的苯并芘的含量显著降低（$P<0.01$），同时样品经紫外线直接照射处理 3h，苯并芘残留量可减少到原来的 70%。漆叶琼等（2011）研究证实，戊糖乳杆菌（*Lactobacillus pentosus*）ML32 和植物乳植杆菌 121 对苯并芘有较好的吸附效果。Goldin 等（1980）研究发现给小鼠喂食嗜酸乳杆菌（*Lactobacillus acidophilus*）可以降低 1,2- 二甲基联苯（DMH）诱导的结肠癌发病风险。

第四节　发酵肉制品中的乳酸菌

一、乳酸菌概述

乳酸菌（Lactic acid bacteria，LAB）是以无氧呼吸为主的一类可发酵碳水化合物产生乳酸、无芽孢、厌氧或兼性厌氧、球状或杆状、大多为革兰染色阳性、过氧化氢酶阴性的细菌总称，广泛存在于乳类、肉类和蔬菜中。乳酸菌在胃肠道中释放乳酸，产抗生素抑制有害菌，净化肠道环境，维持肠道菌群平衡，促进营养物质吸收（Endres，2003；Blaut，2002）。乳酸菌的营养作用，主要表现在乳酸菌能够对蛋白质、碳水化合物和脂肪进行初步分解，进而转化为小分子物质，经乳酸菌发酵作用后的食品更容易被人体消化吸收。同时，市场上如今有很多的益生菌，能够将肠道中部分未分解碳水化合物转化为短链脂肪酸和多种有机酸，从而更容易消化吸收，促进身体健康。目前，乳酸菌已经应用到了改善反刍动物的胃肠道方面，发现乳酸菌能产生黏附素定殖于反刍动物肠黏膜表面，防止细菌的过度生长，并增加瘤胃液中丙酸含量，降低乙酸含量，保持胃肠道菌群平衡，增加反刍动物的体重。

从分类学上看，乳酸菌具有多样性，含有至少 12 个独立的系统发育群，150 多个物种，包括主要通过糖酵解产生乳酸的同型发酵菌和产生大量醋酸、乙醇和二氧化碳等发酵产物的异型发酵菌（Vinusha 等，2018）。1873 年 J. Lister 获得了乳酸菌的第一个纯培养物 "A lacticacid bacterium"（Fatih 等，2018）。在美国国家生物信息中心（NCBI）或 UniProt 数据库（蛋白质数据库）中可对乳酸菌的不同属、种进行查找。

乳酸菌的生理功能主要包括：

（1）维持肠道菌群的平衡　人体肠道中存在着大量的微生物，其中乳酸菌占有很大的比例。绝大多数的乳酸菌通过分泌丁酸来保持肠道正常生物屏障的平衡（Endres，2003）。

（2）有利于食物在机体中的消化与吸收　乳酸菌可将食物中的蛋白质、脂肪、碳水化合物等分解成小分子化合物，如游离氨基酸、脂肪酸、小分子肽等有益物质；同时乳酸菌在代谢过程中会促进叶酸的生成，增强 B 族维生素在机体中的稳定性，进而促进营养物质在胃肠道中的消化吸收。

（3）抑制肿瘤　乳酸菌及其代谢产物可以抑制某些致癌物质的形成、诱导肿瘤细胞凋亡、增加机体体液和细胞免疫能力等，癌症的发病率能够得到有效控制。

（4）降低胆固醇水平　国内外众多研究表明，食用含有乳酸菌的乳制品有助于降低人体血液中胆固醇含量，从而有效维持机体平衡。此外，乳酸菌能够提高机体内胆盐水解酶活性，促进胆盐的降解，增强胆固醇的代谢率，进而降低机体的胆固醇水平，避免脑卒中、冠状动脉栓塞、动脉粥样硬化等多种心血管疾病的发生（Blaut，2002）。

（5）防治乳糖不耐受　患有乳糖不耐受的人，其肠道内 β- 半乳糖苷酶的缺失，导致食入人体内的乳糖无法得到充分的消化与分解，从而引发腹泻、腹胀等症状。乳酸菌中的 β- 半乳糖苷酶可以将乳糖分解为葡萄糖和半乳糖，从而防治乳糖不耐受。

乳酸菌之所以有很多有益的功能，绝大部分是因为乳酸菌代谢的物质所发挥的作用。乳酸菌代谢通常可以产生二氧化碳、有机酸、细菌素、苯乳酸、酚类化合物、过氧化氢、乙醇、双乙酰、丁二酮以及一些其他抑菌物质（孙伟康等，2020；张如春等，2020；于晓倩等，2020；李嘉盛等，2020）。其中乳酸菌代谢产生的细菌素是一种蛋白质类物质，通常认为乳酸菌产生的细菌素会对食品中的细菌有一定的抑菌作用，可以抑制其他细菌的生长繁殖。但是因为细菌素的产生条件较为苛刻，所以目前乳酸菌代谢产生的细菌素很难应用在市场中，需要研究人员进一步对其产生条件进行研究，以便将来更好地进行应用。

乳酸菌的生物代谢过程需要以葡萄糖为主的单糖作为碳源，通过乳酸菌的发酵作用将葡萄糖等单糖转化为小分子乳酸、乙酸和丙酮酸等有机酸，从而为生命代谢活动提供能量。乳酸菌的代谢产物中有多种物质存在，其中一类重要的物质就是有机酸。有机酸是一类有机化合物，分子结构中特有的羧基是羧酸的官能团，形成了有机酸的酸性。有机酸的作用很多，通常可以调节食品风味，适当增加食品酸度，降低食物 pH，平衡食品中阳离子的数量，提供微生物不能正常生长的酸性环境，抑制杂菌的生长繁殖，从而提高食品的安全性，延长食品的保质期。同时，大量研究表明，有机酸还具有抗生素、抗癌、降解发酵肉制品中的亚硝酸盐的作用（邓淙友等，2020）。所以，乳酸菌作为一类在生活中比较常见的细菌，有很大的开发前景和利用价值，值得我们去更加深入地研究探讨。

二、乳酸菌在发酵肉制品中的应用

我国发酵肉制品的生产制作历史悠久，据文字记载，早在周朝时期，采用低温腌制、干燥加工肉制品的方法就在我国十分盛行。有关腌后干制肉食，"牛修""鹿脯"和"腊人掌干肉"等在《周礼》中就有记载。但是在发酵肉制品生产过程中建立安全稳定的生产工艺体系却有一定的难度，不仅需要对整个生产过程中各种微生物的生长条件、生物学变化有一个清楚的认识，利用生物技术手段培育和引进合适的菌种，还需要根据实际的情况改进工艺配方、规范生产技术标准，从而生产制作出符合国人口味的发酵肉制品，使我国的发酵肉制品生产真正实现工业化、系统化及标准化（刘宗敏，2014）。

乳酸菌是传统发酵肉制品中重要的优势菌群，与产品品质密切相关（陈韵等，2013；Liu 等，2011）。经乳酸菌发酵的肉制品与一般肉制品相比具有很多优点，例如，保质期延长、风味独特、色泽鲜艳、质地改善、亚硝酸盐含量降低以及消化吸收性提高等。乳酸菌通常作为微生物发酵剂加入发酵肉制品中，可以清楚地看出乳酸菌对于肉制品的优良作用。潘晓倩等（2017）从农家自然发酵的腌腊肉制品中分离获得一株植物乳植杆菌 10M-7，该菌株能迅速降低腌腊肉制品发酵初期产品的 pH，可有效抑制发酵产品中大肠杆菌和葡萄球菌的繁殖，提高食品的安全性。也有研究发现，乳酸菌在降低产品 pH 的同时能够赋予产品独特的发酵风味、改善产品组织结构、促进产品色泽与风味的形成（López等，2006）。同时，某些乳酸菌能产细菌素，抑制腐败菌和致病菌生长繁殖（Gao 等，2014；张小美等，2013；Swetwiwathana 等，2015），降低产品中某些特定生物胺的含量（Tosukhowong 等，2011；Zhang 等，2013）。蛋白质的水解是影响肉制品品质特性的重要生化反应，对最终产品的风味及滋味具有重要作用。发酵肉制品的加工过程中，蛋白质在乳酸菌的作用下会发生不同程度的降解，不断累积小分子风味物质和风味前体物质，如小分子肽、游离氨基酸、有机酸及醛类物质等，并且参与后续氨基酸的斯特雷克尔反应和美拉德反应，由此产生特征风味物质。研究表明，微生物对发酵肉制品中游离氨基酸的组成有一定的影响（Montel 等，1998），不同菌种产生的代谢产物会引起蛋白质不同程度的水解，导致最终产品的不同风味。发酵肉制品中戊糖片球菌的存在会促进蛋白质的降解、影响发酵肉干的嫩度和咀嚼特性，且能够有效抑制脂质的过度氧化，提高羊肉干品质（张开屏等，2018）。Naes 等（1994）将干酪乳酪杆菌产生的蛋白酶添加到发酵香肠中，结果发现蛋白质大量水解，且谷氨酸、丝氨酸和赖氨酸含量明显增加。

然而，对于许多传统发酵香肠的微生物区系组成的研究表明，多数微生物是来自乳酸菌属的清酒广布乳杆菌、弯曲广布乳杆菌、植物乳植杆菌，也有少量来自片球菌属（*Pediococcus*）和肠球菌属（*Enterococcus*）（Swetwiwathana 等，2017；Tosukhowong 等，2011；Zhang 等，2013；Aymerich 等，2005；Bonomo 等，2008；Hammes 等，1990；Fontanac 等，2005；Fontana 等，2010）。另一方面，革兰阳性、过氧化氢酶阳性球菌，主要是葡萄球菌（*Staphylococcus*）和库克菌（*Kocuria*），其次酵母菌和霉菌也参与香肠发酵。自然发酵的风干类肉制品通常会有来自原料以及与风干肉制品生产环境相关的微生物，而细菌是参与发酵肉制品发酵的主要微生物，对产品品质起着决定性的作用，所以对自然发酵风干肉制品的细菌多样性进行研究很有必要，可为产品的安全生产提供依据。绝大多数的微生物是不能够被培养或很难被培养，导致传统分离、纯化、鉴定的检测结果不准确（Sun 等，2016）。想要全面反映自然发酵过程中微生物活动的真实状况，必须运用相对更加精确的技术来研究细菌群落结构变化的情况，了解发酵肉制品中微生物群落结构特征是调控和提升肉类产品品质的关键。

参考文献

［1］白婷，王卫，李俊霞，等.发酵肉制品的品质评定指标及其进展［J］.食品科技，2014，39（9）：169-173.

［2］布仁其其格，高雅罕，任秀娟，等.不同发酵时期酸马奶细菌群落结构［J］.食品科学，2016，3（11）：108-113.

［3］岑怡红，方俊，李宗军.外源性生物活性肽的研究进展［J］.中国畜牧兽医，2006，33（12）：22-24.

［4］巢警殳，张岚，杜娟，等.生物活性肽的研究进展［J］.吉林医药学院学报，2010，31（6）：359-362.

［5］陈坚，方芳，周景文，等.发酵食品生物危害物的形成机制与消除策略［M］.北京：化学工业出版社，2016.

［6］陈文雅，谭云.生物活性肽制备及其在粮油中的开发［J］.粮油食品科技，

2017（6）：40-45.

［7］陈月华，程云辉，许宙，等.食源性生物活性肽免疫调节功能研究进展
［J］.食品与机械，2016，32（5）：209-213.

［8］陈韵，胡萍，湛剑龙，等.我国传统发酵肉制品中乳酸菌生物多样性的研究
进展［J］.食品科学，2013，34（13）：302-306.

［9］崔国健.发酵兔肉香肠工艺条件及贮藏期品质变化研究［D］.重庆：西南
大学，2017.

［10］代涛，尹志峰，王良友.还原型谷胱甘肽临床应用研究进展［J］.承德医
学院学报，2014，31（5）：432-435.

［11］邓淙友，李定发，蔡林泰，等.湿热因素对蒲公英配方颗粒中咖啡酸稳定
性的影响［J］.广东药科大学学报，2020，36（4）：469-472.

［12］邓志程.马氏珠母贝全脏器免疫活性肽的制备及其免疫活性的研究［D］.
湛江：广东海洋大学，2015.

［13］董建国，路守栋，段虎，等.发酵肉制品研究新进展［J］.食品工业科技，
2012，33（11）：375-378.

［14］葛长荣，马美湖.肉与肉制品工艺学［M］.北京：中国轻工业出版社，
2002.

［15］郭晓芸，张永明，张倩.发酵肉制品的营养、加工特性与研究进展［J］.
肉类工业，2009（5）：47-50.

［16］韩冬雪.发酵牛肉火腿中 ACE 抑制肽的提取和鉴定［D］.大庆：黑龙江
八一农垦大学，2015.

［17］贺志华.干酪乳杆菌与瑞士乳杆菌发酵绿豆乳工艺研究［D］.保定：河北
农业大学，2012.

［18］黄高凌，翁聪泽，倪辉，等.琯溪蜜柚果皮提取物抑制亚硝化反应的研究
［J］.食品科学，2007，28（12）：36-40.

［19］黄晓冬，李裕红，戴聪杰，等.红树植物桐花树提取物清除亚硝酸盐与阻
断亚硝胺合成的体外评价［J］.中国食品学报，2015，15（9）：15-20.

［20］黄颖，石焱芳，张晓丽，等.酪氨酸及其某些衍生物的毛细管电泳研究
［J］.福建师范大学学报：自然科学版，2008，24（5）：61-66.

［21］蒋利亚，潘波.传统乳制品中降胆固醇作用乳酸菌的分离研究［J］.吉林
农业：学术版，2011（6）：97，99.

［22］蓝梦哲.发酵剂在发酵香肠中的应用研究进展［J］.广东农业科学，2011，
38（3）：96-99.

［23］李嘉盛，刘复荣，刘明珠，等.珠江口水产源乳酸菌资源库的构建及优
良乳酸菌的高通量筛选［J］.食品安全质量检测学报，2020，11（16）：
5627-5634.

［24］李默，朱畅，赵冬兵，等.发酵肉制品中高抗氧化肉品发酵剂的筛选鉴定［J］.食品科学，2017，38（12）：83-88.

［25］李木子，孔保华，黄莉，等.弯曲乳杆菌对风干肠发酵过程亚硝胺降解及其理化性质的影响［J］.中国食品学报，2016，16（3）：95-102.

［26］李轻舟，王红育.发酵肉制品研究现状及展望［J］.食品科学，2011，32（3）：247-251.

［27］李晓蓓，欧杰，王婧.食品中微生物源毒素检测方法研究进展［J］.食品科学，2011，32（11）：334-339.

［28］李新生，党娅，王艳龙.中国牛肉干加工技术及产业发展现状［J］.肉类研究，2012，26（4）：32-35.

［29］李璇，杜梦霞，王富龙，等.生物活性肽的制备及分离纯化方法研究进展［J］.食品工业科技，2017，38（20）：336-340，346.

［30］张开屏，田建军，倪萍，等.一株高效降胆固醇嗜酸乳杆菌和木糖葡糖球菌对发酵香肠理化品质及有害生物胺的影响［J］.食品工业科技，2017，38（1）：147-151.

［31］刘铭，刘玉环，王允圃，等.制备、纯化和鉴定生物活性肽的研究进展及应用［J］.食品与发酵工业，2016，42（4）：244-251.

［32］刘海涛.发酵肉制品的市场前景与展望［J］.肉类工业，2007（5）：1-2.

［33］刘战丽，罗欣.发酵肠的风味物质及其来源［J］.中国调味品，2002（10）：32-35.

［34］刘宗敏.发酵肉制品研究现状及发展趋势［J］.山东食品发酵，2014（1）：50-52.

［35］罗有文，郑丹，扶国才.肌肽的生物学功能研究进展［J］.江西农业学报，2008（5）：75-77，81.

［36］罗雨婷，吴宝森，谷大海，等.不同加工年份诺邓火腿粗肽的特征与抗氧化活性［J］.肉类研究，2017，31（9）：32-37.

［37］马德功，崔文文，赵振铃.发酵香肠的研究进展［J］.肉类研究，2007（11）：3-7.

［38］马菊.国内外发酵肉制品加工工艺的改进［J］.肉类工业，2007（1）：8-10.

［39］马志方.低钠传统金华火腿加工过程中脂质和蛋白质水解及氧化的研究［D］.南京：南京农业大学，2016.

［40］孟少华，薛向阳，傅琳秋，等.发酵香肠及其产品开发的研究现状［J］.肉类工业，2006（2）：18-20.

［41］潘晓倩，成晓瑜，张顺亮，等.腌腊肉制品中乳酸菌的筛选鉴定及其在腊肠中的应用［J］.食品科学，2017，138（16）：57-63.

［42］漆叶琼，张佳涛，潘向辉，等.乳杆菌吸附苯并芘的特性［J］.微生物学

报，2011，51（7）：956-964.

［43］冉春霞，陈光静．我国传统发酵肉制品中生物胺的研究进展［J］．食品与
　　　发酵工业，2017，43（3）：285-294.

［44］饶伟丽．风干肉热风干过程中水分迁移机制研究［D］．北京：中国农业科
　　　学院，2017.

［45］茹晓．传统发酵蔬菜中乳酸菌的分离鉴定及特性研究［D］．咸阳：西北农
　　　林科技大学，2017.

［46］沈清武，李平兰．微生物酶与肉组织酶对干发酵香肠中游离脂肪酸的影响
　　　［J］．食品与发酵工业，2004，30（12）：1-5.

［47］石扬，张永进，赖年悦，等．中华草龟肉抗肿瘤活性肽的分离纯化及鉴定
　　　研究［J］．现代食品科技，2018，34（5）：24-31.

［48］史晓燕．传统风干肉品质改善的研究［D］．呼和浩特：内蒙古农业大学，
　　　2012.

［49］宋玲钰，刘丽娜，徐志祥，等．多肽的降胆固醇活性研究进展［J］．中国
　　　食物与营养，2016，22（10）：69-72.

［50］宋增廷，姜宁，张爱忠，等．谷胱甘肽对肉羊生长性能、屠宰性能及肉品
　　　质的影响［J］．畜牧与兽医，2008，40（11）：14-17.

［51］宋增廷，姜宁，张爱忠，等．谷胱甘肽生物学功能的研究进展［J］．饲料
　　　研究，2008（9）：25-27.

［52］孙敬，詹文圆，陆瑞琪．肉制品中亚硝胺的形成机理及其影响因素分析
　　　［J］．肉类研究，2008，21（1）：18-23.

［53］孙伟康，张娟，堵国成．乳酸乳球菌NZ9000基因组规模代谢网络模型的
　　　构建与验证［J］．生物工程学报，2020，36（8）：1629-1639.

［54］孙宇霞．蒙古族特色风干牛肉应建立标准［J］．中国质量技术监督，2010
　　　（6）：62-63.

［55］唐蔚，宁奇，孙培冬．南瓜籽抗氧化肽的制备及分离纯化［J］．中国油脂，
　　　2016，41（2）：20-24.

［56］唐贤华，张崇军，隋明．乳酸菌在食品发酵中的应用综述［J］．粮食与食
　　　品工业，2018，25（6）：44-50.

［57］王楠，王杰，姜龙达，等．甲鱼碱溶蛋白肽的分离及抗肿瘤活性研究［J］．
　　　中国食品学报，2017，17（4）：98-103.

［58］王光强，俞剑燊，胡建，等．食品中生物胺的研究进展［J］．食品科学，
　　　2016，37（1）：269-278.

［59］王曙光．核桃肽改善睡眠剥夺诱导大鼠记忆障碍及其对PC12细胞神经保
　　　护作用机制研究［D］．广州：华南理工大学，2019.

［60］王小巍，张红艳，刘锐，等．谷胱甘肽的研究进展［J］．中国药剂学杂志：

网络版，2019（4）：141-148.

［61］乌日罕，付艳茹，格日勒图.人体肠道微生物及其主要益生菌的食物来源［J］.食品工业，2015（12）：249-251.

［62］吴疆，班立桐，童应凯，等.硫酸铵二次盐析对乳源抗菌肽纯化的影响［J］.食品科技，2009，34（1）：180-182.

［63］吴燕燕，钱茜茜，李来好，等.基于IlluminaMiSeq技术分析腌干鱼加工过程中微生物群落多样性［J］.食品科学，2017，38（12）：1-8.

［64］谢书越，穆利霞，廖森泰，等.抗肿瘤活性肽的研究进展［J］.食品工业科技，2015，36（2）：368-372.

［65］徐岩.发酵食品微生物学［M］.北京：中国轻工业出版社，2001.

［66］杨闯.生物活性肽在营养保健中的应用［J］.食品科学，2003，24（11）：153.

［67］杨华，张甜，孟培培，等.反复冻融的猪肉蛋白对 N- 亚硝胺形成量的影响［J］.食品科学，2017，38（1）：92-98.

［68］杨玉英，王伟，张玉，等.天然蛋白源降血脂活性肽的研究进展［J］.浙江农业科学，2013，1（9）：1162.

［69］于晓倩，张成林，李晴，等.苯乳酸纳米粒保鲜膜对冷藏鲟鱼保鲜效果研究［J］.包装工程，2020，41（9）：17-22.

［70］张开屏，张保军，田建军.一株戊糖片球菌对发酵羊肉干品质的影响［J］.食品研究与开发，2018，39（13）：99-104.

［71］张如春，崔焕忠，蔡熙姮，等.狐源罗伊氏乳杆菌 ZJF036 益生特性研究［J］.动物营养学报，2020，32（8）：3819-3829.

［72］张小美，楼秀玉，顾青.1 株产细菌素乳酸菌的鉴定和细菌素的分离纯化［J］.中国食品学报，2013，13（12）：181-187.

［73］张元生，许益民.微生物在肉类加工中的应用［M］.北京：中国商业出版社，1991.

［74］章检明，步雨珊，杨慧，等.产抗菌肽乳酸菌筛选及抗菌肽的分离纯化与特性研究［J］.食品安全质量检测学报，2018，9（4）：781-787.

［75］赵娜，刘景圣.豆酱中功能性乳酸菌的分离、筛选及功能特性研究［J］.吉林农业，2009（7）：16-18.

［76］郑惠娜，章超桦，曹红.海洋蛋白酶解制备生物活性肽的研究进展［J］.水产科学，2008，27（7）：370.

［77］郑晓锦，邢路娟，周光宏，等.三种中国传统干腌火腿中粗多肽的抗氧化肽与抑菌活性的比较［J］.食品工业科技，2018，39（16）：75-79.

［78］周传云，聂明，万佳蓉.发酵肉制品的研究进展［J］.食品与机械，2004（2）：27-30.

［79］周慧敏，刘琛，郭宇星，等 . 固定化瑞士乳杆菌蛋白酶酶解乳清蛋白生产 ACE 抑制肽的条件优化［J］. 食品科学，2015，36（7）：61-65.

［80］朱光华 . 乳酸菌抗氧化及降血脂效果的研究［D］. 秦皇岛：燕山大学，2010.

［81］朱建军 . 锡林郭勒盟地区传统风干牛肉干工业化生产的思考［J］. 肉类工业，2014（8）：51-53.

［82］AGYEL D, DANQUAH M K. Industrial-scale manufacturing of pharmaceutical-grade bioactive peptides［J］. Biotechnol Adv, 2011, 29（3）：272-277.

［83］ANTHONY E. Toxicity of polyamines and their metabolic products［J］. Chemical Research in Toxicology, 2013, 26（12）：1782-1800.

［84］ARIHARA K. Strategies for designing novel functional meat products［J］. Meat Science, 2006, 74（1）：219-229.

［85］AYMERICH T, MARTIN B, GARRIGA M, et al. Microbial quality and direct PCR identification of lactic acid bacteria and nonpathogenic *Staphylococci* from Artisanal low-acid sausages［J］. Applied and Environmental Microbiology, 2005, 71（3）：1674-1674.

［86］BAO Y, WANG J, LI C, et al. A preliminary study on the antibacterial mechanism of *Tegillarca granosa* hemoglobin by derived peptides and peroxidase activity［J］. Fish Shellfish Immunology, 2016, 51：9-16.

［87］BASSI D, PUGLISI E, COCCONCELLI P S. Understanding the bacterial communities of hard cheese with blowing defect［J］. Food Microbiology, 2015, 52：106-118.

［88］BELLIA F, AMORINI A M, MENDOLA D L, et al. New glycosidic derivatives of histidine-containing dipeptides with antioxidant properties and resistant to carnosinase activity［J］. European Journal of Medicinal Chemistry, 2008, 43（2）：373-380.

［89］BENKERROUM N. Biogenic amines in dairy products：Origin, incidence, and control means［J］. Comprehensive Reviews in Food Science & Food Safety, 2016, 15（4）：801-826.

［90］BIESALSKI H K. Meat as a component of a healthy diet are there any risks or benefits if meat is avoided in the diet?［J］. Meat Science, 2005, 70（3）：509-524.

［91］BLANCO-MIGUEZ A, GUTIERREZ-JACOME A, PEREZ-PEREZ M, et al. From amino acid sequence to bioactivity：The biomedical potential of antitumor peptides［J］. Protein Science, 2016, 25（6）：1084-1095.

[92] BLAUT M. Relationship of prebiotics and food to intestinal microflora [J] . European Journal of Nutrition, 2002, 41 (S1): i11-i16.

[93] BOCSKAY KA, TANG D, ORJUELA M A, et al. Chromosomal aberrations in cord blood are associated with prenatal exposure to carcinogen-polycyclic aromatic hydrocarbons [J] . Cancer Epidemiology Biomarkers Prevention, 2005, 14 (2): 506-511.

[94] BODMER S, IMARK C, KNEUBÜHL M. Biogenic amines in foods: Histamine and food processing [J] . Inflammation Research, 1999, 48 (6): 296-300.

[95] BOVER-CID S, IZQUIERDO-PULIDO M, VIDAL-CAROU M C. Effect of proteolytic starter cultures of *Staphylococcus* spp. on biogenic amine formation during the ripening of dry fermented sausages [J] . International Journal of Food Microbiology, 1999, 46 (2): 95-104.

[96] Broncano J M, Otte J, M J Petrón, et al. Isolation and identification of low molecular weight antioxidant compounds from fermented "chorizo" sausages [J] . Meat Science, 2011, 90 (2): 494-501.

[97] CHEN J, CHEN S. Removal of polycyclic aromatic hydrocarbons by low density polyethylene from liquid model and roasted meat [J] . Food Chemistry, 2005, 90 (3): 461-469.

[98] CHEN Q, KONG B H, SUN Q X, et al. Antioxidant potential of a unique LAB culture isolated from Harbin dry sausage: *In vitro* and ina sausage model [J] . Meat Science, 2015, 110: 180-188.

[99] COMBET E, MESMARI A E, PRESTON T, et al. Dietary phenolic acids and ascorbic acid: Influence on acid-catalyzed nitrosative chemistry in the presence and absence of lipids [J] . Free Radical Biology& Medicine, 2010, 48 (6): 763-771.

[100] COTON M, ROMANO A.Occurrence of biogenic amine-forming lactic acid bacteria in wine and cider [J] . Food Microbiology, 2010, 27 (8): 1078-1085.

[101] DANIEL H. Molecular and integrative physiology of intestinal peptide transport [J] . Annual Review of Physiology, 2004, 66: 361-384.

[102] DELAS RIVAS B, MARCOBAL A, CARRASCOSA A, et al. PCR detection of foodborne bacteria producing the biogenic amineshistamine, tyramine, putrescine, and cadaverine[J]. Journal of Food Protection, 2006, 69(10): 2509-2514.

[103] EDWARDS P A, TABOR D, KAST H R, et al. Regulation of gene

expression by SREBP and SCAP [J]. Biochimica et Biophysica Acta-molecular and Cell Biology of Lipids, 2000, 1529 (1–3): 103–113.

[104] ENDRES W. Probiotics in the prevention of intestinal diseases in infancy[J]. Monatsschrift Kinderheilkunde, 2003, 151 (S1): S24–S26.

[105] ESSUMANG D K, DODOO D K, ADJEI J K. Effect of smoke generation sources and smoke curing duration on the levels of polycyclic aromatic hydrocarbon (PAH) in different suites of fish [J]. Food and Chemical Toxicology, 2013, 58 (7): 86–94.

[106] EVELINE D, KATRIJN D, HANNELORE D, et al. The occurrence of N‑nitrosamines, residual nitrite and biogenic amines in commercial dry fermented sausages and evaluation of their occasional relation [J]. Meat Science, 2014, 96 (2): 821–828.

[107] FATIH ÖZOGUL, IMEN HAMED. The importance of lactic acid bacteria for the prevention of bacterial growth and their biogenic amines formation: A review[J]. Critical Reviews in Food Science and Nutrition, 2018, 58(10): 1660–1670.

[108] FAUSTO G, ÖZOGUL Y, GIOVANNA S, et al. Technological factors affecting biogenic amine content in foods: A review [J]. Frontiers in Microbiology, 2016, 7: 12–18.

[109] FONTANAC, COCCONCELLIPS, VIGNOLOG. Monitoring the bacterial population dynamics during fermentation of artisanal Argentinean sausages [J]. International Journal of Food Microbiology, 2005, 103 (2): 131–142.

[110] FONTANA, GAZZOLA C, COCCONCELLIS, et al. Population structure and safety aspects of Enterococcus strains isolated from artisanal dry fermented sausages produced in Argentina [J]. Letters in Applied Microbiology, 2010, 49 (3): 411–414.

[111] FRIEDMAN M. Biological effects of Maillard browning products that may affect acrylamide safety in food: Biological effects of Maillard products [J]. Advances in Experimental Medicine and Biology, 2005, 561: 135–156.

[112] GALGANO F, CARUSO M, CONDELLI N, et al. Focused review: Agmatine in fermented foods [J]. Frontiers in Microbiology, 2012, 3 (3) 199–201.

[113] GÁLVEZ A, ABRIOUEL H, BENOMAR N, et al. Microbial antagonists to food-borne pathogens and biocontrol [J]. Current Opinion in Biotechnology, 2010, 21 (2): 142–148.

[114] GAOYR, LID, LIU YX. Bacteriocin-producing Lactobacillus sakei C2 as

starter culture in fermented sausages[J]. Food Control, 2014, 35(1): 1-6.

[115] GARDINI F, MARTUSCELLI M, CRUDELE, et al. Use of *Staphylococcus xylosus* as a starter culture in dried sausages: effect on the biogenic amine content [J] . Meat Science, 2002, 61 (3): 275-283.

[116] GEETA, AJIT S Y. Antioxidant and antimicrobial profile of chicken sausages prepared after fermentation of minced chicken meat with *Lactobacillus plantarum* and with additional dextrose and starch [J] . Food Science and Technology, 2017, 77: 249-258.

[117] GEMMA P, RORER M C, VICTORIA C, et al. Concentrations of polybrominated diphenyl ethers, hexachlorobenzene and polycyclic aromatic hydrocarbons in various foodstuffs before and after cooking [J] . Food and Chemical Toxicology, 2009, 47 (4): 709-715.

[118] GOLDIN B R, GORBACH S L. Effect of *Lactobacillus acidophilus* dietary supplementation on 1,2-dimethylhydrazine dihydrochloride-induced intestinal cancer in rats [J] . Journal of the National Cancer Institute, 1980, 64 (2): 263-265.

[119] GOMES M B, PIRES B A, FRACALANZZA S A, et al. The risk of biogenic amines in food [J] . Ciencia & Saude Coletiva, 2014, 19 (4): 1123-1134.

[120] GROTE M, SCHUURMANN G, ALTENBURGER R. Modeling photoinduced algal toxicity of polycyclic aromatic hydrocarbons [J] . Environmental Science and Technology, 2005, 39 (11): 4141-4149.

[121] HAMMES W. Lactic acid bacteria in meat fermentation [J] . FEMS Microbiology Letters, 1990, 87 (1-2): 165-173.

[122] HARITASH A K, KAUSHIK C P. Biodegradation aspects of polycyclic aromatic hydrocarbons (PAHs): A review [J] . Journal of Hazardous Materials, 2009, 169 (1/2/3): 1-15.

[123] NAES H, HOLCK A L, AXELSSON L, et al. Accelerated ripening of dry fermented sausage by addition of a *Lactobacillus* proteinase [J] . International journal of food science & technology, 1994, 29 (6): 651-659.

[124] HUANG Y H, LAI Y J, CHOU C C. Fermentation temperature affects the antioxidant activity of the enzyme-ripened sufu, an oriental traditional fermented product of soybean [J] . Journal of Bioscience & Bioengineering, 2011, 112 (1): 49-53.

[125] HUANG Y, WANG J F, CHENG Y, et al. The hypocholesterolaemic effects

of *Lactobacillus acidophilus* American type culture collection 4356 in rats are mediated by the down-regulation of Niemann-Pick C1-like 1 [J]. British Journal of Nutrition, 2010, 104 (6): 807-812.

[126] HUNGERFORD J M. Scombroid poisoning: A review [J]. Toxicon, 2010, 56 (2): 231-243.

[127] IMKO P. Factors affecting elimination of polycyclic aromatic hydrocarbons from smoked meat foods and liquid smoke flavorings [J]. Molecular Nutrition & Food Research, 2005, 49 (7): 637-647.

[128] IWANIAK A, MINKIEWICZ P, DAREWICZ M.Food-originating ACE inhibitors, including antihypertensive peptides, as preventive food components in blood pressure reduction [J]. Comprehensive Reviews in Food Science and Food Safety, 2014, 13 (2): 114-134.

[129] JAIN S, ANAL A K. Production and characterization of functional properties of protein hydrolysates from egg shell membranes by lactic acid bacteria fermentation [J]. Journal of Food Science and Technology, 2017, 54 (5): 1062-1072.

[130] KIM S S, AHN C B, MOON S W, et al. Purification and antioxidant activities of peptides from sea squirt (*Halocynthia roretzi*) protein hydrolysates using pepsin hydrolysis [J]. Food Bioscience, 2018, 25: 128-133.

[131] KORHONEN H, PIHLANTO A. Bioactive peptides: Production and functionality [J]. International Dairy Journal, 2006, 16 (9): 945-960.

[132] KUNIYUKI T, TOSHIKO H, TOMOE N, et al. Inhibition of *N*-nitrosation of secondary amines *in vitro* by tea extracts and catechins [J]. Mutation Research, 1998, 412 (1): 91-98.

[133] LADERO V, CANEDO E, PEREZ M, et al. Multiplex qPCR for the detection and quantification of putrescine-producing lactic acid bacteria in dairyproducts [J]. Food Control, 2012, 27 (2): 307-313.

[134] LEE J, HWANG K T, CHUNG M Y, et al. Resistance of *Lactobacillus casei* KCTC 3260 to reactive oxygen species (ROS): Role for a metal ion chelating effect [J]. Journal of Food Science, 2005, 70 (8): M388-M391.

[135] LI N, SIOUTAS C, CHO A, et al. Ultrafine particulate pollutants induce oxidative stress and mitochondrial damage [J]. Environmental Health Perspectives, 2003, 111 (4): 455-460.

[136] LIN M T, BEAL M F. The oxidative damage theory of aging [J]. Clinical

Neuroscience Research, 2003, 2 (5/6): 305-315.

[137] LIU S N, HAN Y, ZHOU Z J. Lactic acid bacteria in traditional fermented Chinese foods [J]. Food Research International, 2011, 44 (3): 643-651.

[138] LOCHAN S, JAY G. Review: Polycyclic aromatic hydrocarbons' formation and occurrence in processed food [J]. Food Chemistry, 2016, 199 (2): 768-781.

[139] LÓPEZ C, MEDINA LM, PRIEGO R, et al. Behaviour of the constitutive biota of two types of Spanish dry-sausages ripened in a pilot-scale chamber [J]. Meat Science, 2006, 73 (1): 178-180.

[140] BONOMO M G, RICCIARDI A, ZOTTA T, et al. Molecular and technological characterization of lactic acid bacteria from traditional fermented sausages of Basilicata region (Southern Italy) [J]. Meat Science, 2008, 80 (4): 1238-1248.

[141] MOHAMMED G I, BASHAMMAKH A S, ALSIBAAI A A, et al. ChemInform abstract: A critical overview on the chemistry, clean-up and recent advances in analysis of biogenic amines in food stuffs [J]. Trac Trends in Analytical Chemistry, 2016, 78 (40): 84-94.

[142] MONTEL M C, MASSON F, TALON R.Bacterial role in flavour development [J]. Meat Science, 1998, 49 (S1): 11-23.

[143] MORA L, ESCUDERO E, ARIHARA K, et al. Antihypertensive effect of peptides naturally generated during Iberian dry-cured ham processing [J]. Food Research International, 2015, 78: 71-78.

[144] MORA L, GALLEGO M, ESCUDERO E, et al. Small peptides hydrolysis in dry-cured meats [J]. International Journal of Food Microbiology, 2015, 212: 9-15.

[145] NAILA A, FLINT S, FLETCHER G, et al. Control of biogenic amines in food-existing and emerging approaches [J]. Journal of Food Science, 2010, 75 (7): 139-150.

[146] NIU L Y, JIANG S T, PAN L J. Preparation and evaluation of antioxidant activities of peptides obtained from defatted wheat germ by fermentation [J]. Journal of Food Science and Technology, 2013, 50 (1): 53-61.

[147] NOUT M J R. Fermented foods and food safety [J]. Food Research International, 1994, 27 (3): 291-298.

[148] ÖZOGUL, FATIH. Effects of specific lactic acid bacteria species on biogenic amine production by foodborne pathogen [J]. International Journal of Food

Science and Technology, 2011, 46（3）: 478–484.

［149］PARK S Y, KIM Y J, LEE H C, et al. Effects of pork meat cut and packaging type on lipid oxidation and oxidative products during refrigerated storage（8 degrees C）［J］. Journal of Food Science, 2008, 73（3）: 127–134.

［150］PAULA B, MIRIAN P, PATEIRO M, et al. Antioxidant and antimicrobial activity of peptides extracted from meat by–products: a review［J］. Food Analytical Methods, 2019, 12（11）: 2401–2415.

［151］PISANO M B, VIALE S, CONTI S, et al. Preliminary evaluation of probiotic properties of *Lactobacillus* strains isolated from sardinian dairy products［J］. Biomed Research International, 2014, 2014: 286390.

［152］PRADENAS J, GALARCE–BUSTOS O, HENRIQUEZ–AEDO K, et al. Occurrence of biogenic amines in beers from Chilean market［J］. Food Control, 2016, 70（12）: 138–144.

［153］SARANRAJ P, NAIDU M A, SIVASAKTHIVELAN P. Lactic acid bacteria and its antimicrobial properties: a review［J］. International Journal of Pharma Archives, 2013, 4（6）: 1124–1133.

［154］FLEISCHMANN R D, ADAMS M D, WHITE O, et al. Whole–genome random sequencing and assembly of *Haemophilus influenzae* Rd［J］. Science, 1995, 269（5223）: 496–512.

［155］SALMINEN S J, GUEIMONDE M.Probiotics That Modify Disease Risk［J］. The Journal of Nutrition, 2005, 135（5）: 1294–1298.

［156］SAUER C J, JESSE M, STANLEY G, et al. Foodborne illness outbreak associated with a semi–dry fermented sausage product［J］. Journal of Food Protection, 1997, 60（12）: 1612–1617.

［157］SENTANDREU MÁ, ARISTOY MC, et al. Peptides with angiotensin I converting enzyme（ACE）inhibitory activity generated from porcine skeletal muscle proteins by the action of meat–borne *Lactobacillus*［J］. Journal of Proteomics, 2013, 89: 183–190.

［158］SETTANNI L, MOSCHETTI G. Non–starter lactic acid bacteria used to improve cheese quality and provide health benefits［J］. Food Microbiology, 2010, 27（6）: 691–697.

［159］SHENGYU LI, YUJUAN ZHAO. Antioxidant activity of *Lactobacillus plantarum* strains isolated from traditional Chinese fermented foods［J］. Food Chemistry, 2012, 135（3）: 1914–1919.

［160］SIMION A M C, VIZIREANU C, ALEXE P, et al. Effect of the use of selected starter cultures on some quality, safety and sensorial properties of Dacia sausage, a traditional Romanian dry-sausage variety [J]. Food Control, 2014, 35（1）: 123-131.

[161] SPANO G, RUSSO P, LONVAUDFUNEL A, et al. Biogenic amines in fermented foods[J]. European Journal of Clinical Nutrition, 2010, 64（S3）: S95-S100.

[162] SUN W, XIAO H, PENG Q, et al. Analysis of bacterial diversity of Chinese Luzhou-flavor liquor brewed in different seasons by Illumina Miseq sequencing [J]. Annals of Microbiology, 2016, 66（3）: 1293-1300.

[163] SUZZI G, GARDINI F. Biogenic amines in dry fermented sausages: A review [J]. International Journal of Food Microbiology, 2003, 88（1）: 41-54.

[164] SWETWIWATHANA A, VISESSANGUAN W. Potential of bacteriocin producing lactic acid bacteria for safety improvements of traditional Thai fermented meat and human health [J]. Meat Science, 2015, 109: 101-105.

[165] TANG Y, ZHOU X, HUANG S, et al. Microbial community analysis of different qualities of pickled radishes by Illumina MiSeq sequencing [J]. Journal of food safety, 2019, 3（2）: 1-8.

[166] TAPINGKAE W, TANASUPAWAT S, PARKIN K L, et al. Degradation of histamine by extremely halophilic archaea isolated from high salt-fermented fishery products [J]. Enzyme and Microbial Technology, 2010, 46（2）: 92-99.

[167] TESHOME G.Review on lactic acid bacteria function in milk fermentation and preservation [J]. African Journal of Food Science, 2015, 9（4）: 170–175.

[168] TOSUKHOWONG A, VISESSANGUAN W, PUMPUANG L, et al. Biogenic amineformation in Nham, a Thai fermented sausage, and the reduction by commercial starter culture, *Lactobacillus plantarum* BCC 9546 [J]. Food Chemistry, 2011, 129（3）: 846-853.

[169] VINCENZINI M T, IANTOMASI T, FAVILLI F.Glutathione transport across intestinal brush-border membranes: effects of ions pH, delta psi, and inhibitors [J]. Biochim Biophys Acta, 1989, 987（1）: 29-37.

[170] VINUSHA K S, DEEPIKA K, JOHNSON T S, et al. Proteomic studies on lactic acid bacteria: A review [J]. Biochemistry & Biophysics Reports, 2018, 14（C）: 140-148.

[171] VLADIMIR V, TOLSTIKOV, OLIVER FIEHN.Analysis of highly polar compounds of plant origin: Combination of hydrophilic interaction chromatography and electrospray ion trap mass spectrometry [J] . Analytical Biochemistry, 2002, 301 (2) : 298-307.

[172] VLIEG J E T V H, VEIGA P, ZHANG C H, et al. Impact of microbial transformation of food on health-from fermented foods to fermentation in the gastro-intestinal tract[J]. Current Opinion in Biotechnology, 2011, 22(2): 211-219.

[173] WANG D Q H, TAZUMA S, COHEN D E, et al. Feeding natural hydrophilic bile acids inhibits intestinal cholesterol absorption: studies in the gallstone-susceptible mouse [J] . American Journal of Physiology-Gastrointestinal and Liver Physiology, 2003, 285 (3) : G494-G502.

[174] WANG X H, REN H Y, WANG W, et al. Evaluation of key factors influencing histamine formation and accumulation in fermented sausages[J]. Journal of Food Safety, 2015, 35 (3) : 395-402.

[175] WOUTERS D, BERNAERT N, ANNO N, et al. Application and validation of autochthonous lactic acid bacteria starter cultures for controlled leek fermentations and their influence on the antioxidant properties of leek [J] . International Journal of Food Microbiology, 2013, 165 (2) : 121-133.

[176] WU Q, JIA J, YAN H, et al. A novel angiotensin- I converting enzyme (ACE) inhibitory peptidefrom gastrointestinal protease hydrolysate of silkworm pupa (*Bombyx mori*) protein: Biochemical characterization and molecular dockingstudy [J] . Peptides, 2015, 68: 17-24.

[177] YANG J, JI Y, PARK H, et al. Selection of functional lactic acid bacteria as starter cultures for the fermentation of Korean leek (*Allium tuberosum* Rottler ex Sprengel.) [J] . International Journal of Food Microbiology, 2014, 191: 164-171.

[178] YERLIKAYA P, GOKOGLU N, UCAK I, et al. Suppression of the formation of biogenic amines in mackerel mince by microbial transglutaminase [J] . Journal of the Science of Food & Agriculture, 2015, 95 (11) : 2215-2221.

[179] YU X M, LI S J, YANG D, et al. A novel strain of *Lactobacillus mucosae* isolated from a Gaotian villager improves *in vitro* and *in vivo* antioxidant as well as biological properties in *d*-galactose-induced aging mice [J] . Journal of Dairy Science, 2016, 99 (2) : 903-914.

[180] ZENG X F, HE L P, GUO X, et al. Predominant processing adaptability

of *Staphylococcus xylosus* strains isolated from Chinese traditionallow−salt fermented whole fish [J]. International Journal of Food Microbiology, 2017, 242: 141−151.

[181] ZHANG Q L, LIN S L, NIE X H. Reduction of biogenic amine accumulation in silver carp sausage by an amine−negative *Lactobacillus plantarum* [J]. Food Control, 2013, 32 (2): 496−500.

[182] ZIGONEANU I G, SIMS C E, ALLBRITTON N L.Separation of peptide fragments of a protein kinase C substrate fused to a β−hairpin by capillary electrophoresis [J]. Analytical and Bioanalytical Chemistry, 2015, 407 (30): 8999−9008.

第二章

发酵肉制品细菌多样性分析

内蒙古、西藏和新疆地区的发酵肉制品多以新鲜牛肉、羊肉、马肉为原料，在适宜的温度条件下吊挂于阴凉处，利用微生物或酶的发酵作用而形成的风味独特的一类肉制品。参与发酵的微生物主要包括乳酸菌、微球菌和酵母菌等，它们在其制品风味的形成和安全性方面都发挥了各自独特的作用。乳酸菌可分解碳水化合物产生乙酸、双乙酰，酵母菌可分解碳水化合物产生乙醇等物质。受地理环境、人为因素等影响，不同地区、同种发酵食品和同一地区、不同工艺发酵食品的品质特性存在较大差异，这归因于不同的微生物群落（杜瑞等，2021）。1957 年，世界上第一种用于商业的发酵剂投入使用，其中发酵剂的主要菌种片球菌属（*Pediococcus*）后来被鉴定为乳酸片球菌（*Pediococcus acidilactici*），乳酸菌作为一类在生活中常见的细菌，在肉类发酵过程中发挥着重要作用，它主要通过降低肉类产品的 pH 及通过产细菌素来抑制有害微生物生长，从而提高肉制品的安全性。

第一节　细菌物种信息与多样性分析

目前发酵食品微生物多样性是众多学者研究的热点，但对于传统自然发酵风干肉的微生物结构研究少之又少。自然发酵风干肉中通常会有来自原料以及生产环境的微生物，而细菌是参与发酵肉制品发酵的主要微生物，对产品品质起决定性作用，所以对自然发酵风干肉的细菌多样性进行研究很有必要，可为产品的安全生产提供依据。

内蒙古农业大学肉品科学与技术团队从内蒙古、西藏和新疆地区选取了有代表性的 14 种发酵肉制品样品，对样品中细菌 16S rRNA 基因序列进行 Illumina MiSeq 高通量测序以及序列分析，测序流程：

基因组 RNA 质控 → 设计并合成引物接头 → PCR 扩增和产物纯化 →

PCR 产物定量和均一化 → MiSeq 高通量测序

进而阐述传统特色发酵肉制品中细菌多样性，分析结果对传统发酵肉制品中微生物菌群特征的研究、产品质量的监控具有参考意义。

一、细菌物种信息分析

（一）PCR 扩增与 Real-Time PCR 定量分析

取 3μL PCR 产物进行 1.2% 的琼脂糖凝胶电泳检测，结果如图 2-1 所示。

图 2-1　琼脂糖凝胶电泳

标记（Marker，M）为 DL2000，从上至下条带依次为 2000bp、1000bp、750bp、500bp、250bp、100bp，上样量为 3μL，亮带为 30ng/μL，其余条带均为 10ng/μL。

由电泳结果可见，二次 PCR 扩增后条带单一，亮度适中，可进行后续回收实验。将 PCR 扩增产物于 2% 琼脂糖凝胶电泳切胶回收。采用 Axygen 公司的 AxyPrepDNA 凝胶回收试剂盒回收。采用 FTC-3000™ Real-Time PCR 仪对回收产物进行定量。14 种发酵肉制品（表 2-1）样品定量结果见表 2-2。

表 2-1　　　　　　　　　　　　样品来源及加工方式

序号	分组	加工方式	编号	名称	来源
1	A	自然发酵	TR_1	自然风干牛肉	西藏林芝市江达县
2			TR_2	自然风干牛肉	西藏林芝市江达县
3			RQ_3	自然风干牛肉	西藏山南市琼结县
4	B	自然发酵	BY_1	自然风干羊肉	内蒙古乌拉特中旗
5			BY_2	自然风干羊肉	内蒙古乌拉特中旗
6			BY_3	自然风干羊肉	内蒙古乌拉特中旗
7	C	人工调控	NS_1	发酵羊肉香肠	实验室自制
8			S_200	发酵羊肉香肠	实验室自制
9			S_302	发酵羊肉香肠	实验室自制
10	D	人工调控	LS_1	腊肠	市售（内蒙古呼和浩特市）
11			LR_2	腊肉	市售（内蒙古呼和浩特市）
12			L	腊肠	市售（内蒙古呼和浩特市）
13			XMC	熏马肠	市售（新疆伊犁市）
14			HT	西式发酵香肠	市售（美国）

表 2-2　　　　　　　　　　Real-Time PCR 定量结果

样本编号[①]	样本名称	拷贝数 /μL	样本编号[①]	样本名称	拷贝数 /μL
11	TR_1	1.15×10^{-10}	15	S_200	5.85×10^{-10}

续表

样本编号[①]	样本名称	拷贝数 /μL	样本编号[①]	样本名称	拷贝数 /μL
12	TR_2	2.93×10^{-10}	16	S_302	5.13×10^{-10}
13	RQ_3	4.97×10^{-10}	21	LS_1	5.09×10^{-10}
14	BY_1	2.98×10^{-10}	13	LR_2	1.76×10^{-10}
15	BY_2	3.76×10^{-10}	L	L	8.33×10^{-10}
16	BY_3	3.07×10^{-10}	X	XMC	9.44×10^{-10}
17	NS_1	5.09×10^{-10}	H	HT	8.20×10^{-10}

注：①样本编号根据表 2-1 中样品来源及加工方式和图 2-1 中凝胶电泳条带编写。

（二）序列统计

样品序列丰度以及微生物多样性分析结果如表 2-3 所示，14 种样品共产生 558752 条有效的 16S rRNA 基因序列，每个样品平均产生 39912 条有效序列。为了得到更高质量及更精准的生物信息分析结果，对融合后的读数（Reads）的质量进行质控过滤。经过 PyNAST 排列（Alignment）和 100% 序列鉴定聚类分析后，共得到 467405 条优化序列，每个样品平均产生 33360 条优化序列。

表 2-3　　　　　样品序列丰度以及微生物多样性分析

序列	分组	样本名称	有效序列数	优化序列数
1	A	TR_1	21744	17578
2		TR_2	44000	35921
3		RQ_3	43729	35032
4	B	BY_1	46241	37892
5		BY_2	43053	36204
6		BY_3	43676	36963
7	C	NS_1	46544	37585
8		S_200	43205	32246
9		S_302	43800	37431
10	D	LS_1	44214	37778
11		LR_2	39750	33257
12		L	33745	30572
13		XMC	31260	27868
14		HT	33791	31078
15	合计	—	558752	467405

（Operational Taxonomic Units，OTU）是在系统发生学或群体遗传学研究中，为了便于进行分析，人为给某一个分类单元（品系、属、种、分组等）设置的统一标志。要了解一个样本测序结果中的菌属、菌种等数目信息，就需要对序列进行聚类（Cluster）。通过聚类操作，将序列按照彼此的相似性分归为许多小组，一个小组就是一个OTU。可根据不同的相似度水平，对所有序列进行OTU划分，通常对97%相似度水平下的OTU进行生物信息统计分析。

以抽到的序列条数（测序深度）与其所聚类得到OTU的数量（97%相似度水平）和香农多样性指数（Shannon diversity index）绘制曲线，即可得到稀释性曲线和香农指数曲线，如彩图2-1所示。稀释性曲线能够反映测序数据量不同的样本中物种的丰富度，也可以用来说明样本的测序数据量是否合理。

由彩图2-1可知，OTU数量随着测序量的增加而增加，香农多样性指数曲线也随序列数增加而持续上升。当测序量低于10000条时，OTU数量呈现显著的上升趋势，说明此时的测序量仍有较多的物种没有被检查到。当测序量逐渐增加时，样品的OTU数量均出现了增加，但趋势趋于平缓，当测序量达到40000条时，所有样本OTU数量变化均已趋于平缓，随着测序量的增加，细菌多样性指数几乎不再随之发生变化，说明现有测序量已经可以反映出样品中细菌的丰富度信息。

（三）样本OTU分布

在97%的相似水平下，对所有样本序列进行OTU划分，结果如图2-2所示。OTU数量的多少可以反映出样品中细菌的丰富度（Zhang等，2009）。

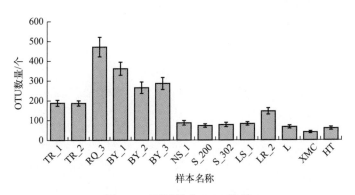

图2-2 不同样本OTU数量

如图2-2所示，西藏山南市琼结县自然风干牛肉RQ_3的OTU数量最多，说明所含有的细菌种类最丰富，共有OTU 471个；西藏林芝市江达县自然风干牛肉TR_1和TR_2的OTU数量最为接近，分别为188个和187个；内蒙古乌拉特中旗自然风干羊肉中细菌的种类相对丰富，BY_1、BY_2和BY_3的OTU

数量分布在 361~265。内蒙古呼和浩特市采集的腊肉 LR_2 的 OTU 数量为 146 个，而在呼和浩特市采集的腊肠（L、LS_1）和实验室通过添加发酵剂进行人工调控的发酵香肠（S_200、S_302）的 OTU 数量分布在 67~78。其中在同一环境条件下添加发酵剂的 S_200 和 S_302 较不添加发酵剂的对照组 NS_1 的 OTU 数量要低。由此可见，添加发酵剂可以减少发酵香肠中细菌的种类。这可能是因为发酵剂中乳酸菌快速产酸或产细菌素对其他微生物产生了抑制作用。美国的西式发酵香肠 HT 的 OTU 数量相对较低，为 60。新疆熏马肠 XMC 的 OTU 数量仅为 40，可能与生产工艺中的烟熏有关。有研究表明，烟熏能够选择性地抑制肠膜明串珠菌（*Leuconostoc mesenteroides*）等腐败微生物，延长保质期（Samelis，2000）。对以上 14 个样本细菌丰富度进行比较，RQ_3 的 OTU 数量最高（471），样品中细菌的丰富度明显比其他样本要高，BY_1 次之（361），BY_2（265）和 BY_3（286）、TR_1（188）和 TR_2（187）基本相近，XMC（40）的 OTU 数量最低。可见不同地区、相同地区的不同处理方法的发酵肉制品样本中细菌的丰富度差异较大。

样本在不同的分类水平上的组成相似性及重叠情况如表 2-4 和彩图 2-2 所示。维恩（Venn）图可用于展现多个样本中共有和独有的 OTU 数量、所包含的微生物序列数和所占比例，选用相似度为 97% 的 OTU，彩图 2-2 所示可以直观表现出样本间 OTU 数量组成的相似性及其重叠情况。

表 2-4　　　　样本在不同的分类水平上的组成相似性及重叠数

组	门 （Phylum）	纲 （Class）	目 （Order）	科 （Family）	属 （Genus）	种 （Species）
A、B、C 组	8	15	28	51	82	93
B、D、C 组	8	16	29	52	85	101
B、D、A 组	11	20	36	68	109	131
B、C、A 组	9	16	32	60	95	99
D、C、A 组	8	15	29	54	87	111
B、D 组	11	21	39	71	123	155
B、C 组	9	17	33	62	105	107
B、A 组	17	27	56	115	205	154
D、C 组	8	16	30	55	90	125
D、A 组	11	20	38	72	127	268
C、A 组	9	16	33	64	104	127
A 组	1	7	13	24	94	132

续表

组	门 （Phylum）	纲 （Class）	目 （Order）	科 （Family）	属 （Genus）	种 （Species）
B 组	3	9	20	37	83	15
C 组	0	0	0	0	2	4
D 组	0	1	3	3	9	147

由彩图 2-2 可知，市售发酵样本（D 组）中 OTU 总数量为 650，其中独有的 OTU 数量为 322，人工调控实验室自制样本（C 组）中 OTU 数量为 583，其中独有的 OTU 数量为 245，A 组和 B 组中共有的 OTU 数量为 91。内蒙古乌拉特中旗自然发酵样本（B 组）中 OTU 数量为 147，其中独有的 OTU 数量为 1，西藏地区自然发酵样本（A 组）中 OTU 数量为 203，其中独有的 OTU 数量为 30，C 组和 D 组中共有的 OTU 数量为 291。A 组、B 组、C 组、D 组四组样品共有的 OTU 数量为 73。

结合图 2-2 和彩图 2-2 分析可知，自然发酵风干肉制品中细菌的种类比人工调控发酵肉制品中细菌的种类要丰富，不经过烟熏的比经过烟熏的细菌种类要丰富，聚类出的 OTU 数量表现出了一定的地区差异性。

维恩图所展现的多个样本中共有和独有的 OTU 数量，所包含的微生物基因序列数和所占 OTU 数量的比例如表 2-5 所示。四组样品（A 组、B 组、C 组、D 组）共有的 OTU 数量为 73 个，所包含的序列数为 362630，占比 78%，所占比例最高；其中分度值大于 1% 且分度值由高到低的 OTU 分别为：OTU1、OTU5、OTU2、OTU3、OTU7、OTU12、OTU9、OTU6、OTU8、OTU13、OTU10、OTU11。

表 2-5 样本中 OTU 数量、序列数及其占比

序号	A 组	B 组	C 组	D 组	OTU 数量	序列数	占比 /%
1	Y	Y	Y	Y	73	362630	78
2	Y	Y	Y	N	27	7138	2
3	N	Y	Y	Y	10	1038	0
4	N	Y	Y	N	19	2344	1
5	Y	Y	N	Y	43	23250	5
6	Y	Y	N	N	148	25914	6
7	N	Y	N	Y	19	1462	0
8	N	Y	N	N	245	20602	4

续表

序号	A 组	B 组	C 组	D 组	OTU 数量	序列数	占比 /%
9	Y	N	Y	Y	8	3578	1
10	Y	N	Y	N	9	502	0
11	N	N	Y	Y	1	22	0
12	N	N	Y	N	1	6	0
13	Y	N	N	Y	20	1438	0
14	Y	N	N	N	322	16134	3
15	N	N	N	Y	30	917	0

注：Y，样本中包含该 OTU；N，样本中不包含该 OTU。

（四）样本 OTU 物种信息

样本中主要 OTU 物种信息如表 2-5 和表 2-6 所示。A、B、C、D 四组样品中，分度值最高的为 OTU1，序列数占比为 37%，物种信息为厚壁菌门（Firmicutes）广布乳杆菌属（Latilactobacillus）的清酒广布乳杆菌。OTU5 和 OTU2 所包含的序列数占比均为 6%，物种信息分别为厚壁菌门（Firmicutes）的葡萄球菌属（Staphylococcus）和乳球菌属（Lactococcus）的乳酸乳球菌（Lactococcus lactis）。OTU3 包含序列占比为 3%，物种信息为变形菌门（Proteobacteria）假单胞菌属（Pseudomonas）的莓实假单胞菌（Pseudomonas fragi）。OTU7 包含序列占比为 3%，属于蓝细菌门（Cyanobacteria）生物。OTU4、OTU12、OTU9、OTU6 各自包含的序列数占比均为 2%，其中 OTU4、OTU12 分别为厚壁菌门的魏斯氏菌属（Weissella）和肠球菌属（Enterococcus），OTU9、OTU6 分别为变形菌门的不动杆菌属（Acinetobacter）的约氏不动杆菌（Acinetobacter johnsonii）和红孢子属（Anaplasma）的绵羊无浆体（Anaplasma ovis）。OTU8、OTU13、OTU10、OTU11 序列数占比均为 1%，其中 OTU13 为变形菌门，其余 OTU8、OTU10、OTU11 均为厚壁菌门。由以上分析可知，实验样品中丰度高的微生物物种主要集中在厚壁菌门和变形菌门。厚壁菌门中以清酒广布乳杆菌为最高，其次为葡萄球菌属和乳酸乳球菌。

表 2-6　　　　　　　　　　　　样本中主要 OTU 物种信息

OTU 编号[①]	OTU 所含序列数 / 个[②]	占比 /%	门	属	种
OTU1	172735	37	厚壁菌门	广布乳杆菌属	清酒广布乳杆菌
OTU5	26075	6	厚壁菌门	葡萄球菌属	—

续表

OTU 编号①	OTU 所含序列数 / 个②	占比 /%	门	属	种
OTU2	25725	6	厚壁菌门	乳球菌属	乳酸乳球菌
OTU3	15214	3	变形菌门	假单胞菌属	莓实假单胞菌
OTU7	11874	3	蓝细菌门	—	—
OTU4	9180	2	厚壁菌门	魏斯氏菌属	—
OTU12	8177	2	厚壁菌门	肠球菌属	
OTU9	7764	2	变形菌门	不动杆菌属	约氏不动杆菌
OTU6	7333	2	变形菌门	—	
OTU8	6909	1	厚壁菌门	索丝菌属	热杀索丝菌
OTU13	6307	1	变形菌门	马赛菌属	—
OTU10	5808	1	厚壁菌门	大型球菌属	
OTU11	4618	1	厚壁菌门	明串珠菌属	

注："—"表示没有检出具体的种或属。

　　OTU 编号按 OTU 所含序列数从高到低排序。

二、细菌多样性分析

　　单样本的 Alpha 多样性分析可以反映微生物群落的丰富度（Community richness）和多样性（Community diversity）。Observed species 指数、Chao1 指数、ACE 指数可以反映微生物群落的丰富度。Observed species 指数表示该样本中实际含有的物种数量，又称 Sobs，Observed species 指数越高表明样本物种丰富度越高；Chao1 指数用于估算样品中所含 OTU 数量，Chao1 指数越高表明样本中所含物种数量越多；ACE 指数评估样本中物种组成的丰富度和均匀度，ACE 指数越高表明该环境的物种越丰富，各种物种分配越均匀。Shannon 指数、Simpson 指数可以反映微生物群落多样性，Simpson 指数指随机抽取的两个个体属于不同种的概率 =1− 随机抽取的两个个体属于一个种的概率，Simpson 指数越小，群落多样性越高；Shannon 指数来源于信息熵，Shannon 指数越大，表示不确定性越大，群落多样性越高。

　　如彩图 2-3 和表 2-7 所示，4 组样品中，B 组的 ACE 指数和 Chao1 指数是最大的，这说明内蒙古乌拉特中旗采集的风干肉中微生物物种丰富度最高，且明显高于 C 组和 D 组（$P<0.05$）。样品的 Simpson 指数和 Shannon 指数可以反映出样品中微生物群落分布的多样性，其中 Simpson 指数越大，表明微生物群落

多样性越低，而 Shannon 指数越大，表明微生物群落多样性越高。如彩图 2-3 所示，人工调控组的微生物结构明显区别于自然发酵组，通过进一步对 A 组和 B 组的微生物进行 Alpha 多样性分析[1]，方差分析（Anova）说明 4 组样品之间差异极显著（$P<0.01$），两两分析结果显示只有 B 组和 C 组、B 组和 D 组之间差异显著（$P<0.05$），其他两两组间差异不显著。

表 2-7　　　　　　　　　　样品微生物多样性分析

序列	组别	样本	多样性指数					覆盖率/%
			Sobs	Chao1	ACE	Simpson	Shannon	
1	A	TR_1	188	233.33	205.14	0.02	4.55	99.90
2		TR_2	187	213.25	198.18	0.19	2.67	99.94
3		RQ_3	471	483.00	478.46	0.01	5.39	99.95
4	B	BY_1	361	448.88	452.36	0.02	4.94	99.90
5		BY_2	265	352.00	351.43	0.01	4.77	99.92
6		BY_3	286	381.06	510.85	0.03	4.43	99.84
7	C	NS_1	87	161.55	236.52	0.58	0.86	99.89
8		S_200	73	106.21	168.56	0.27	1.67	99.90
9		S_302	78	109.91	126.20	0.70	0.78	99.93
10	D	LS_1	83	123.62	177.65	0.62	0.95	99.91
11		LR_2	146	168.00	154.13	0.21	2.39	99.96
12		L	67	79.36	98.58	0.45	1.34	99.94
13		XMC	40	53.00	72.86	0.40	1.18	99.95
14		HT	60	87.60	89.68	0.72	0.75	99.92

第二节　优势菌的群落结构与微生物安全性分析

微生物菌群对产品的相对贡献取决于微生物的特性和数量，它们的内在代谢活动以及在产品中的表达，取决于肉类成分、任何添加的成分（如糖、盐、硝酸盐、亚硝酸盐）和其他具体参数。如 pH、温度、气体环境和干燥程度都会

1）Alpha 多样性分析主要包括 Shannon 指数、Chao1 指数、Simpson 指数等多样性指数的计算以及稀释曲线、Shannon-Wiener 曲线及 Rank-Abundance 曲线的绘制。

影响微生物菌群。由于肉类异味与细菌会产生挥发性化合物，某些真空包装肉的酸味归因于肠杆菌科或某些乳酸菌产生甲硫醇和二甲基二硫化物而不是乳酸，因此，控制腐败菌群的生长是改善肉类风味的途径之一。在发酵肉制品中，微生物菌群可能参与其特有风味的产生。影响风味的内部细菌菌群主要是乳酸菌，通常是清酒广布乳杆菌、弯曲广布乳杆菌和植物乳植杆菌等，无论产品在发酵过程中是否接种乳酸菌，在发酵结束时乳酸菌的存在量通常超过 10^6 CFU/ g；乳酸片球菌和戊糖片球菌也可以作为发酵剂在发酵过程中接种；另外，葡萄球菌属的腐生葡萄球菌（*Staphylococcus saprophytics*）、肉葡萄球菌（*Staphylococcus carnosus*）和木糖葡萄球菌也常作为发酵剂。菌群与发酵肉制品品质及安全性有重要的联系，因此有必要对发酵香肠中的优势菌群进行分析。

一、发酵肉制品中优势菌在门水平上的群落结构与微生物安全性分析

不同样本中细菌在细菌分类门水平上的分布情况如彩图 2-4 所示。在自然发酵的 6 个样本中（TR_1、TR_2、RQ_3 和 BY_1、BY_2、BY_3）共鉴定出 21 个细菌门，平均丰度大于 1% 的有 5 个门，分别为厚壁菌门 39%、变形菌门 40%、拟杆菌门（Bacteroidetes）14%、放线菌门（Actinobacteria）4% 和蓝细菌门 1%，这 5 个门的细菌含量占到了测序序列总数的 98%，另外在 RQ_3、BY_1、BY_2 和 BY_3 样本中发现未分类（Unclassified）的细菌，其平均丰度为 0.2%。在人工调控的 8 个样本中（NS_1、S_200、S_302、LS_1、LR_2、L、XMC、HT）共鉴定出 14 个细菌门，平均丰度大于 1% 的仅有 3 个门，厚壁菌门 92%、变形菌门 4% 和蓝细菌门 4%。从自然发酵和人工调控样品细菌的分布情况来看，自然发酵样本中厚壁菌门、变形菌门、拟杆菌门为优势菌门，占比都超过了 10%，人工调控样本中仅厚壁菌门为优势菌群，占比高达 92%。

革兰染色反应阳性的厚壁菌门和革兰染色阴性的拟杆菌门是人类肠道内的优势有益菌。Haberman 等（2014）对 359 名炎性肠病（Inflammatory Bowel Disease，IBD）患者进行肠道菌群分析，发现 IBD 患者回肠中厚壁菌门丰度降低，变形菌门丰度增加。厚壁菌门丰度降低可能与具有抗炎潜力的优势菌丰度减少相关，变形菌门丰度增加可能与致病菌丰度增加相关。近些年来研究显示，短链脂肪酸（Short-Chain Fatty Acids，SCFAs）主要包括乙酸、丙酸、丁酸，约占 SCFAs 总量的 90% 以上，对人体的健康有重要作用（Morrison 等，2016；Harry 等，2014）。丙酸是拟杆菌门发酵的主要产物，丁酸主要由厚壁菌门代谢产生（Susan 等，2002；Bianchi 等，2011）。由此推断，菌群结构不同的发酵肉制品中，乙酸、丙酸、丁酸等短链脂肪酸代谢产物有所差异，进而对维持机体健康产生不同影响。而变形菌门包括大肠杆菌、沙门氏菌、霍乱弧菌

很多病原菌（曲巍等，2017），在某种程度上对风干肉具有潜在的危害性。因此，为了控制这些安全隐患，可以从原料肉的处理、发酵环境、发酵温度等生产工艺进行改进，将生产标准化、规范化，以此来降低有害微生物污染的风险。这对于保证风干肉的质量与安全，提高风干肉的品质和营养价值具有重要意义。

二、优势菌在属水平上的群落结构与微生物安全性分析

不同样本中细菌在属水平上的分布情况如彩图 2-5 所示。自然发酵的 6 个样本（TR_1、TR_2、RQ_3 和 BY_1、BY_2、BY_3）共鉴定出 241 个细菌属，丰度大于 1.0% 的属有 16 个，其中属于厚壁菌门和变形菌门的各有 8 个。另外，未分类的细菌总量占到细菌菌群总量的 37.99%。属于厚壁菌门的细菌属分别为乳杆菌属 4%、葡萄球菌属 2%、动性球菌属（Planococcus）2%、耐盐咸海鲜球菌属（Jeotgalicoccus）2%、环丝菌属（Brochothrix）1%、乳球菌属 1%、肉杆菌属（Atopostipes）1%、链球菌属（Streptococcus）1%。属于变形菌门的细菌属分别为假单胞菌属 9%、不动杆菌属 4%、红孢子虫属（Anaplasma）3%、马赛菌属 3%、嗜冷杆菌属（Psychrobacter）2%、玫瑰色半光合菌属（Roseateles）2%、鞘脂单胞菌属（Sphingomonas）2%、食单胞菌属（Stenotrophomonas）1%。人工调控的 8 个样本（NS_1、S_200、S_302、LS_1、LR_2、L、XMC、HT）在属的水平上共鉴定出 102 个细菌属，相对含量大于 1.0% 的属有 8 个，都属于厚壁菌门（Firmicutes）。另外，未分类（Unclassified）的细菌总量占到细菌菌群总量的 6%。属于厚壁菌门的各菌属分别为乳杆菌属 62%、乳球菌属 9%、葡萄球菌属 8%、魏斯氏菌属 5%、肠球菌属 3%、环丝菌属（Brochothrix）2%、巨球菌属（Macrococcus）1%、明串珠菌属 1%。

发酵肉制品在发酵和成熟过程中，乳酸菌和凝固酶阴性葡萄球菌（Coagulase-negative Staphylococcus，CNS）被认为是两株主要的微生物，对发酵肉制品品质特性至关重要（Aro 等，2010；Tabanelli 等，2012）。乳酸菌如清酒广布乳杆菌和植物乳植杆菌可以使发酵肉制品酸化，有些菌株可能也有蛋白酶和脂肪酶活性；CNS，如木糖葡萄球菌和肉葡萄球菌（Staphylococcus carnosus）具有较强的蛋白酶和脂肪酶活性，可以分解蛋白质和脂肪产生多肽、游离氨基酸和游离脂肪酸，对发酵肉制品的质地和风味起主要作用（Benito 等，2005）。Tabanelli 等（2005）研究发现，木糖葡萄球菌和肉葡萄球菌具有硝酸盐还原酶活性，可以促进发酵肉制品的发色作用。Wang 等（2015）研究发现木糖葡萄球菌具有胺氧化酶活性，可以有效地降低组胺和其他生物胺的含量。

自然发酵与人工调控样本细菌多样性在属水平上差异显著（P<0.05）。作为许多食品自然发酵过程中的优势菌群，乳酸菌被认为是安全的（Ganguly 等，

2011），而其他菌属可能存在安全隐患。变形菌门假单胞菌属中的铜绿假单胞菌（*Pseudomonas aeruginosa*）是一种常见的条件致病菌，属于非发酵革兰阴性杆菌（魏超等，2017）。变形菌门静止嗜冷杆菌（*Psychrobacter immobilis*）属于革兰阴性低温贮藏条件下的腐败菌（王发祥等，2012）。不动杆菌属鲍曼不动杆菌（*Acinetobacter baumannii*）是条件致病菌，当机体抵抗力降低时易引起机体感染的革兰阴性球杆菌。

第三节 样本与物种关系及菌群分型分析

一、样本与物种关系分析

样本与物种关系图是描述样本与物种之间对应关系的可视化圈图，不仅能反映每个样本中优势物种的组成比例，同时也可以展示各优势物种在不同样本中的分布情况。菌群分型分析，主要通过统计聚类的方法研究不同样本优势菌群结构的分型情况。利用软件 Circos-0.67-7[1] 在属水平下，对 A、B、C、D 4 组样品进行样本与物种关系分析，丰度小于 1% 的物种合并为其他（Others），分析结果如彩图 2-6 和表 2-8 所示。

表 2-8　　　　　　　　各样本物种丰度结果表

序号	OTU	A 组	B 组	C 组	D 组
1	厚壁菌门；乳杆菌属（p__Firmicutes；g__ *Lactobacillus*）	7.85	1.22	59.47	65.25
2	厚壁菌门；乳球菌属（p__Firmicutes；g__ *Lactococcus*）	1.73	1.05	22.50	0.17
3	厚壁菌门；葡萄球菌属（p__Firmicutes；g__ *Staphylococcus*）	1.99	6.13	7.85	8.36
4	变形菌门；假单胞菌属（p__Proteobacteria；g__ *Pseudomonas*）	21.10	0.83	0.03	0.36
5	蓝细菌门；未命名_蓝细菌（p__Cyanobacteria；g__norank_c__*Cyanobacteria*）	1.26	0.45	4.65	3.84
6	变形菌门；不动杆菌属（p__Proteobacteria；g__ *Acinetobacter*）	2.10	5.06	1.54	0.42

---

1) Circos-0.67-7：一个可视化数据和信息的软件包。

续表

序号	OTU	A组	B组	C组	D组
7	拟杆菌门；理研菌属RC9肠道群（p__Bacteroidetes;g__*Rikenellaceae*_RC9_gut_group）	3.42	5.34	0.00	0.05
8	变形菌门；红孢子虫属（p__Proteobacteria; g__*Anaplasma*）	0.00	6.65	0.00	0.00
9	变形菌门；马赛菌属（p__Proteobacteria; g__*Massilia*）	0.64	5.19	0.06	0.11
10	厚壁菌门；魏斯氏菌属（p__Firmicutes; g__*Weissella*）	0.08	0.07	0.00	6.34
11	厚壁菌门；肠球菌属（p__Firmicutes; g__*Enterococcus*）	1.56	0.23	0.03	4.41
12	变形菌门；嗜冷杆菌属（p__Proteobacteria; g__*Psychrobacter*）	3.13	1.57	0.18	0.69
13	厚壁菌门；环丝菌属（p__Firmicutes; g__*Brochothrix*）	3.32	0.00	0.04	2.39
14	厚壁菌门；克里斯滕森氏菌R7菌群（p__Firmicutes; g__*Christensenellaceae*_R-7_group）	1.08	3.81	0.01	0.01
15	厚壁菌门；耐盐咸海鲜球菌（p__Firmicutes; g__*Jeotgalicoccus*）	1.03	3.43	0.01	0.02
16	厚壁菌门；明串珠菌属（p__Firmicutes; g__*Leuconostoc*）	0.45	0.74	1.86	0.81
17	厚壁菌门；瘤胃球菌属UCG-005（p__Firmicutes;g__*Ruminococcaceae*_UCG-005）	1.23	2.53	0.00	0.04
18	变形菌门；泛菌属（p__Proteobacteria; g__*Pantoea*）	0.52	1.40	0.90	0.59
19	拟杆菌门；普氏菌属1（p__Bacteroidetes; g__*Prevotella*_1）	1.47	1.83	0.00	0.02
20	厚壁菌门；球菌属（p__Firmicutes; g__*Macrococcus*）	0.25	0.36	0.13	2.33
21	变形菌门；鞘脂单胞菌属（p__Proteobacteria; g__*Sphingomonas*）	1.32	1.20	0.03	0.09
22	未命名；拟杆菌_BS11菌（p__Bacteroidetes; g__norank_f_*Bacteroidales*_BS11_gut_group）	2.00	0.70	0.00	0.00
23	变形菌门；玫瑰色半光合菌属（p__Proteobacteria; g__*Roseateles*）	0.95	1.29	0.03	0.08

续表

序号	OTU	A组	B组	C组	D组
24	厚壁菌门；严格感梭菌属（p__Firmicutes; g__*Clostridium_sensu_stricto_*1）	0.89	1.05	0.00	0.44
25	厚壁菌门；肉杆菌属（p__Firmicutes; g__*Atopostipes*）	2.54	0.13	0.00	0.00
26	厚壁菌门；链球菌属（p__Firmicutes; g__*Streptococcus*）	0.34	1.79	0.01	0.02
27	厚壁菌门；瘤胃球菌科UCG-010（p__Firmicutes; g__*Ruminococcaceae_*UCG-010）	1.00	1.18	0.00	0.01
28	厚壁菌门；罗姆布茨菌属（p__Firmicutes; g__*Rombotusia*）	1.18	1.04	0.00	0.00
29	变形菌门；埃希菌-志贺菌属（p__Proteobacteria; g__*Escherichia-Shigella*）	0.68	1.16	0.10	0.18
30	变形菌门；食单胞菌属（p__Proteobacteria; g__*Stenotrophomonas*）	1.29	0.64	0.03	0.12
31	变形菌门；短波单胞菌属（p__Proteobacteria; g__*Brevundimonas*）	0.45	1.11	0.06	0.01
32	厚壁菌门；［真杆菌属］产粪甾醇真杆菌（p__Firmicutes; g__［*Eubacterium*］_coprostanoligenes_group）	0.23	1.09	0.00	0.07
33	变形菌门；柄杆菌属（p__Proteobacteria; g__*Caulobacter*）	1.03	0.34	0.00	0.02
34	变形菌门；哈夫尼属-肥杆菌属（p__Proteobacteria; g__*Hafnia-Obesumbacterium*）	1.16	0.00	0.02	0.02
35	其他	30.70	39.41	0.43	2.74
	合计	100.00	100.00	100.00	100.00

　　如彩图2-6所示，小半圆（左半圈）表示样本中物种组成情况，外层彩带的颜色代表的是来自哪一分组，内层彩带的颜色代表物种，长度代表该物种在对应样本中的相对丰度；大半圆（右半圈）表示该分类学水平下物种在不同样本中的分布比例，外层彩带代表物种，内层彩带颜色代表不同分组，长度代表该样本在某一物种中的分布比例。在4组样本中总丰度最高的分别为厚壁菌门的乳杆菌属、乳球菌属、葡萄球菌属和变形菌门的假单胞菌属，右半圆物种丰度从上到下依次降低，且在四组样品中，菌群组成变化趋势明显。

　　结合表2-8可知，A组中，丰度较高的为变形菌门的假单胞菌属（占比为

21.1%）和厚壁菌门的乳杆菌属（占比为 7.85%）；B 组中，丰度较高的为厚壁菌门的葡萄球菌属（占比为 6.13%）和变形菌门的红孢子虫属（占比为 6.65%）；C 组中，丰度较高的为厚壁菌门的乳杆菌属（占比为 59.47%）、乳球菌属（占比为 22.50%）和葡萄球菌属（占比为 7.85%）。D 组中丰度较高的为厚壁菌门的乳杆菌属（占比为 65.25%）、葡萄球菌属（占比为 8.36%）和魏斯氏菌属（占比为 6.34%）。

综合 4 组样品分析可以看出，C 组和 D 组中的优势菌群均为厚壁菌门的乳杆菌属，占比分别为 59.47% 和 65.25%。其他占比分别为 0.43% 和 2.74%。A 组和 B 组中其他占比分别为 30.70% 和 39.41%。其他的占比多少与样品的多样性呈正相关。

二、样本菌群分型分析

菌群分型分析主要通过统计聚类的方法研究不同样本优势菌群结构的分型情况，可以将优势菌群结构近似的不同样本聚为一类。选择菌群在分类属水平上的相对丰度，计算詹森 – 香农距离（Jensen-Shannon Distance，JSD）[1]，并进行围绕中心分区（Partitioning Around Medoids，PAM）聚类[2]，通过（Calinski-Harabasz，CH）指数[3]计算最佳聚类 K 值，然后采用类间分析（Between-Class Analysis，BCA，$K \geqslant 3$）进行可视化，结果如彩图 2-7 所示，圈内为符合可信区间的范围。分析结果表明，实验的 4 组样品在属水平上可分为 2 种类型，其中 A 组和 B 组可归为类型 1，C 组和 D 组可归为类型 2。

第四节 微生物物种差异分析与乳酸菌功能预测

一、发酵肉制品中微生物多物种差异分析

依据丰度在属水平下进行单因素方差分析（One-way ANOVA），比较物种的显著性差异。实验对丰度在前 100 的物种进行了单因素方差分析，结果如彩图 2-8 所示，图中显示了丰度较高和差异较高的属，其中在 4 组间差异显著

1） Jensen-Shannon Distance（JSD）是一种衡量两个概率分布之间相似度的距离度量方法。

2） Partitioning Around Medoids（PAM）聚类是一种基于聚类的数据分析方法，它的原理是通过选择代表性样本作为中心点（Medoids），将数据集划分为不同的簇。

3） Calinski-Harabasz（CH）指数由分离度与紧密度的比值得到，CH 指数越大代表着类自身越紧密，即更优的聚类结果。

（$P<0.05$）的有乳杆菌属、假单胞菌属、理研菌属、马赛菌属、克里斯滕森菌属、耐盐咸海鲜球菌属。

二、发酵肉制品中微生物单物种差异分析

选取乳杆菌属、假单胞菌属进行单物种单因素方差分析，结果如彩图 2-9 所示，乳杆菌属在 A 组、B 组、C 组、D 组中序列比例分别为 6.828%，1.243%，57.43%，64.57%，其中 A 组与 D 组、B 组与 D 组差异显著（$P<0.05$）。假单胞菌属在 A 组、B 组、C 组、D 组中序列比例分别为 17.86%、0.8372%、0.02672%、0.3527%，A 组与其他 3 组均差异显著（$P<0.05$）。

通过分析可知，乳杆菌属相对占比较大且是对人体有益的乳酸菌。乳杆菌属是革兰阳性、兼性厌氧或微嗜氧的杆状非孢子形菌属，是乳酸菌群的主要组成部分。乳杆菌属细菌在人体消化系统、泌尿系统等许多身体部位构成微生物群的重要组成部分，口服乳杆菌常用于预防和治疗与使用抗生素有关的腹泻。植物乳植杆菌、嗜酸乳杆菌、清酒广布乳杆菌、弯曲广布乳杆菌、瑞士乳杆菌（*Lactobacillus helveticus*）、干酪乳酪杆菌常用于发酵乳、肉等发酵食品中来改善产品的品质特性（Behera 等，2018；Arief 等，2016；Zagorec 等，2017）。假单孢菌属是革兰阴性细菌的一个属，严格需氧，是直或弯杆状细菌，大多数种类是腐生的，有一些对动植物具有致病性（Reid 等，2016）。

对表 2-5 进行标准化，即去除 16S 标记基因（Marker gene）在物种基因组中的拷贝数的影响；然后通过每个 OTU 对应的基因编号（Gene ID），获得 OTU 对应的蛋白相邻类的聚簇（Clusters of orthologons group of proteins，COG）家族信息，各 COG 丰度计算结果如表 2-9 所示。根据比对到 COG 库的 COG 编号可以从 eggNOG 数据库[1] 中解析到各个 COG 的描述信息及功能信息，从而得到功能丰度谱如彩图 2-10 所示。实验样本中的微生物主要的 COG 功能包括：能源生产与转化（C: Energy production and conversion）、细胞周期控制、细胞分裂与染色体分裂（D: Cell cycle control, cell division, chromosome partitioning）、氨基酸的转运和代谢（E: Amino acid transport and metabolism）、核苷酸的转运和代谢（F: Nucleotide transport and metabolism）、碳水化合物的转运和代谢（G: Carbohydrate transport and metabolism）、辅酶的转运和代谢（H: Coenzyme transport and metabolism）、脂质的转运和代谢（I: Lipid transport and metabolism）、无机离子的运输和代谢（P: Inorganic ion transport and metabolism）、次生代谢产物的合成、运输和分解代谢（Q: Secondary metabolites biosynthesis, transport and catabolism）、防御机制（V: Defense mechanisms）

1） eggNOG 数据库：通过已知蛋白质对未知蛋白质序列进行功能注释；通过查看指定的 eggNOG 编号对应的蛋白质数目、存在及缺失情况，能推导特定的代谢途径是否存在。

等，该分析结果表明，风干肉样本中的微生物代谢功能非常丰富。

表 2-9　　　　　　　　　　COG 功能分类统计表

代码	A 组	B 组	C 组	D 组	说明
A	3555	3212	193	258	RNA 加工和修饰（RNA processing and modification）
B	5872	4715	1328	1417	染色质结构和动态（Chromatin structure and dynamics）
C	777515	773202	453584	465418	能源生产与转化（Energy production and conversion）
D	142186	145942	105644	108322	细胞周期控制、细胞分裂与染色体分裂（Cell cycle control, cell division, chromosome partitioning）
E	1022956	967144	788276	753572	氨基酸的转运和代谢（Amino acid transport and metabolism）
F	325163	358792	333247	317191	核苷酸的转运和代谢（Nucleotide transport and metabolism）
G	705437	717807	688061	671651	碳水化合物的转运和代谢（Carbohydrate transport and metabolism）
H	450042	486019	374758	364009	辅酶的转运和代谢（Coenzyme transport and metabolism）
I	458992	437632	230510	230960	脂质的转运和代谢（Lipid transport and metabolism）
J	721333	813637	619997	606009	翻译、核糖体结构和生物合成（Translation, ribosomal structure and biogenesis）
K	800515	780923	589037	571623	转录（Transcription）
L	746688	753264	709524	652741	复制、重组和修复（Replication, recombination and repair）
M	782868	749900	522553	509343	细胞壁 / 膜 / 囊膜生物合成（Cell wall/membrane/ envelope biogenesis）
N	200388	168773	31244	33466	细胞运动（Cell motility）
O	497612	509925	300319	291396	翻译后修饰、蛋白质周转、分子伴侣（Posttranslational modification, protein turnover, chaperones）
P	756976	708362	512719	492988	无机离子的运输和代谢（Inorganic ion transport and metabolism）
Q	225103	214500	105529	105854	次生代谢产物的合成、运输和分解代谢（Secondary metabolites biosynthesis, transport and catabolism）

续表

代码	A组	B组	C组	D组	说明
R	977434	957779	780005	747263	仅一般功能预测（General function prediction only）
S	1170891	1078462	996005	964036	未知功能（Function unknown）
T	718240	630169	332967	326903	信号转导机制（Signal transduction mechanisms）
U	255649	285260	119387	115174	细胞内转运、分泌和囊泡转运（Intracellular trafficking, secretion, and vesicular transport）
V	233069	226267	211995	208164	防御机制（Defense mechanisms）
W	284	108	29	23	细胞外结构（Extracellular structures）
Y	0	0	0	0	核结构（Nuclear structure）
Z	1212	1374	2154	2546	细胞骨架（Cytoskeleton）

第五节 小结

　　以上研究利用 Illumina MiSeq 第二代测序技术，从基因组的水平上来解析风干肉微生物群落结构，突破了很多微生物尚不能利用培养基进行分离、纯化培养的技术瓶颈，证实了风干肉中确实存在一定丰度的细菌，属于微生物参与发酵的发酵肉制品，显示出高通量技术在风干肉微生物研究中的可行性及明显优势。通过探讨风干肉中的细菌群落组成，可以把握风干肉中优势菌群的分布情况，了解优势菌群对风干肉的质量与安全以及品质产生的影响，为其他研究者开展同类研究提供参考。

　　我国传统的风干肉是大众化的即食肉制品。但是多数地区在生产风干肉的过程中对原料肉不做杀菌处理，卫生质量主要依靠原料肉自身和周边的环境条件控制，而原料肉容易被致病菌或腐败菌污染。变形菌门中的假单胞菌属、不动杆菌属、嗜冷杆菌属中革兰阴性菌多为致病菌或腐败菌，对发酵制品存在安全隐患。因此，发酵肉制品被致病菌或腐败菌污染而引起的风险应该得到广泛关注。

参考文献

［1］杜瑞，王柏辉，罗玉龙，等.应用 Illumina MiSeq 测序技术比较传统发酵

乳、肉食品中细菌多样性［J］. 中国食品学报，2021，21（2）：269-277.

［2］刘倩. 有机覆盖对三七生长和土壤养分及微生物多样性的影响［D］. 昆明：云南中医药大学，2019.

［3］曲巍，张智，马建章，等. 高通量测序研究益生菌对小鼠肠道菌群的影响［J］. 食品科学，2017，38（1）：214-219.

［4］王发祥，王满生，刘永乐，等. 低温贮藏下草鱼肉优势腐败菌鉴定及其消长规律［J］. 食品与发酵工业，2012，38（2）：66-68.

［5］魏超，代晓航，郭灵安，等. 禽肉中铜绿假单胞菌的分离及其耐药性［J］. 肉类研究，2017，31（7）：7-10.

［6］ARIHARA K. Strategies for designing novel functional meat products［J］. Meat Science, 2006, 74（1）: 219-229.

［7］ARO J M, NYAM-OSOR P, TSUJI K, et al. The effect of starter cultures on proteolyticchanges and amino acid content in fermented sausages［J］. Food Chemistry, 2010, 119（1）: 279-285.

［8］BEHERA S S, RAY R C, ZDOLEC N. *Lactobacillus plantarum* with functional properties: An approach to increase safety and shelf-life of fermented foods［J］. BioMed Research International, 2018, 2018: 9361614.

［9］BENITO M J, RODRÍGUEZ M, CÓRDOBA M G, et al. Effect of the fungal protease EPg222 on proteolysis and texture in the dry fermented sausage 'salchichón'［J］. Journal of the Science of Food & Agriculture, 2005, 85（2）: 273-280.

［10］BIANCHI F, DALL'ASTA M, DEL RIO D, et al. Development of a headspace solid-phase microextraction gas chromatography‐mass spectrometric method for the determination of short-chain fatty acids from intestinal fermentation［J］. Food Chemistry, 2011, 129（1）: 200-205.

［11］GANGULY N K, BHATTACHARYA S K, SESIKERAN B, et al. ICMR-DBT guidelines for the evaluation of probiotics in food［J］. Indian Journal of Medical Research, 2011, 134（1）: 22-25.

［12］HABERMAN Y, TICKLE T L, DEXHEIMER P J, et al. Pediatric Crohn disease patientsexhibit specific ileal transcriptome and Microbiome signature［J］. The Journal of Clinical Investigation, 2014, 124（8）: 3617-3633.

［13］HARRY J.FLINT, SYLVIA H.DUNCAN, KAREN P SCOTT, et al. Links between diet, gut microbiota composition and gut metabolism［J］. Proceedings of the Nutrition Society, 2014, 74（1）: 13-22.

［14］ARIEF I I, AFIYAH D N, WULANDARI Z, et al. Physicochemical properties, fatty acid profiles, and sensory characteristics of fermented beef sausage by probiotics *Lactobacillus plantarum* ⅡA-2C12 or *Lactobacillus acidophilus* ⅡA-2B4 [J]. Journal of food science, 2016, 81 (11): 2761-2769.

[15] MORRISON D J, PRESTON T.Formation of short chain fatty acids by the gut microbiota and their impact on human metabolism [J]. Gut Microbes, 2016, 7 (3): 189-200.

[16] REID R, FANNING S, WHYTE P, et al. The microbiology of beef carcasses and primals during chilling and commercial storage [J]. Food Microbiology, 2016, 1 (61): 50-57.

[17] SAMELIS J, KAKOURI A, REMENTZIS J.The spoilage microflora of cured, cooked turkey breasts prepared commercially with or with OTU smoking [J]. International Journal of Food Microbiology, 2000, 56 (2): 133-143.

[18] SUSAN E PRYDE, SYLVIA H DUNCAN, GEORGINA L HOLD, et al. The microbiology of butyrate formation in the human colon [J]. FEMS Microbiology Letters, 2002, 217 (2): 133-139.

[19] TABANELLI G, COLORETTI F, CHIAVARI C, et al. Effects of starter cultures and fermentation climate on the properties of two types of typical Italian dry fermented sausages produced under industrial conditions [J]. Food Control, 2012, 26 (2): 416-426.

[20] WANG X H, REN H Y, WANG W, et al. Effects of inoculation of commercial starter cultures on the quality and histamine accumulation in fermented sausages [J]. Journal of Food Science, 2015, 80 (2): M377-M383.

[21] ZAGOREC M, CHAMPOMIER-VERGÈS. *Lactobacillus sakei*: A starter for sausage fermentation, a protective culture for meat products [J]. Microorganisms, 2017, 5 (3): 56.

[22] ZHANG M L, ZHANG M H, ZHANG C H, et al. Pattern extraction of structural responses of gut microbiota to rotavirus infection via multivariate statistical analysis of clone library data [J]. FEMS Microbiology Ecology, 2009, 70 (2): 21-29.

第三章

发酵肉制品中功能乳酸菌代谢组学分析

　　代谢组学概念由英国帝国理工学院 Nicholson 教授于 1999 年提出，指对某一生物或细胞在特定生理时期内所有低分子质量代谢产物，即代谢物组进行定性定量研究（Nicholson 等，1999）。之后，Fiehn（2001）将其简化为对一个系统中所有代谢物组的全面分析。代谢组学是继基因组学、蛋白质组学和转录组学建立后，系统生物学的重要组成部分，目前已在药物毒性和机制研究、微生物和植物研究、疾病诊断和动物模型、食品及营养学及基因功能的阐明等领域获得了广泛的应用（Mashego 等，2007；Karen 等，2011；Patti 等，2012；Viant 等，2013）。近来，代谢组学又在乳酸菌的菌种分类及鉴定、突变体筛选、代谢途径研究及代谢工程、发酵工艺的监控和优化等方面取得了新的突破和进展（孙茂成等，2012）。

　　乳酸菌发酵会产生大量代谢物，包括各种氨基酸、脂肪酸、寡糖、维生素、小肽、增味剂以及芳香物质等，研究这些代谢物的种类、数量及其影响因素，对于开发利用和科学评定乳酸菌发酵食品具有重要意义（孙茂成等，2012）。由于代谢组学可以发现样品间的细微差别，可以为乳酸菌发酵食品的溯源和成分评价提供定性和定量数据。Rodrigues 等（2011）采用核磁共振技术评估比较了含益生菌的干酪（含有干酪乳酪杆菌和双歧杆菌）与含低聚果糖或菊粉的干酪的成熟性。Mazzei 等（2011）采用核磁共振技术评估了以原产地命名保护的莫扎瑞拉干酪的风味和营养特性。

　　本章讲述利用高效液相色谱串联高分辨率质谱仪 TripleTOF 5600 在正、负离子模式下，分别取成熟期 72h 的 6 组样本（表 3-1）、每组进行 6 次生物学重复，共进行 36 个发酵肉制品样本非靶向代谢组学检测，再结合生物信息分析进行质谱数据解读。生物信息分析主要利用 XCMS 软件进行物质检测（Want 等，2006），利用 MetaX 软件[1]进行物质定量、差异物质筛选（Wen 等，2017），分别利用 MetaX 软件、in-house 图谱库对物质一级质谱图、物质二级质谱图进行代谢物注释，探索样品内代谢组学组成以及生物功能。

表 3-1　　　　　　　　　　　　代谢组学实验分组情况

序号	组别说明	编号
1	原料肉	Con1
2	自然发酵	Con2
3	添加 302 发酵剂发酵	Test1
4	添加 TR13 发酵剂发酵	Test2

1）　MetaX 视频元数据修改工具，通过 MetaX 用户能够一键快速修改视频的数据元。

续表

序号	组别说明	编号
5	添加 TR14 发酵剂发酵	Test3
6	添加 TD4401 发酵剂发酵	Test4

第一节　代谢物检测、鉴定与注释分析

近年来，随着气相色谱、高效液相色谱、超高效液相色谱、毛细管电色谱－质谱、核磁共振及其联用技术等一系列技术的快速发展，关于乳酸菌代谢产物和相关代谢途径的分离、检测及定量成为可能（Tnmang，2014）。液相色谱－质谱联用可将液相色谱仪的高效分离特性与质谱仪组分鉴定能力相结合，达到分离和分析复杂有机混合物的目的。液相色谱－质谱联用因其高通量、高灵敏度和高特异性、适用范围广、检测周期短的特点，而具有可同时检测多项指标且准确性高的优势（Malachova 等，2018；王国才等，2018）。

一、液相色谱－质谱联用色谱图分析

液相色谱－质谱联用（Liquid chromatograph–mass spectrometry，LC–MS）可以定性和定量研究样本中的代谢产物，揭示生物体在特定时间、环境下的代谢差异，还可以完成成分分离和代谢物的鉴定。

内蒙古农业大学肉品科学与技术团队采用非靶向代谢组学技术研究不同发酵肉制品中代谢物的差异，并在阳离子模式和阴离子模式下分别对样品进行了分析。以原料肉、自然发酵肉和添加 TR13 发酵剂[1]的发酵肉为例，图 3-1 3 组样品在阴离子和阳离子两种模式下扫描的总离子流图（Total ion chromatogram，TIC）。总离子流图是以时间点为横坐标，以每个时间点质谱图中所有离子的强度加和为纵坐标，连续描绘得到的图谱，能够宏观反映所有代谢物的液相色谱分离情况。

从图 3-1 中直观可见，原料肉和添加 TR13 发酵剂的发酵肉的色谱图相似，但自然发酵肉和原料肉色谱图差异较大。然而每组色谱图中峰的丰度和同一保留时间点离子强度也存在一定的差异，且存在微小的峰漂移。由此可见，与对照组原料肉相比，肉制品经过微生物发酵后，代谢物的丰度均会发生改变。

1）　TR13 发酵剂是内蒙古农业大学肉品科学与技术团队从传统风干肉中提取得的乳酸菌，具有优良的发酵特性。

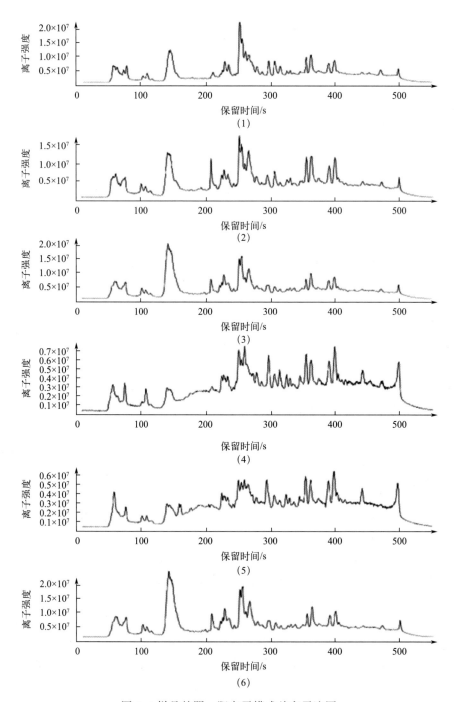

图 3-1 样品的阴、阳离子模式总离子流图

（1）Con1 阴离子模式 　（2）Con2 阴离子模式 　（3）Test2 阴离子模式

（4）Con1 阳离子模式 　（5）Con2 阳离子模式 　（6）Test2 阳离子模式

Con1、Con2、Test2 表达含意见表 3-1。

二、代谢物检测、鉴定与注释分析

（一）代谢物检测

样本内的代谢物经过提取后进入高分辨率质谱仪，在质谱仪的正负离子模式下进行检测，产生大量的质谱数据，利用 XCMS 软件进行峰提取。XCMS 软件根据代谢物一级质荷比和保留时间共同确定特定物质，并提取该物质的一级色谱峰面积作为定量信息。利用代谢物一级质荷比和二级碎片离子质荷比与数据库里标准品匹配进行代谢物鉴定。

每种物质在质谱中表现出唯一的质荷比和色谱保留时间。对 XCMS 软件提取的物质进行质控，通过总离子流图可以把控样品整体质谱信号强度，且总离子流图显示仪器的保留时间重现性较好，仪器稳定，保证了仪器分析和数据结果的可靠性。

（二）代谢物鉴定与注释分析

对 XCMS 检测到的物质，我们首先利用开源软件 MetaX 通过物质的一级质荷比与人类代谢组数据库（HMDB）、KEGG 数据库[1]进行匹配，得到一级鉴定结果。由于数据库里存在很多同分异构体的代谢物，一级鉴定结果往往有一个质荷比对应多个代谢物的情况。利用 in-house 图谱库的代谢物二级质谱图谱库，与样品的代谢物二级质谱数据进行匹配，可以得到可信度更高的代谢物鉴定结果。对所有检测到的物质数目进行代谢物鉴定，总离子数和鉴定结果如表 3-2 所示。物质数目为通过 XCMS 软件提取到的物质数目。注释物质数目为通过一、二级质谱数据最终得到注释的物质数目。二级鉴定数是指既能与数据库物质的一级质荷比匹配，又能与数据库物质的碎片离子（二级）质荷比匹配到的物质数目。HMDB 和 KEGG 分别为 HMDB 数据库和 KEGG 数据库中能够注释到的代谢产物数。本实验样本在阳离子模式和阴离子模式下，提取到的物质数目分别为 11235 和 8410，一、二级质谱数据最终得到的注释物质数目分别为 6896 和 4787，最终得到代谢物二级鉴定数分别为 537 和 336。

表 3-2　　　　　　　　　总离子数和鉴定统计表

模式	物质数目	注释物质数目	二级鉴定数	HMDB	KEGG
阳离子	11235	6896	537	5993	4806
阴离子	8410	4787	336	3956	3376

1）　KEGG 数据库是可以系统分析基因功能、联系基因组信息和功能信息的大型知识库。

三、二级鉴定代谢物的分类

二级鉴定代谢物是通过标准品谱图库或理论二级谱图库与试剂二级谱图匹配，筛选出分子质量、元素组成、结构相似的离子，与 HMDB 数据库、KEGG 数据库进行匹配得到的代谢物。利用 HMDB 数据库的代谢物二级鉴定信息，对二级鉴定到的所有可能的代谢物进行分类，统计结果如表 3-3 所示。

表 3-3　　　　　　　　　　　　　二级鉴定代谢物分类

序号	二级鉴定代谢物	分类	阳离子模式鉴定数目/种	阴离子模式鉴定数目/种	总数/种	占比/%
1	脂类和类脂分子	甘油磷脂（Glycerophospholipids）	178	100	278	31.84
2		脂肪酰（Fatty acyls）	74	65	139	15.92
3		孕烯醇酮脂类（Prenol lipids）	16	12	28	3.21
4		类固醇和类固醇衍生物（Steroids and steroid derivatives）	1	6	7	0.80
5		甘油糖脂（Glycerolipids）	31	1	32	3.67
6		鞘磷脂（Sphingolipids）	3	0	3	0.34
		合计	303	184	487	55.78
7	有机酸及其衍生物	羧酸及其衍生物（Carboxylic acids and derivatives）	80	61	141	16.15
8		模拟肽物（Peptidomimetics）	9	7	16	1.83
9		羟基酸及其衍生物（Hydroxy acids and derivatives）	0	4	4	0.46
10		有机磺酸及其衍生物（Organic sulfonic acids and derivatives）	0	1	1	0.11
11		有机硫酸及其衍生物（Organic sulfuric acids and derivatives）	0	1	1	0.11
		合计	89	74	163	18.67
12	有机卤化物	烷基卤化物（Alkyl halides）	0	1	1	0.11
		合计	0	1	1	0.11
13	有机杂环化合物	咪唑并吡啶类（Imidazopyrimidines）	3	2	5	0.57
14		吡唑嘧啶（Pyrazolopyrimidines）	2	1	3	0.34

续表

序号	二级鉴定代谢物	分类	阳离子模式鉴定数目/种	阴离子模式鉴定数目/种	总数/种	占比/%
15	有机杂环化合物	四氢异喹啉（Tetrahydroisoquinolines）	0	1	1	0.11
16		四吡咯及其衍生物（Tetrapyrroles and derivatives）	0	1	1	0.11
17		唑烷类（Azolidines）	0	1	1	0.11
18		吲哚及其衍生物（Indoles and derivatives）	0	4	4	0.46
19		芳香杂环化合物（Heteroaromatic compounds）	0	2	2	0.23
20		氧烷（Oxanes）	0	1	1	0.11
21		吡啶类及其衍生物（Pyridines and derivatives）	0	2	2	0.23
22		蝶啶及其衍生物（Pteridines and derivatives）	1	0	1	0.11
23		偶氮苯类（Azobenzenes）	1	0	1	0.11
24		氮唑类（Azoles）	1	0	1	0.11
25		苯并二噁茂（Benzodioxoles）	5	0	5	0.57
26		吲哚及其衍生物（Indoles and derivatives）	2	0	2	0.23
27	有机杂环化合物	喹啉及其衍生物（Quinolines and derivatives）	2	0	2	0.23
28		苯二氮䓬类（Benzodiazepines）	1	0	1	0.11
29		哌啶类（Piperidines）	4	0	4	0.46
30		二氧杂环丙烷（Dioxepanes）	1	0	1	0.11
31		苯吡喃类（Benzopyrans）	2	0	2	0.23
32		苯并氧噻啉（Benzoxepines）	1	0	1	0.11
33		二氮杂苯（Diazines）	2	0	2	0.23
34		吡啶及其衍生物（Pyridines and derivatives）	6	0	6	0.69
		合计	34	15	49	5.61
35	苯环型化合物	酚醚类（Phenol ethers）	1	1	2	0.23

续表

序号	二级鉴定代谢物	分类	阳离子模式鉴定数目/种	阴离子模式鉴定数目/种	总数/种	占比/%
36	苯环型化合物	酚类（Phenols）	2	1	3	0.34
37		苯及其取代衍生物（Benzene and substituted derivatives）	18	9	27	3.09
38		萘类（Naphthalenes）	5	2	7	0.80
39		四氢萘（Tetralins）	2	0	2	0.23
40		菲类及其衍生物（Phenanthrenes and derivatives）	1	0	1	0.11
41		Indanes	1	0	1	0.11
		合计	30	13	43	4.93
42	有机氧化合物	有机氧化合物（Organooxygen compounds）	5	13	18	2.06
43		有机氧化物（Organic oxides）	0	1	1	0.11
44		羰基化合物（Carbonyl compounds）	0	1	1	0.11
45		醇和多元醇（Alcohols and polyols）	3	0	3	0.34
		合计	8	15	23	2.63
46	有机氮化合物	有机氮化合物（Organonitrogen compounds）	10	1	11	1.26
47		胺类（Amines）	1	0	1	0.11
		合计	11	1	12	1.37
48	生物碱及其衍生物	吲哚萘啶生物碱（Indolonaphthyridine alkaloids）	0	1	1	0.11
49		阿朴啡类生物碱（Aporphines）	0	1	1	0.11
50		莨菪烷类生物碱（Tropane alkaloids）	1	0	1	0.11
		合计	1	2	3	0.34
51	糖类和多酮类化合物	异黄酮（Isoflavonoids）	3	4	7	0.80
52		肉桂酸及其衍生物（Cinnamic acids and derivatives）	3	1	4	0.46
53		香豆素及其衍生物（Coumarins and derivatives）	5	2	7	0.80
54		苯丙酸（Phenylpropanoic acids）	1	2	3	0.34
55		黄酮类（Flavonoids）	1	0	1	0.11
		合计	13	9	22	2.52

续表

序号	二级鉴定代谢物	分类	阳离子模式鉴定数目 / 种	阴离子模式鉴定数目 / 种	总数 / 种	占比 /%
56	核苷、核苷酸及其类似物	嘌呤核苷类（Purine nucleosides）	9	10	19	2.18
57		嘌呤核苷类（Purine nucleotides）	3	5	8	0.92
58		嘧啶核苷类（Pyrimidine nucleosides）	0	1	1	0.11
59		核糖核苷 3′- 磷酸（Ribonucleoside）3′- 磷酸盐（3′-phosphates）	2	2	4	0.46
60		5′- 脱氧核糖核酸（5′-deoxyribonucleosides）	1	1	2	0.23
		合计	15	19	34	3.89
61	未知	未知	5	2	7	0.80
62	N/A	N/A	28	1	29	3.32
		合计	33	3	36	4.12
	总计		537	336	873	100.00

注：N/A 指未注释到具体的信息。

阳离子和阴离子模式下分别鉴定到二级代谢物 537 种和 336 种。两种模式下二级鉴定代谢物主要以脂类和类脂分子、有机酸及其衍生物以及核苷、核苷酸及其类似物为主，其次为苯环型化合物、有机杂环化合物、生物碱及其衍生物等 12 类。

阳离子模式下 537 种二级鉴定代谢物中有 303 种属于脂类和类脂分子，占比为 56.42%，其中有甘油磷脂 178 种、脂肪酰类 4 种、甘油糖脂 31 种、孕烯醇酮脂类 16 种、鞘脂类 3 种以及类固醇及类固醇衍生物 1 种，共 6 类；有机酸及其衍生物 89 种，占比为 16.57%，其中羧酸及其衍生物 80 种、模拟肽 9 种；核苷、核苷酸及类似物 15 种，占比为 2.79%，核苷 9 种、核苷酸 3 种、核糖核苷 2 种、脱氧核苷 1 种。

阴离子模式下 336 种二级鉴定代谢物中有 184 种属于脂类和类脂分子，占比为 54.76%，其中有甘油磷脂 100 种、脂肪酰类 65 种、孕烯醇酮脂类 12 种、类固醇及类固醇衍生物 6 种、甘油糖脂 1 种，共 5 类；有机酸及其衍生物 74 种，占比为 22.02%，其中羧酸及其衍生物 61 种、模拟肽物 7 种、羟基酸及其衍生物 4 种、有机磺酸及其衍生物 1 种、有机硫酸及其衍生物 1 种；核苷、核苷酸及类似物 19 种，占比为 5.65%，核苷 10 种、嘌呤核苷酸 5 种、核糖核苷 2 种、脱氧核苷 1 种；嘧啶核苷 1 种。

由表 3-3 可以看出，甘油磷脂占比远高于其他代谢物。甘油磷脂是脂类物质中占比最高的，它们在所有细胞的细胞膜中含量最高，在脂肪储藏库中含量极低。甘油磷脂是一种具有生理活性的化合物，它们通常含有花生四烯酸。磷脂和鞘磷脂在维持细胞膜完整性和功能方面有重要作用，磷脂中最重要的是磷脂酰乙醇胺（PE）、磷脂酰肌醇（PI）、磷脂酰丝氨酸（PS）和磷脂酰胆碱（PC）。鞘磷脂是最重要的生物蛋白，它们在维持人类健康方面发挥着重要的作用，有可能在神经变性或代谢综合征等广泛扩散的疾病的辅助治疗中得到利用（Sui 等，2005）。脂肪酰基类的脂质是复杂脂类的重要组成部分，是生物脂类中最基本的一类。脂肪酰基类脂质可以被进一步分为多个子类，包括脂肪酸和共轭物、二十烷酸类、脂肪醇和酯类。有机酸及其衍生物主要有羧酸及其衍生物（共发现 141 种）、肽类（共发现 16 种），以及羟基酸及其衍生物等。

　　阳离子和阴离子两种模式下二级鉴定代谢物共有 873 种，其中脂类和类脂分子共 487 种，占比为 55.78%，脂类物质主要为甘油磷脂、脂肪酰类和甘油糖脂，其次为孕烯醇酮脂类、鞘脂类和类固醇及类固醇衍生物；机酸及其衍生物共 163 种，占比为 18.67%，主要为羧酸及其衍生物、模拟肽。

第二节　代谢物组学比较分析

一、差异代谢物分析

　　采用单变量分析差异倍数（FC）和 T 统计[1]检验进行 BH 校正[2]得到 q 值[3]，结合多变量统计分析 PLS-DA[4]得到的 VIP[5]，可以筛选差异表达的代谢物。差异离子同时满足：FC（Y/X）$\geq$ 2 或者 FC（Y/X）$\leq \dfrac{1}{2}$，q $\leq$ 0.05，VIP $\geq$ 1，最终阳离子和阴离子两种模式下差异离子及鉴定结果如表 3-4 所示。原料肉（Con1）经发酵后（Con2、Test1、Test2、Test3、Test4），鉴定到的代谢物发生了明显的改变，其中在阳离子和阴离子模式下，5 种发酵肉制品中含量增加的差异代谢物平均分别为 1703，1308 种，含量下降的差异代谢物平均分别为

1）　T 统计是一种常用的假设检验方法，也是差异代谢物筛选中常见的统计策略之一。

2）　BH 校正是严格的多重检验矫正方法，原理为在同一数据集上同时检验 n 个相互独立的假设，则用于每一假设的统计显著水平，应为仅检验一个假设时的显著水平的 1/n。

3）　q 值是 T 统计的检验值。

4）　PLS-DA 是偏最小二乘法判别分析，是多变量数据分析技术中的判别分析法，经常用来处理分类和判别问题。

5）　VIP 是 PLS-DA 分析模型的变量权重值，可用于衡量各代谢物积累差异对各组样本分类判别的影响强度和解释能力。

1120，810 种。

表 3-4　　　　　　　　　　　发酵肉制品差异代谢物数目

序号	模式	比较组	总数 / 种	含量增加数目	含量下降数目
1	阳离子	Con2/Con1	9699	1395	972
2		Test1/Con1	9699	1541	1230
3		Test2/Con1	9699	1913	952
4		Test3/Con1	9699	1741	1290
5		Test4/Con1	9699	1927	1159
6		Test1/Con2	9699	539	611
7		Test2/Con2	9699	1453	537
8		Test3/Con2	9699	1513	1205
9		Test4/Con2	9699	1612	917
10		Test2/Test1	9699	1625	617
11		Test3/Test1	9699	1547	1200
12		Test4/Test1	9699	1642	790
13		Test3/Test2	9699	633	1003
14		Test4/Test2	9699	568	644
15		Test4/Test3	9699	779	602
16	阴离子	Con2/Con1	7550	1074	702
17		Test1/Con1	7550	1068	885
18		Test2/Con1	7550	1513	579
19		Test3/Con1	7550	1345	1051
20		Test4/Con1	7550	1541	836
21		Test1/Con2	7550	422	642
22		Test2/Con2	7550	1020	374
23		Test3/Con2	7550	1092	1038
24		Test4/Con2	7550	1205	760
25		Test2/Test1	7550	1295	427
26		Test3/Test1	7550	1223	1056
27		Test4/Test1	7550	1418	684
28		Test3/Test2	7550	427	921
29		Test4/Test2	7550	471	492
30		Test4/Test3	7550	832	412

注：比较组中 A 组 /B 组，B 组为对照组；总数：全部用作定量的高质量物质数目；含量增加数目：对比 B 样品，A 样品含量增加的物质数目；含量下降数目：对比 B 样品，A 样品含量下降的物质数目。Con1、Con2、Test1、Test2、Test3、Test4 含义见表 3-1。

二、主成分分析

主成分分析（PCA），可以评价组内样本的相似性和组间样本的差异性，能从总体上反应各组样本之间的总体差异和组内样本之间的变异度大小。将质谱数据导入 roplsVersion1.6.2 软件进行主成分分析，结果如彩图 3-1 所示。通过主成分分析可观察样本的聚集、离散程度。还可以通过主成分分析找出离群样品、判别相似性高的样本簇等。PCA 得分图中各坐标点的距离越近表明样本间相似性越高，说明这些样本中所含有的分子的组成或浓度越接近；反之，坐标点的距离越远表明样本间的差异越大。

在阳离子和阴离子两种模式下，Con1、Con2、Test1 等 6 组样品组内分布比较聚集，组间分离良好，并且与实际分组效果基本相同。其中 QC 表示质量控制组，是由所有样本的提取液等体积混合制备而成，用与分析样本相同的方法处理和检测，在仪器分析的过程中每 5~15 个分析样本中插入一个 QC 样本，以考察整个检测过程的稳定性。Con1 和 QC 样本中的分布点比较靠近，说明这些样品中所含有的变量或分子的组成和浓度比较接近；其他组分（Con2、Test1、Test2、Test3、Test4）中的生物学重复的样本点分布距离大于 Con1，可能是因为发酵导致样本所含代谢物的组成和浓度发生了比较明显的变化。PCA 结果表明，对照组 Con1、自然发酵组 Con2 与发酵剂添加组 Test1、Test2、Test3、Test4 在统计学上存在明显差异，表明肉制品经过微生物的作用，代谢物的丰度发生了明显变化。

三、样本相关性热图分析

样本间代谢物组成和丰度的变异程度可通过样本间的相关性数据进行量化分析来判断，相关性越接近 1，样本间的代谢物组成和丰度的相似度越高。相关性系数如表 3-5 所示，相关性可视化分析如彩图 3-2 所示。Con1 与 Test4 的

表 3-5　　　　　　　　　　　相关性系数

代号	Con1	Test4	Test3	Test2	Test1	Con2
Con1	1	0.7212	0.7789	0.8476	0.8568	0.8503
Test4	0.7212	1	0.8484	0.8306	0.8277	0.8338
Test3	0.7789	0.8484	1	0.9179	0.8244	0.8677
Test2	0.8476	0.8306	0.9179	1	0.8796	0.9245
Test1	0.8568	0.8277	0.8244	0.8796	1	0.9198
Con2	0.8503	0.8338	0.8677	0.9245	0.9198	1

注：Con1、Con2、Test1、Test2、Test3、Test4 含义见表 3-1。

相关性系数最低为 0.7212，Con1 与 Test4、Test3、Test2 的相关性系数均低于与 Con2 的相关系数。说明样品经微生物发酵后代谢物组成和丰度发生了明显变化，且人工添加了发酵剂的组分代谢物组成和丰度变化高于自然发酵组。相关性分析结果与 PCA 结果一致。

第三节　不同发酵方式对原料肉中乳酸菌代谢物的影响分析

一、自然发酵肉与原料肉的主成分分析

将自然发酵肉 Con2 和原料肉 Con1 数据导入 MassLynx 软件进行主成分分析，结果如彩图 3-3 所示。

PCA 得分图中各个坐标点的距离越近表明样本间相似性越高，说明这些样本中所含有的变量或分子的组成和浓度越接近；反之，分布点之间的距离越远，表明样本间差异越大。由彩图 3-3 可知，原料肉经自然发酵后，其代谢组学发生了显著变化。

二、自然发酵肉与差异代谢物鉴定与分析

应用 Ropls 软件对自然发酵肉和原料肉样本进行代谢物鉴定，根据 VIP ≥ 1、FC（Y/X）≥ 2 或者 FC（Y/X）≤ 1/2 和 $P<0.05$ 的筛选原则，鉴定到自然发酵肉和原料肉相比，含量存在显著差异（$P<0.05$）的代谢物有脂类、有机酸、有机杂环化合物、有机氧化合物、苯环化合物、糖类和酮化合物等。

在阳离子模式下鉴定到含量增加的差异代谢物有 1369 种，其中差异显著的有 357 种（$P<0.05$），差异离子同时满足：FC（Y/X）≥ 2 或者 FC（Y/X）≤ 1/2，q 值 ≤ 0.05，VIP ≥ 1，在人类代谢组数据库中能够得到注释且有确定分子式的差异代谢物有 34 种，如表 3-6 所示。发酵前后有机杂环类化合物变化幅度较大，其中烟酸含量增加到 50.85 倍，胡椒油碱 B 含量增加到 31.68 倍。含量增加的脂类物质共鉴定到 10 种，其中含量增加最多的为 2, 4, 14- 二十碳三烯酸异丁酰胺（$C_{24}H_{43}NO$），发酵后含量增加到 32.05 倍。鉴定到含量增加的有机酸有 6 种，其中，N- 乙酰 -l- 甲硫氨酸（$C_7H_{13}NO_3S$）发酵后含量增加到 12.43 倍、N- 乙酰异亮氨酸（$C_8H_{15}NO_3$）增加到 9.77 倍、同型半胱氨酸（$C_4H_9NO_2S$）含量

增加到 5.48 倍。甜菜碱（$C_5H_{11}NO_2$）增加到 2.38 倍。甜菜碱可以作为一个甲基供体，对于正常的肝功能、细胞复制和解毒反应很重要，也被广泛认为是一种抗氧化剂（Michael 等，2010；Amiraslani 等，2012）。

阴离子模式下鉴定到含量增加的差异代谢物有 1305 种，其中差异显著（$P<0.05$）的有 390 种，差异离子同时满足：FC（Y/X）$\geq$ 2 或者 FC（Y/X）$\leq$ 1/2，q 值 $\leq$ 0.05，VIP $\geq$ 1，在人类代谢组数据库中能够得到注释且有确定分子式的差异代谢物有 43 种，如表 3-6 所示。43 种差异代谢物中有脂类物质 17 种，其中发现了 3 种类固醇及类固醇衍生物，胆甾烷类固醇 $4\alpha-$ 羧基 $-5\alpha-$ 胆甾 $-8, 24-$ 二烯 $-3\beta-$ 醇含量增加到 191.33 倍，增幅最大，其他 2 种为胆酸和熊果胆酸，分别增加到 4.50 和 4.46 倍。增加的肽类物质有 10 种，增加幅度较高的主要有异丁酰甘氨酸、$N-$ 乙酰缬氨酸、$N-$ 乙酰苏氨酸、$N-$ 乳酰亮氨酸和 $N-$ 乳酰缬氨酸，其含量分别增加到 22.90, 18.51, 17.80, 12.78 和 10.48 倍。有机杂环化合物中鉴定到黄嘌呤增加到 10.02 倍，别嘌呤醇增加到 6.29 倍。糖类和酮化合物中发现异黄酮鹰嘴豆芽素 A 增加到 2.09 倍。

如表 3-6 所示，自然发酵肉与原料肉相比，在阳离子和阴离子模式下，代谢物含量增加差异显著（$P<0.05$）且能在人类代谢组数据库中得到注释、有分子式的物质共有 77 种，其中含量增加的脂类物质有 27 种，包括 3 种类固醇物质，含量增加的氨基酸、肽类及其类似物有 20 种。

表 3-6　　自然发酵肉与原料肉相比含量增加的差异代谢物统计

序号	代谢物	分子式	质荷比	保留时间/min	VIP	差异倍数（Y/X）
p1	2, 4, 14- 二十碳三烯酸异丁酰胺（2, 4, 14-Eicosatrienoic acid isobutylamide）	$C_{24}H_{43}NO$	362.34	7.29	4.50	32.05
p2	棒状花椒酰胺（Herculin）	$C_{16}H_{29}NO$	252.23	4.63	2.07	23.86
p3	2, 4, 12- 十八碳三烯酸异丁基酰胺（2, 4, 12-Octadecatrienoic acid isobutylamide）	$C_{22}H_{39}NO$	334.31	6.47	8.50	22.21
p4	甲状腺球蛋白（8：0/8：0/10：0）[TG（8：0/8：0/10：0）]	$C_{29}H_{54}O_6$	516.43	7.97	1.14	11.16
p5	辣椒素（Capsaicin）	$C_{18}H_{27}NO_3$	306.21	3.33	1.58	15.09
p6	胡椒碱（Piperine）	$C_{22}H_{41}NO$	336.33	7.17	3.84	8.32
p7	甘油单酯 [22：5（4Z, 7Z, 10Z, 13Z, 16Z）/0：0/0：0）] MG [22：5（4Z, 7Z, 10Z, 13Z, 16Z）/0：0/0：0）][①]	$C_{25}H_{40}O_4$	405.30	5.34	2.03	4.98

续表

序号	代谢物	分子式	质荷比	保留时间/min	VIP	差异倍数（Y/X）
p8	3,4-二甲基-5-戊基-2-呋喃癸酸（3,4-Dimethyl-5-pentyl-2-furanundecanoic acid）	$C_{22}H_{38}O_3$	351.29	6.65	1.58	3.68
p9	溶血磷脂酰胆碱（P-18：0）[LysoPC（P-18：0）]	$C_{26}H_{54}NO_6P$	508.38	4.56	5.85	2.38
p10	溶血磷脂酰胆碱[P-18：1（9Z）][LysoPC（P-18：1（9Z）]	$C_{26}H_{52}NO_6P$	506.36	4.51	6.91	2.14
p11	N-乙酰异亮氨酸（N-Acetylisoleucine）	$C_8H_{15}NO_3$	174.11	2.48	1.54	9.77
p12	N-乙酰-L-甲硫氨酸（N-Acetyl-L-methionine）	$C_7H_{13}NO_3S$	192.07	2.35	1.08	12.43
p13	同型半胱氨酸（Homocysteine）	$C_4H_9NO_2S$	136.05	0.90	2.01	5.48
p14	辣椒酰胺（Capsiamide）	$C_{17}H_{35}NO$	270.28	5.92	2.06	4.44
p15	脯氨酰缬氨酸（Prolyl-Valine）	$C_{10}H_{18}N_2O_3$	215.14	1.87	1.12	2.39
p16	甜菜碱（Betaine）	$C_5H_{11}NO_2$	118.09	0.98	4.08	2.38
p17	砾石酮（Gravelliferone）	$C_{19}H_{22}O_3$	316.19	3.80	5.65	19.09
p18	烟酸（Nicotinic acid）	$C_6H_5NO_2$	124.04	1.10	5.25	50.85
p19	胡椒油碱B（Piperolein B）	$C_{21}H_{29}NO_3$	344.22	4.46	6.44	31.68
p20	胡椒素（Pipernonaline）	$C_{21}H_{27}NO_3$	342.21	4.21	3.43	30.85
p21	2,4,12-十八碳三烯酸哌啶（2,4,12-Octadecatrienoic acid piperidide）	$C_{23}H_{39}NO$	346.31	6.84	2.40	27.70
p22	双哌酰胺D（Dipiperamide D）	$C_{36}H_{40}N_2O_6$	597.30	4.46	6.15	14.69
p23	核黄素（Riboflavin）	$C_{17}H_{20}N_4O_6$	377.15	2.32	1.24	2.76
p24	嗜热蛋白（Thermophillin）	$C_8H_8O_4$	169.05	2.87	2.06	40.39
p25	泛酸（Pantothenic acid）	$C_9H_{17}NO_5$	220.14	2.21	1.45	2.46
p26	穆匹酰胺（Moupinamide）	$C_{18}H_{19}NO_4$	314.14	2.64	2.13	22.88
p27	二氢辣椒素（Dihydrocapsaicin）	$C_{18}H_{29}NO_3$	308.22	3.54	1.35	13.42
p28	9-羟基苯并[a]芘-4,5-氧化物（9-Hydroxybenzo[a]pyrene-4,5-oxide）	$C_{20}H_{12}O_2$	285.09	0.81	2.10	12.46
p29	酪胺（Tyramine）	$C_8H_{11}NO$	138.09	1.66	3.36	11.96

续表

序号	代谢物	分子式	质荷比	保留时间/min	VIP	差异倍数（Y/X）
p30	4-羟基苯乙烯（4-Hydroxystyrene）	C_8H_8O	121.08	2.20	7.89	11.31
p31	脯氨酸（Proline）	$C_5H_9NO_2$	116.07	0.92	2.47	2.10
p32	哌啶（Piperyline）	$C_{16}H_{17}NO_3$	272.13	3.09	6.36	16.80
p33	萨门汀（Sarmentine）	$C_{14}H_{23}NO$	222.19	3.84	1.82	16.14
p34	2,4-十二碳二烯酸吡咯烷（2,4-Dodecadienoic acid pyrrolidide）	$C_{16}H_{27}NO$	250.22	4.64	2.12	27.42
n1	4α-羧基-5α-胆甾-8,24-二烯-3β-醇（4α-Carboxy-5α-cholesta-8,24-dien-3β-ol）	$C_{28}H_{44}O_3$	427.32	3.50	1.40	191.33
n2	西曲马酸（Citramalic acid）	$C_5H_8O_5$	147.03	1.51	4.03	71.09
n3	（9S,10S）-9,10-二羟基十八酸酯［（9S,10S）-9,10-Dihydroxyoctadecanoate］	$C_{18}H_{36}O_4$	315.25	3.2823	5.29	35.17
n4	12-羟基十七烷酸（12-Hydroxyheptadecanoic acid）	$C_{17}H_{34}O_3$	285.25	4.36	2.29	15.33
n5	柠檬康酸（Citraconic acid）	$C_5H_6O_4$	129.04	1.13	2.12	7.79
n6	（R）-3-羟基十六烷酸［（R）-3-Hydroxy-hexadecanoic acid］	$C_{16}H_{32}O_3$	271.23	4.00	3.73	6.35
n7	10-羟基硬脂酸（10-Hydroxyoctadecanoic acid）	$C_{18}H_{36}O_3$	299.26	4.75	15.71	23.88
n8	α-二吗啉酸（α-Dimorphecolic acid）	$C_{18}H_{32}O_3$	295.23	4.97	1.4719	5.81
n9	蓖麻油酸（Ricinoleic acid）	$C_{18}H_{34}O_3$	297.25	4.94	4.33	5.44
n10	17-HETE	$C_{20}H_{32}O_3$	319.23	4.12	1.55	4.49
n11	12,13-DHOME	$C_{18}H_{34}O_4$	313.24	3.44	3.39	3.91
n12	10,11-二氢-20-二羟基-LTB4（10,11-Dihydro-20-dihydroxy-LTB4）	$C_{20}H_{34}O_6$	369.23	2.76	1.71	3.65
n13	9,10,13-triHOME	$C_{18}H_{34}O_5$	329.24	2.82	3.58	3.17
n14	琥珀酸（Succinic acid）	$C_4H_6O_4$	117.02	1.19	3.85	4.50
n15	胆酸（Cholic acid）	$C_{24}H_{40}O_5$	407.28	3.12	1.06	4.74
n16	熊果胆酸（Ursocholic acid）	$C_{24}H_{40}O_5$	453.29	3.12	1.10	4.46

续表

序号	代谢物	分子式	质荷比	保留时间/min	VIP	差异倍数（Y/X）
n17	2-羟基戊二酸（2-Hydroxyglutarate）	$C_5H_8O_5$	147.03	1.10	5.57	55.06
n18	异丁酰甘氨酸（Isobutyrylglycine）	$C_6H_{11}NO_3$	190.07	1.74	1.12	22.90
n19	N-乙酰缬氨酸（N-Acetylvaline）	$C_7H_{13}NO_3$	160.10	2.34	2.23	18.51
n20	N-乙酰苏氨酸（N-acetylthreonine）	$C_6H_{11}NO_4$	160.06	1.13	1.27	17.80
n21	N-乳酰亮氨酸（N-Lactoyl-Leucine）	$C_9H_{17}NO_4$	202.11	2.49	3.91	12.78
n22	N-乳酰缬氨酸（N-Lactoyl-Valine）	$C_8H_{15}NO_4$	188.11	2.22	2.41	10.48
n23	油酰甘氨酸（Oleoyl glycine）	$C_{20}H_{37}NO_3$	338.27	5.41	1.23	9.82
n24	N-乳酰甲硫氨酸（N-Lactoyl-Methionine）	$C_8H_{15}NO_4S$	220.07	2.37	2.13	7.75
n25	焦谷氨酰缬氨酸（Pyroglutamylvaline）	$C_{10}H_{16}N_2O_4$	273.11	2.26	1.64	2.91
n26	色叶碱-异亮氨酸（Tryptophyl-Isoleucine）	$C_{17}H_{23}N_3O_3$	316.19	2.30	1.67	2.74
n27	脯氨酰酪氨酸（Prolyl-Tyrosine）	$C_{14}H_{18}N_2O_4$	277.12	2.19	1.33	2.12
n28	丙酸（Propionic acid）	$C_3H_6O_2$	73.03	1.64	1.42	7.32
n29	d-乳酸（d-Lactic acid）	$C_3H_6O_3$	135.03	1.54	4.75	5.63
n30	乙酸异丙酯（Isopropyl acetate）	$C_5H_{10}O_2$	147.07	1.71	1.62	11.72
n31	苯乳酸（Phenyllactic acid）	$C_9H_{10}O_3$	165.06	2.56	9.44	38.75
n32	肉桂酸（Cinnamic acid）	$C_9H_8O_2$	147.05	2.56	2.82	20.76
n33	烯酸（Enoic acid）	$C_9H_8O_3$	163.04	2.53	1.3629	5.24
n34	黄嘌呤（Xanthine）	$C_5H_4N_4O_2$	151.03	1.56	1.37	10.02
n35	吲哚乳酸（Indolelactic acid）	$C_{11}H_{11}NO_3$	206.08	2.55	1.50	6.73
n36	别嘌呤醇（Allopurinol）	$C_5H_4N_4O$	135.03	1.08	4.44	6.29
n37	3-（甲硫基）丙醛［3-（Methylthio）propanal］	C_4H_8OS	149.03	2.35	2.24	35.48
n38	2-乙酰氨基-4-甲基苯基乙酸酯（2-Acetamido-4-methylphenyl acetate）	$C_{11}H_{13}NO_3$	206.08	2.52	1.68	14.12
n39	2-甲基丙醛（2-Methylpropanal）	C_4H_8O	117.06	2.36	2.68	15.12
n40	2-戊酮（2-Pentanone）	$C_5H_{10}O$	131.07	2.51	9.05	9.44

续表

序号	代谢物	分子式	质荷比	保留时间/min	VIP	差异倍数（Y/X）
n41	5-甲氧基坎丁-6-酮（5-Methoxycanthin-6-one）	$C_{15}H_{10}N_2O_2$	249.06	1.07	2.02	5.98
n42	泛酸（Pantothenate）	$C_9H_{17}NO_5$	218.10	2.22	2.52	2.69
n43	鹰嘴豆芽素 A（Biochanin A）	$C_{16}H_{12}O_5$	283.06	2.705	1.22	2.09

注：VIP 指该代谢物在两组间的模型 VIP 值差异倍数；差异倍数（Y/X）指该代谢物在两组间的差异表达倍数；序号中含 p 的为阳离子模式，含 n 的为阴离子模式。

①括号中的内容表示双键信息，"/"前后表示一条支链。

在阳离子模式下鉴定到含量减少的差异代谢物有 1369 种，其中差异显著（P<0.05）的有 239 种，差异离子同时满足：FC（Y/X）≥ 2 或者 FC（Y/X）≤ 1/2，q 值 ≤ 0.05，VIP ≥ 1。如表 3–7 所示，在人类代谢组数据库中能够得到注释且有确定分子式的差异代谢物有 16 种。

在阴离子模式下鉴定到含量减少的差异代谢物有 1305 种，其中差异显著（P<0.05）的有 206 种，差异离子同时满足：FC（Y/X）≥ 2 或者 FC（Y/X）≤ 1/2，q 值 ≤ 0.05，VIP ≥ 1。如表 3–7 所示，在人类代谢组数据库中能够得到注释且有确定分子式的差异代谢物有 18 种。

表 3–7　自然发酵肉与原料肉相比含量减少的差异代谢物统计

序号	代谢物	分子式	质荷比	保留时间/min	VIP	差异倍数（Y/X）
p1	花生四烯酸乙酯（Ethyl Arachidonate）	$C_{22}H_{36}O_2$	333.28	7.38	5.67	0.09
p2	9-顺式视黄醇（9-cis-Retinol）	$C_{20}H_{30}O$	287.24	7.38	1.71	0.11
p3	精氨酸（Arginine）	$C_6H_{14}N_4O_2$	175.12	0.85	3.47	0.14
p4	戊酰苯丙氨酸（Valyl-Phenylalanine）	$C_{14}H_{20}N_2O_3$	265.15	2.31	5.87	0.15
p5	2-苯基乙酰胺（2-Phenylacetamide）	C_8H_9NO	136.08	1.59	1.63	0.25
p6	硬脂酰溶血磷脂酰乙醇胺（18：0）[LysoPE（18：0）]	$C_{23}H_{48}NO_7P$	482.32	4.79	18.36	0.26
p7	谷氨酰胺（Glutamine）	$C_5H_{10}N_2O_3$	147.08	0.95	1.90	0.26
p8	异亮酰-苯丙氨酸（Isoleucyl-Phnylalanine）	$C_{15}H_{22}N_2O_3$	279.19	2.21	2.83	0.27

续表

序号	代谢物	分子式	质荷比	保留时间 /min	VIP	差异倍数 （Y/X）
p9	肌苷（Inosine）	$C_{10}H_{12}N_4O_5$	269.11	1.55	5.27	0.33
p10	甘氨酰缬氨酸（Glycyl–Valine）	$C_7H_{14}N_2O_3$	175.12	1.17	1.81	0.33
p11	色氨酰亮氨酸（Tryptophyl–Leucine）	$C_{17}H_{23}N_3O_3$	318.20	2.30	1.01	0.35
p12	戊酰亮氨酸（Valyl–Leucine）	$C_{11}H_{22}N_2O_3$	231.17	2.28	6.11	0.35
p13	戊酰缬氨酸（Valyl–Valine）	$C_{10}H_{20}N_2O_3$	217.15	2.17	1.80	0.39
p14	sn–甘油–3–磷酸胆碱（sn–Glycero–3–phosphocholine）	$C_8H_{21}NO_6P$	258.11	0.97	2.66	0.43
p15	苯丙氨酰–γ–谷氨酸酯（Phenylalanyl–γ–glutamate）	$C_{14}H_{19}N_3O_4$	294.14	2.15	1.01	0.45
p16	异亮氨酸（Isoleucyl–Leucine）	$C_{12}H_{24}N_2O_3$	245.19	2.33	2.89	0.50
n1	d–葡萄糖–6–磷酸酯（d–Glucose 6–Phosphate）	$C_6H_{13}O_9P$	259.02	0.96	6.95	0.06
n2	阿洛糖（Allose）	$C_6H_{12}O_6$	179.06	0.87	1.92	0.08
n3	1,3–二氢吲哚–2–酮［1,3–Dihydro–（2H）–indol–2–one］	C_8H_7NO	178.05	2.43	1.09	0.10
n4	戊酰苯丙氨酸（Valyl–Phenylalanine）	$C_{14}H_{20}N_2O_3$	263.14	2.32	4.73	0.13
n5	谷氨酰胺（Glutamine）	$C_5H_{10}N_2O_3$	145.06	0.86	2.17	0.26
n6	异亮氨酰苯丙氨酸（Isoleucyl–Phenylalanine）	$C_{15}H_{22}N_2O_3$	277.16	2.37	2.21	0.27
n7	丝氨酰异亮氨酸（Seryl–Isoleucine）	$C_9H_{18}N_2O_4$	217.12	1.59	1.38	0.28
n8	五卟啉Ⅰ（Pentaporphyrin Ⅰ）	$C_{20}H_{14}N_4$	309.11	1.65	1.05	0.30
n9	d–苹果酸（d–Malic acid）	$C_4H_6O_5$	133.01	1.00	5.09	0.32
n10	马来酸（Maleic acid）	$C_4H_4O_4$	115.00	1.00	1.48	0.35
n11	戊酰异亮氨酸（Valyl–Isoleucine）	$C_{11}H_{22}N_2O_3$	229.16	2.29	4.42	0.35
n12	牛磺酸（Taurine）	$C_2H_7NO_3S$	124.01	0.87	1.95	0.37
n13	戊酰甲硫氨酸（Valyl–Methionine）	$C_{10}H_{20}N_2O_3S$	247.11	2.21	1.08	0.37
n14	戊酰缬氨酸（Valyl–Valine）	$C_{10}H_{20}N_2O_3$	215.14	2.18	1.40	0.38
n15	肌苷（Inosine）	$C_{10}H_{12}N_4O_5$	267.10	1.56	11.01	0.38

续表

序号	代谢物	分子式	质荷比	保留时间/min	VIP	差异倍数（Y/X）
n16	去氢荷叶碱（Dehydronuciferine）	$C_{19}H_{19}NO_2$	292.13	2.24	1.27	0.39
n17	羟基脯氨酰赖氨酸（Hydroxyprolyl–Lysine）	$C_{11}H_{21}N_3O_4$	258.1473	1.618	1.24	0.48
n18	异亮氨酰异亮氨酸（Isoleucyl–Isoleucine）	$C_{12}H_{24}N_2O_3$	243.1726	2.334	2.17	0.48

注：VIP 指该代谢物在两组间的模型 VIP 值差异倍数；差异倍数（Y/X）指该代谢物在两组间的差异表达倍数；序号中含 p 的为阳离子模式，含 n 的为阴离子模式。

三、添加乳酸菌的发酵肉与自然发酵肉的主成分分析

将添加 TR13 发酵剂的发酵肉与自然发酵肉数据导入 MassLynx 软件进行 PCA 分析，结果见彩图 3-4。可知人工调控添加发酵剂的发酵肉与自然风干发酵肉制品相比，其鉴定到的代谢物质发生了明显变化，自然发酵肉组内代谢物比较离散，添加 TR13 发酵剂的发酵肉组内代谢物相对比较聚集。

四、添加乳酸菌的发酵肉与自然发酵肉的差异代谢物聚类分析

对添加 TR13 发酵剂的发酵肉和自然发酵肉的差异代谢物进行聚类分析，结果如彩图 3-5 所示。添加 TR13 发酵剂的发酵肉与自然发酵肉相比，增加的代谢物明显多于减少的代谢物。

五、添加乳酸菌的发酵肉与自然发酵肉的差异代谢物质鉴定与分析

应用 Ropls 软件进行代谢物鉴定，根据 VIP ≥ 1、FC（Y/X）≥ 2 或 FC（Y/X）≤ 1/2、q 值 ≤ 0.05 的筛选原则，添加 TR13 发酵剂发酵肉与自然发酵肉相比，鉴定到含量差异显著（$P<0.05$）的代谢物有脂类、有机酸、有机杂环化合物、有机氧化合物、苯环化合物、糖类和酮化合物等。

在阳离子和阴离子模式下添加 TR13 发酵剂发酵肉与自然发酵肉相比，鉴定到含量显著增加（减少）的差异代谢物 263（137）和 205（203）种（$P<0.05$），差异离子同时满足：FC（Y/X）≥ 2 或 FC（Y/X）≤ 1/2、q 值 ≤ 0.05、VIP ≥ 1，在人类代谢组数据库中能够得到注释且有确定分子式的差异代谢物有 43（8）

和 32（33）种，鉴定结果如表 3-8、表 3-9 所示。

表 3-8　添加 TR13 发酵剂的发酵肉与自然发酵肉相比含量增加的差异代谢物统计

序号	代谢物	分子式	质荷比	保留时间/min	VIP	差异倍数（Y/X）
p1	赖氨酰异亮氨酸（Lysyl–Isoleucine）	$C_{12}H_{25}N_3O_3$	260.20	1.65	3.45	10.98
p2	异亮氨酰苯丙氨酸（Isoleucyl–Phenylalanine）	$C_{15}H_{22}N_2O_3$	279.19	2.21	6.14	9.89
p3	苯丙氨酰精氨酸（Phenylalanyl–Arginine）	$C_{15}H_{23}N_5O_3$	322.19	1.62	1.83	8.19
p4	酪氨酰亮氨酸（Tyrosyl–Leucine）	$C_{15}H_{22}N_2O_4$	295.17	2.30	4.97	7.63
p5	亮氨酰精氨酸（Leucyl–Arginine）	$C_{12}H_{25}N_5O_3$	288.20	1.73	2.53	6.94
p6	色氨酰亮氨酸（Tryptophyl–Leucine）	$C_{17}H_{23}N_3O_3$	318.20	2.30	2.23	6.78
p7	缬氨酰苯丙氨酸（Valyl–Phenylalanine）	$C_{14}H_{20}N_2O_3$	265.15	2.31	7.03	6.60
p8	苯丙氨酰-γ-谷氨酸（Phenylalanyl-γ-glutamate）	$C_{14}H_{19}N_3O_4$	294.14	2.15	1.99	4.36
p9	甘氨酰缬氨酸（Glycyl–Valine）	$C_7H_{14}N_2O_3$	175.12	1.17	2.43	3.99
p10	脯氨酰丙氨酸（Prolyl–Alanine）	$C_8H_{14}N_2O_3$	187.13	0.89	3.23	3.89
p11	脯氨酰苯丙氨酸（Prolyl–Phenylalanine）	$C_{14}H_{18}N_2O_3$	263.14	2.30	7.15	3.42
p12	异亮氨酰亮氨酸（Isoleucyl–Leucine）	$C_{12}H_{24}N_2O_3$	245.19	2.33	4.72	2.87
p13	亮氨酰脯氨酸（Leucyl–Proline）	$C_{11}H_{20}N_2O_3$	229.15	2.24	8.94	2.52
p14	丝氨酰苏氨酸（Seryl–Isoleucine）	$C_9H_{18}N_2O_4$	219.13	2.21	3.02	2.25
p15	赖氨酰羟脯氨酸（Lysyl–Hydroxyproline）	$C_{11}H_{21}N_3O_4$	556.28	2.26	2.13	2.20

续表

序号	代谢物	分子式	质荷比	保留时间/min	VIP	差异倍数（Y/X）
p16	缬氨酰缬氨酸（Valyl-Valine）	$C_{10}H_{20}N_2O_3$	217.15	2.17	1.77	2.08
p17	磷脂酰胆碱（Phosphatidylcholine）	$C_{44}H_{74}NO_8P$	776.52	6.47	1.32	2.97
p18	甘油磷酸胆碱（Glycerophosphocholine）	$C_8H_{21}NO_6P$	258.11	0.97	3.68	2.68
p19	二氢化茚（Indane）	C_9H_{10}	119.08	5.40	2.49	2.07
p20	4′-甲基苯乙酮（4′-Methylacetophenone）	$C_9H_{10}O$	135.08	5.41	4.78	2.06
p21	苯丙氨酸（Phenylalanine）	$C_9H_{11}NO_2$	166.09	2.53	1.32	2.04
p22	硫胺素（Thiamine）	$C_{12}H_{17}N_4OS$	265.11	8.14	1.45	2.40
p23	精氨酸（Arginine）	$C_6H_{14}N_4O_2$	175.12	0.85	3.39	5.27
p24	海藻糖（Trehalose）	$C_{12}H_{22}O_{11}$	360.15	1.01	1.24	3.30
p25	酰基肉碱（18∶1）[Acylcarnitine（18∶1）]	—	426.36	3.69	14.32	2.73
p26	酰基肉碱（16∶0）[Acylcarnitine（16∶0）]	—	400.34	3.56	14.82	2.66
p27	酰基肉碱（16∶1）[Acylcarnitine（16∶1）]	—	398.33	3.30	5.15	2.65
p28	酰基肉碱（17∶0）[Acylcarnitine（17∶0）]	—	414.36	3.77	6.17	2.63
p29	酰基肉碱（15∶0）[Acylcarnitine（15∶0）]	—	386.33	3.32	2.91	2.23
p30	酰基肉碱（14∶0）[Acylcarnitine（14∶0）]	—	372.31	3.17	5.47	2.06
p31	酰基肉碱（19∶1）[Acylcarnitine（19∶1）]	—	440.37	3.95	1.80	2.04
p32	酰基肉碱（16∶2）[Acylcarnitine（16∶2）]	—	396.31	3.11	1.62	2.03
p33	甘油二酯（4∶0/16∶0）[DG（4∶0/16∶0）[1]]	—	418.35	7.13	1.53	11.27
p34	甘油二酯（4∶0/18∶3）[DG（4∶0/18∶3）[1]]	—	440.34	6.18	1.13	8.89

续表

序号	代谢物	分子式	质荷比	保留时间/min	VIP	差异倍数（Y/X）
p35	甘油二酯（4：0/22：5）［DG（4：0/22：5）[①]］	—	492.37	6.61	1.05	7.15
p36	甘油二酯（4：0/18：1）［DG（4：0/18：1）[①]］	—	444.37	7.25	1.85	5.41
p37	甘油二酯（6：0/12：0）［DG（6：0/12：0）[①]］	—	390.32	6.35	1.59	5.10
p38	甘油二酯（4：0/18：2）［DG（4：0/18：2）[①]］	—	442.35	6.68	1.44	4.96
p39	甘油二酯（2：0/20：2）［DG（2：0/20：2）[①]］	—	442.35	3.26	6.57	4.78
p40	甘油二酯（4：0/16：1）［DG（4：0/16：1）[①]］	—	416.34	6.50	1.07	4.14
p41	甘油三酯家族（18：5/19：5/21：2）［TG（18：5/19：5/21：2）[①]］	—	945.69	3.67	1.75	3.82
p42	甘油三酯家族（18：0/20：5/20：5）［TG（18：0/20：5/20：5）[①]］	—	949.72	4.10	2.21	2.19
p43	甘油三酯家族（16：2/18：0/22：7）［TG（16：2/18：0/22：7）[①]］	—	923.71	4.07	1.80	2.01
n1	异亮氨酰苯丙氨酸（Isoleucyl–Phenylalanine）	$C_{15}H_{22}N_2O_3$	277.16	2.37	3.87	6.85
n2	酪氨酰异亮氨酸（Tyrosyl–Isoleucine）	$C_{15}H_{22}N_2O_4$	293.15	2.30	3.06	6.02
n3	异亮氨酰精氨酸（Isoleucyl–Arginine）	$C_{12}H_{25}N_5O_3$	286.19	1.53	1.16	5.94
n4	戊酰苯丙氨酸（Valyl–Phenylalanine）	$C_{14}H_{20}N_2O_3$	263.14	2.32	4.52	5.43
n5	戊酰甲硫氨酸（Valyl–Methionine）	$C_{10}H_{20}N_2O_3S$	247.11	2.21	1.69	3.83
n6	丝氨酰异亮氨酸（Seryl–Isoleucine）	$C_9H_{18}N_2O_4$	219.13	2.21	1.64	3.72
n7	苏氨酰异亮氨酸（Threoninyl–Isoleucine）	$C_{10}H_{20}N_2O_4$	231.14	1.71	1.98	3.39

续表

序号	代谢物	分子式	质荷比	保留时间 /min	VIP	差异倍数 （Y/X）
n8	羟脯氨酰赖氨酸 （Hydroxyprolyl–Lysine）	$C_{11}H_{21}N_3O_4$	258.15	1.62	1.93	2.87
n9	γ–谷氨酰亮氨酸 （γ–Glutamyl–Leucine）	$C_{11}H_{20}N_2O_5$	259.15	1.62	3.74	2.52
n10	酪氨酰羟脯氨酸 （Tyrosyl–Hydroxyproline）	$C_{14}H_{18}N_2O_5$	293.12	2.21	2.52	2.36
n11	2–庚烯基甘氨酸 （2–Hepteneoylglycine）	$C_9H_{15}NO_3$	184.10	2.52	2.38	18.28
n12	马来酸（Maleic acid）	$C_4H_4O_4$	115.00	1.00	1.51	2.39
n13	肉豆蔻酸（Myristic acid）	$C_{14}H_{28}O_2$	227.20	5.46	2.19	3.51
n14	（10E，12Z）–9–Hode	$C_{18}H_{32}O_3$	295.23	4.02	7.91	6.25
n15	羟基丹参酮 （Hydroxytanshinone）	$C_{19}H_{18}O_4$	309.11	1.13	1.12	3.14
n16	LTC4	$C_{30}H_{47}N_3O_9S$	624.30	5.29	1.47	2.72
n17	d–苹果酸（d–Malic acid）	$C_4H_6O_5$	133.01	1.00	4.79	2.29
n18	棕榈酸（Palmitic acid）	$C_{16}H_{32}O_2$	301.24	3.55	1.50	2.20
n19	阿洛糖（Allose）	$C_6H_{12}O_6$	179.06	0.87	1.15	3.95
n20	海藻糖（Trehalose）	$C_{12}H_{22}O_{11}$	387.12	2.54	1.30	5.36
n21	蜜二糖（Melibiose）	$C_{12}H_{22}O_{11}$	341.11	0.90	3.53	43.03
n22	蔗糖（Sucrose）	$C_{12}H_{22}O_{11}$	387.12	0.91	3.80	31.24
n23	五卟啉Ⅰ （Pentaporphyrin Ⅰ）	$C_{20}H_{14}N_4$	309.11	1.65	1.62	4.77
n24	去氢荷叶碱 （Dehydronuciferine）	$C_{19}H_{19}NO_2$	292.13	2.24	1.59	2.99
n25	5′–单磷酸鸟苷 （Guanosine–5′–monophosphate）	$C_{10}H_{14}N_5O_8P$	362.05	1.59	1.26	2.19
n26	葫芦素（Cucurbitacin）	$C_{30}H_{42}O_7$	513.27	2.29	1.03	2.11
n27	萘（Naphthalene）	$C_{10}H_8$	187.07	1.03	1.93	2.75
n28	肌苷–5′–单磷酸 （Inosine–5′–monophosphate）		347.04	1.48	2.58	4.41

续表

序号	代谢物	分子式	质荷比	保留时间/min	VIP	差异倍数（Y/X）
n29	3′-单磷酸腺苷（Adenosine 3′-monophosphate）	—	346.06	1.57	2.31	4.12
n30	dl-对羟基苯乳酸（dl-p-Hydroxyphenyllactic acid）	—	181.05	2.32	2.41	2.67
n31	羟基脂肪酸支链脂肪酸酯［（FAHFA）（18：2/3：0）]	—	351.26	6.10	1.85	2.37
n32	溶血卵磷脂［LysoPC（14：1）]	—	510.29	3.14	1.05	2.28

注：VIP 指该代谢物在两组间的模型 VIP 值差异倍数；差异倍数（Y/X）指该代谢物在两组间的差异表达倍数；序号中含 p 的为阳离子模式，含 n 的为阴离子模式。

①括号中的内容表示双键信息，"/"前后表示一条支链。

表 3-9 添加 TR13 发酵剂的发酵肉与自然发酵肉相比含量减少的差异代谢物统计

序号	代谢物	分子式	质荷比	保留时间/min	VIP	差异倍数（Y/X）
p1	N-乙酰-L-甲硫氨酸（N-Acetyl-L-methionine）	$C_7H_{13}NO_3S$	192.07	2.35	1.21	0.18
p2	N-乙酰异亮氨酸（N-Acetylisoleucine）	$C_8H_{15}NO_3$	174.11	2.48	1.74	0.21
p3	二哌丁胺 D（Dipiperamide D）	$C_{36}H_{40}N_2O_6$	597.30	4.46	6.31	0.29
p4	亚油酸（Linoleic acid）	$C_{18}H_{32}O_2$	281.27	5.75	3.98	0.34
p5	1-（β-D-呋喃核糖基）-1,4-二氢烟酰胺［1-（β-D-Ribofuranosyl）-1,4-dihydronicotinamide]	—	257.11	1.80	1.23	0.36
p6	酰基肉碱[Acylcarnitine（22：1）]	—	482.42	4.69	2.50	0.37
p7	2,4,14-二十碳三烯酸异丁基酰胺（2,4,14-Eicosatrienoic acid isobutylamide）	$C_{24}H_{43}NO$	362.34	7.29	4.00	0.42
p8	胡椒碱（Piperine）	$C_{22}H_{41}NO$	336.33	7.17	3.44	0.44

续表

序号	代谢物	分子式	质荷比	保留时间/min	VIP	差异倍数（Y/X）
n1	（9S, 10S）-9, 10-二羟基十八酸酯［（9S, 10S）-9, 10-Dihydroxyoctadecanoate］	$C_{18}H_{36}O_4$	315.26	3.28	6.37	0.02
n2	柠苹酸（Citramalic acid）	$C_5H_8O_5$	147.03	1.51	2.48	0.17
n3	蓖麻油酸（Ricinoleic acid）	$C_{18}H_{34}O_3$	297.25	4.94	4.75	0.32
n4	10, 11-二氢-20-二羟基-LTB4（10, 11-Dihydro-20-dihydroxy-LTB4）	$C_{20}H_{34}O_6$	369.23	2.76	1.87	0.39
n5	孕烯醇酮脂类［（6β, 7α, 12β, 13β）-7-Hydroxy-11, 16-dioxo-8, 14-apianadien-22, 6-olide］	$C_{23}H_{28}O_5$	383.19	7.19	3.63	0.37
n6	胆甾烷类固醇（4α-Carboxy-5α-cholesta-8, 24-dien-3β-ol）	$C_{28}H_{44}O_3$	427.32	3.50	1.51	0.19
n7	3α, 7β, 12α-三羟基氧代胆氨酰甘氨酸（3α, 7β, 12α-Trihydroxyoxocholanyl-Glycine）	$C_{26}H_{43}NO_6$	464.31	2.83	2.51	0.11
n8	鹅去氧胆酸（Chenodeoxyglycocholic acid）	$C_{26}H_{43}NO_5$	448.31	3.14	1.07	0.24
n9	N-乳酰缬氨酸（N-Lactoyl-Valine）	$C_8H_{15}NO_4$	188.11	2.22	2.63	0.25
n10	N-乙酰缬氨酸（N-Acetylvaline）	$C_7H_{13}NO_3$	160.10	2.34	2.09	0.42
n11	柠檬酸（Citric acid）	$C_6H_8O_7$	191.02	1.05	5.54	0.09
n12	2-羟基戊二酸（2-Hydroxyglutarate）	$C_5H_8O_5$	147.03	1.10	6.19	0.16
n13	N-乙酰谷氨酸（N-Acetylglutamate）	$C_7H_{11}NO_5$	188.08	1.03	1.15	0.31
n14	油酰甘氨酸（Oleoyl glycine）	$C_{20}H_{37}NO_3$	338.27	5.41	1.20	0.40
n15	乙酸异丙酯（Isopropyl acetate）	$C_5H_{10}O_2$	147.07	1.71	1.51	0.44
n16	丙酸（Propionic acid）	$C_3H_6O_2$	73.03	1.64	1.27	0.50

续表

序号	代谢物	分子式	质荷比	保留时间/min	VIP	差异倍数（Y/X）
n17	反式乌头酸（trans–Aconitic acid）	$C_6H_6O_6$	173.01	1.11	1.24	0.50
n18	黄嘌呤（Xanthine）	$C_5H_4N_4O_2$	151.03	1.56	1.36	0.38
n19	5–甲氧基蒽–6–酮（5–Methoxycanthin–6–one）	$C_{15}H_{10}N_2O_2$	249.06	1.07	2.51	0.11
n20	甲基丙烯醛（Methacrolein）	C_4H_6O	129.06	2.51	1.81	0.35
n21	2–乙酰胺基–4–甲基苯基乙酸酯（2–Acetamido–4–methylphenyl acetate）	$C_{11}H_{13}NO_3$	206.08	2.52	1.62	0.39
n22	3–（4–羟基苯基）丙–2–烯酸［3–（4–hydroxyphenyl）prop–2–enoic acid］	$C_9H_8O_3$	163.04	2.53	1.31	0.46
n23	9–HpODE		311.23	3.24	2.20	0.47
n24	2′–脱氧肌苷（2′–Deoxyinosine）		251.08	1.81	1.87	0.45
n25	溶血磷脂酰甘油（15：0）［LysoPG（15：0）］		469.26	4.54	1.81	0.19
n26	溶血磷脂酰肌醇（18：2）［LysoPI（18：2）］		595.29	4.15	4.59	0.31
n27	溶血磷脂酰肌醇（20：3）［LysoPI（20：3）］		621.31	4.70	7.13	0.32
n28	溶血磷脂酰肌醇（18：3）［LysoPI（18：3）］		593.28	3.66	2.43	0.32
n29	溶血磷脂酰肌醇（22：4）［LysoPI（22：4）］		647.33	5.25	2.80	0.32
n30	葡萄糖酸酯（Gluconate）		195.05	0.90	8.05	0.23
n31	溶血磷脂酰丝氨酸（18：0）［LysoPS（18：0）］		524.30	5.44	3.90	0.48
n32	溶血磷脂酰肌醇（18：1）［LysoPI（18：1）］		597.31	5.07	9.28	0.48
n33	溶血磷脂酰肌醇（22：6）［LysoPI（22：6）］		643.30	4.06	1.61	0.49

注：VIP指该代谢物在两组间的模型VIP值差异倍数；差异倍数（Y/X）指该代谢物在两组间的差异表达倍数；序号中含p的为阳离子模式，含n的为阴离子模式。

阳离子模式下，43 种含量显著增加的代谢物主要有赖氨酰异亮氨酸、异亮氨酰苯丙氨酸、苯丙氨酰精氨酸、酪氨酰亮氨酸、缬氨酰苯丙氨酸等肽类 18 种，平均增加到 5.29 倍，其中赖氨酰异亮氨酸和异亮氨酰苯丙氨酸分别增加到 10.98 和 9.89 倍。其次为磷脂酰胆碱、甘油磷酸胆碱、甘油二酯等脂类物质 14 种，其中磷脂酰胆碱和甘油磷酸胆碱分别增加到 2.97 和 2.68 倍，甘油二酯（4∶0/16∶0）、甘油二酯（4∶0/18∶3）、甘油二酯（4∶0/22∶5）等 8 种结构不同的甘油二酯含量平均增加到 6.46 倍。含量增加的物质中还鉴定到了酰基肉碱（14∶0）、酰基肉碱（15∶0）、酰基肉碱（16∶0）等 8 种酰基肉碱，平均增加到 2.38 倍。

阳离子模式下，8 种含量显著减少的代谢物主要有 N- 乙酰 -l- 甲硫氨酸和 N- 乙酰异亮氨酸 2 种肽类物质，差异倍数分别为 0.18 和 0.21，以及 2,4,14- 二十碳三烯酸异丁基酰胺、亚油酸、胡椒碱，差异倍数分别为 0.42，0.34 和 0.44。

阴离子模式下，32 种含量显著增加的代谢物主要有异亮氨酰苯丙氨酸、酪氨酰异亮氨酸、异亮氨酰精氨酸、缬氨酰苯丙氨酸、缬氨酰甲硫氨酸等肽类物质 10 种，含量平均增加到 4.29 倍，其中异亮氨酰苯丙氨酸、酪氨酰异亮氨酸分别增加到 6.85 和 6.02 倍。羟基丹参酮等 4 种脂类衍生物质平均增加到 3.58 倍。去氢荷叶碱为 1 种生物碱，含量增加到 2.99 倍。dl- 对羟基苯乳酸增加到 2.67 倍。

阴离子模式下，33 种含量显著下降的代谢物主要有（9S, 10S）-9, 10- 二羟基十八酸酯、蓖麻油酸、孕烯醇酮脂类等 9 种脂类及其衍生物质，其中包含胆甾烷类固醇、鹅去氧胆酸等 3 种固醇脂类，9 种脂类差异倍数平均值为 0.22。N- 乳酰缬氨酸、N- 乙酰缬氨酸和 N- 乙酰谷氨酸 3 种肽类物质，差异倍数分别为 0.25, 0.42 和 0.31。1 种有机杂环化合物黄嘌呤差异倍数为 0.38。

第四节　植物乳植杆菌对发酵香肠风味物质的影响

风味是发酵肉制品最重要的品质属性之一，其主要是由组织酶（蛋白酶和脂肪酶）和微生物酶降解脂肪、蛋白质和碳水化合物形成的风味物质、脂肪自动氧化产物以及外源添加的成分（如盐、香辛料等）产生。风味主要包含滋味和香味两方面。肉中的非挥发性和水溶性物质构成了滋味的来源，如游离氨基酸、无机盐、有机酸和小肽等，它们可以产生苦、酸、咸、甜、鲜等滋味。香味是由肉制品释放出的各种醇、醛、酸、酮和酯等挥发性风味物质产生，可以由嗅觉感知（王蔚新，2017）。

肉制品中滋味物质的类别、来源以及组成：①酸味，主要来源是小分子酸以及氨基酸，由乳酸、琥珀酸、磷酸、二氢吡咯羧酸、天冬氨酸、组氨酸以及谷氨酸等组成；②甜味，主要来源是糖以及氨基酸，由葡萄糖、果糖、甘氨酸、丙氨酸、苏氨酸、丝氨酸、赖氨酸、脯氨酸等组成；③苦味，主要来源是核苷酸、肽类以及氨基酸，由次黄嘌呤、肌肽、亮氨酸、异亮氨酸、苯丙氨酸、缬氨酸、精氨酸、甲硫氨酸、酪氨酸以及色氨酸组成；④咸味，主要来源是无机盐，由 Na^+、K^+、Cl^- 等组成；⑤鲜味，主要来源是核苷酸及肽类，由肌苷酸、鸟苷酸、谷氨酰天冬氨酸、谷氨酰丝氨酸等组成。目前肉制品中可检测到挥发性香味化合物上千种，主要包括烷烯烃、醇类、醛类、酮类、酯类、酸类、酚类、芳香烃、含氧杂环化合物、含氮化合物及含硫和含氯化合物等（Shaidi，2001）。发酵肉制品的特征风味由芳香物质的浓度和阈值共同决定。气味阈值高低决定了香气浓郁程度，阈值越高香气越弱，反之越强。浓度与阈值不同往往呈现出的香气浓郁程度也不一。因此，人们在衡量目前挥发性化合物贡献时常综合考虑实际含量浓度和阈值浓度（该物质被嗅觉感知的最低浓度），因而引入对数阈值来衡量目标芳香物质的实际作用效果（王德宝，2020）。

发酵肉制品中挥发性风味物质主要包括醇、醛、酸、酮、酯、烷烯烃、芳香烃、含硫化合物、含氮化合物及萜烯类等（王德宝，2020）。主要来源于脂肪的水解氧化、美拉德反应、斯特雷克尔氨基酸反应、维生素 B_1 的降解、酯化反应和微生物作用等（赵丽华，2009）。而低温发酵肉制品在加工过程中温度较低，产品中风味物质主要来源于蛋白质及脂质的酶解和氧化以及斯特雷克尔氨基酸反应及外源香辛料。肉制品中风味形成的主要途径为：脂类经过脂质水解氧化，形成醛类、醇类、酮类、呋喃以及酯类等；蛋白质（氨基酸、肽类）经过斯特雷克尔反应以及美拉德反应生成支链醛、支链醇、噻唑、噻吩、含硫化合物等；糖类经过美拉德反应、焦糖化反应生成醇类、醛类、酮类以及呋喃等；维生素 B_1 经过热降解生成呋喃、含硫脂肪族化合物、噻吩、呋喃硫醇等；含硫化合物经过斯特雷克尔反应以及美拉德反应生成噻吩、噻唑、硫醇等（王德宝，2020）。

研究表明发酵肉制品中大部分风味来自脂质氧化，特别是脂质氧化形成 $C_6 \sim C_{10}$ 的醛类是所有熟肉肉制品中的重要风味物质。庚醛、壬醛和己醛是发酵肉制品中含量最高的 3 种醛类，己醛具有青草味，庚醛和正壬醛呈现油脂香味，3 种醛类的前体是亚油酸和亚麻酸（Toldra，1998；Nieto 等，2011）。脂质是发酵香肠及其他发酵肉制品的重要组成成分之一，含量为 250~550g/kg。脂质主要以甘油酯（Glyceride）和磷脂（Phospholipid）两种形式存在（Schillinger，1989）。甘油酯和磷脂的水解和氧化是脂类物质形成风味物质的基础，决定了产品的风味特征（Vestergaard 等，2000）。脂质转化生成风味物质的第一步是甘油酯和磷脂经由酯酶水解作用生成游离脂肪酸（Free fatty acid，FFA），第二步是游离脂肪酸氧化生成许多不同的氢过氧化物，经过许多不同的分解途径，形成大量挥发性化合物或芳香化合物前体（Martin 等，1999；Toldra，1998）。脂类物质经水解、氧化及其他途径可以形成醛类、醇类、酯类及呋喃等香味化合物。

植物乳植杆菌是最主要的肉制品发酵剂之一，它产酸速率高，在发酵过程中作为优势菌进行大量生长繁殖，控制整个发酵过程，还能够有效改善产品风味。因此，研究添加植物乳植杆菌对发酵香肠的风味物质的影响是十分有必要的。

一、基于电子鼻、电子舌对发酵香肠风味物质种类的分析

发酵香肠在成熟过程中通过微生物代谢作用会产生多种风味物质，香肠的风味物质的种类和含量是评价香肠品质指标的重要因素之一。不同的乳酸菌在发酵过程中利用底物产生的代谢产物不同。下面以自然发酵和人工添加植物乳植杆菌为例，进行比较分析，探究其腌制、发酵、干燥、成熟以及贮藏 30, 60d 的各项风味代谢物差异。分析醇、醛、酸、脂和酮类物质的占比及差异，研究自然发酵和接种乳酸菌对发酵香肠风味物质的影响，同时采用相对气味活度（Relative odor activity value，ROAV）确定发酵香肠的关键性挥发物质。

（一）基于电子鼻对植物乳植杆菌和自然发酵香肠的雷达图分析

将待测发酵香肠样品去除肠衣后切成肉糜状，称取 5.00g 肉样置于 15.00mL 的进样瓶内，用封口膜密封，将进样瓶置于 60℃水浴锅中加热 40min，室温静置平衡后使用 PEN3 型电子鼻进行检测，选取传感信号基本稳定的时间点进行采集数据。通过使用电子鼻可以对香肠的气味进行检测，电子鼻通过 10 个独特的交互敏感半导体传感器来收集气味，再经过计算机进行数据整理，最终得到一组由 10 个金属探头传感器识别的风味物质信息。

如彩图 3-6 所示，两组发酵香肠样品对电子鼻 10 个传感器（W1C、W5S、W3C、W6S、W5C、W1S、W1W、W2S、W2W、W3S）的响应均差异显著（$P<0.05$）。其中传感器 W5S、W1S、W1W、W6S 和 W2S 的响应值较高，表明发酵香肠本身含有并且通过内部代谢作用产生了更多的氮氧化物、甲基类化合物、硫化物、醇类及醛酮类物质。两组香肠的传感器 W1C、W3C、W6S、W5C、W3S 响应值重叠，表明两组香肠的芳香成分相似，差异不显著（$P>0.05$）。自然发酵组较人工接种植物乳植杆菌组的传感器（W5S、W1S、W1W、W2S、W2W）响应值低，表明添加植物乳植杆菌可以增加发酵香肠的微生物代谢产物，提高部分酶的活力，有助于形成更多的醇、醛和酸类物质，提高香肠的风味，提升香肠品质。其中人工接种植物乳植杆菌组对 W1S 和 W1W 的响应值较高，表明人工接种植物乳植杆菌组对甲基类和硫化物敏感，可能是因为蛋白质发生降解形成了小分子物质。

（二）基于电子舌对植物乳植杆菌和自然发酵香肠的雷达图分析

将待测发酵香肠样品去除肠衣后切成肉糜状，称取 10g 切碎的样品，加入 0.01mol/L 的氯化钾溶液 100mL，磁力搅拌 30min 后，以 4℃、3000r/min 条件离心 10min，取上清液用于电子舌检测。

电子舌传感器经活化校准后，将前处理好的样品按顺序放入电子舌样品托盘中进行分析。设定电子舌分析参数为：数据采集时间 120s、采集周期 1.0s、采集延迟 0s、搅拌速率 1r/s。TS-5000Z 电子舌 AAE、CT0、CA0、C00、AL1 和 GL1 传感器的响应特性为鲜味、咸味、酸味、苦味、涩味和甜味。

人工接种植物乳植杆菌和自然发酵对发酵香肠风味的影响如彩图 3-7 所示。其中，酸味和苦味差异显著（$P<0.05$）；人工接种植物乳植杆菌组的涩味显著高于自然发酵组（$P<0.05$）；自然发酵组的苦味回味、涩味回味、鲜味和甜味显著高于人工接种植物乳植杆菌组（$P<0.05$）；两组产品的咸味差异显著（$P<0.05$），且大小为自然发酵组（10.17）＞人工接种植物乳植杆菌组（5.16），说明添加发酵剂有助于降低产品的咸度，为消费者提供一个温和的口感。两组产品的甜味和酸味均为负值，这两味综合引起的涩味也为负值，原因可能是产品酸味变化显著从而对甜味造成了掩盖。

二、基于气相色谱 – 质谱联用对发酵香肠挥发性风味物质的分析

采用气相色谱 – 质谱联用（Gas chromatograph- mass spectrometer，GC–MS）测定不同阶段（表 3-10）发酵香肠挥发性风味，具体操作步骤为：将发酵香肠肉样在自然状态下解冻，去除肠衣，准确称取 5.00g 肉样放入样品瓶中，将萃取头插入样品瓶距离样品 1.00cm 处，60℃吸附 40min 后取出插入气相色谱（GC）进样口，在 250℃条件下解吸附 4min。物质的定量用峰面积代替，并除以样品质量，最终单位为 AU/g。计算公式为：

$$Q=A/m \tag{3-1}$$

式中　Q——物质的定量，Au/g；

　　　A——每种物质的峰面积 $/10^6$，AU；

　　　m——样品的质量，g。

发酵香肠不同阶段主要风味物质相对含量可以用单位质量峰面积表示（表 3-11）。

表 3-10　　　　　　　　　　发酵香肠取样的不同阶段

时间 /d	0	1	8	22	52	82
阶段	腌制结束	发酵结束	干燥结束	成熟结束	贮藏 30d	贮藏 60d

表 3-11　　发酵香肠不同阶段主要风味物质相对含量（用单位质量峰面积表示）

单位：AU/g

风味物质	组别	不同阶段主要风味物质含量					
		0d	1d	8d	22d	52d	82d
乙醇	植物乳植杆菌发酵	463.952 ± 42.667^{Aa}	96.563 ± 11.084^{Bbc}	98.689 ± 13.181^{Abc}	212.654 ± 49.651^{Bb}	186.719 ± 88.456^{ABb}	23.164 ± 2.212^{Bc}
	自然发酵	620.811 ± 9.068^{Aa}	$409.332 \pm 104.774^{Aab}$	74.882 ± 3.011^{Bc}	$203.433 \pm 136.412^{Bbc}$	122.546 ± 23.337^{Aa}	$416.274 \pm 130.079^{Aab}$
正己醇	植物乳植杆菌发酵	0.705 ± 0.056^{Bd}	1.985 ± 0.224^{Acd}	6.006 ± 0.795^{fAa}	4.620 ± 0.444^{Ab}	1.681 ± 0.057^{Acd}	2.514 ± 0.088^{Ac}
	自然发酵	1.213 ± 0.174^{Bb}	1.345 ± 0.046^{Bb}	1.177 ± 0.163^{Bb}	2.896 ± 0.168^{Aa}	—	—
1-辛烯-3-醇	植物乳植杆菌发酵	4.274 ± 0.519^{Ab}	7.355 ± 0.656^{Ab}	8.912 ± 0.118^{Ab}	12.718 ± 1.826^{Bb}	7.002 ± 0.140^{Bb}	11.946 ± 0.643^{Aa}
	自然发酵	6.820 ± 0.376^{Abc}	7.425 ± 0.444^{Ab}	5.851 ± 0.305^{Bc}	12.175 ± 0.451^{Aa}	12.588 ± 0.959^{Aa}	12.476 ± 0.728^{Aa}
1-辛醇	植物乳植杆菌发酵	5.311 ± 0.150^{Ba}	6.648 ± 0.332^{Ac}	8.771 ± 1.641^{Ab}	7.215 ± 0.190^{Ac}	2.868 ± 0.119^{Ad}	—
	自然发酵	8.908 ± 2.155^{Ba}	6.824 ± 1.446^{Ba}	—	—	—	—
芳樟醇	植物乳植杆菌发酵	17.120 ± 1.024^{Ab}	40.063 ± 4.301^{Ba}	20.807 ± 0.757^{ABc}	32.453 ± 2.222^{Ab}	14.879 ± 1.267^{Bd}	29.209 ± 1.447^{Ab}
	自然发酵	37.517 ± 9.871^{Aab}	50.437 ± 11.298^{Aa}	8.168 ± 5.134^{Bc}	29.286 ± 1.239^{Ab}	29.379 ± 1.499^{Ab}	26.995 ± 0.167^{Ab}
4-萜烯醇	植物乳植杆菌发酵	7.070 ± 0.2697^{Bab}	7.676 ± 0.918^{Ba}	4.957 ± 0.310^{Ac}	6.079 ± 0.279^{Ac}	3.289 ± 0.115^{Be}	6.205 ± 0.096^{Abc}
	自然发酵	9.624 ± 2.126^{ABab}	12.703 ± 2.616^{Aa}	2.912 ± 0.111^{Bd}	5.282 ± 0.224^{Bcd}	6.646 ± 1.139^{Abc}	5.657 ± 0.677^{Acd}
1-庚醇	植物乳植杆菌发酵	2.471 ± 0.090^{Ab}	2.591 ± 0.226^{Ab}	5.141 ± 0.764^{A}	2.237 ± 0.308^{A}	—	—
	自然发酵	—	—	—	—	—	—
1-壬醇	植物乳植杆菌发酵	—	7.056 ± 0.614^{Ab}	13.379 ± 1.046^{Aa}	4.392 ± 0.276^{Aa}	2.134 ± 0.088^{Ac}	—
	自然发酵	—	—	1.301 ± 0.358^{Bb}	—	—	—

化合物	处理						
α-松油醇	植物乳植杆菌发酵	44.750 ± 3.536^{Aa}	45.286 ± 4.839^{Ab}	32.254 ± 1.692^{Ab}	38.156 ± 0.551^{Ab}	17.254 ± 0.850^{Bc}	34.086 ± 1.563^{Ab}
	自然发酵	52.736 ± 8.428^{Aa}	64.128 ± 13.995^{Bc}	16.693 ± 0.510^{Bc}	37.875 ± 0.166^{Ab}	32.402 ± 2.983^{Ab}	30.908 ± 1.171^{ABbc}
香茅醇	植物乳植杆菌发酵	5.428 ± 0.339^{Ba}	5.047 ± 1.278^{Ba}	—	—	—	—
	自然发酵	8.025 ± 1.436^{Aa}	9.289 ± 1.393^{Aa}	1.690 ± 0.098^{Ab}	—	—	—
2-乙基己醇	植物乳植杆菌发酵	—	29.731 ± 4.702^{b}	—	—	—	—
	自然发酵	—	—	—	—	—	—
(E)-2-辛烯-1-醇	植物乳植杆菌发酵	—	—	5.808 ± 0.194^{Aa}	—	—	—
	自然发酵	—	—	—	—	—	—
2-甲基-1-十六烷醇	植物乳植杆菌发酵	—	—	2.778 ± 1.685^{Aab}	6.587 ± 4.826^{Aa}	—	—
	自然发酵	—	—	—	2.550 ± 0.472^{Aa}	—	—
2-十六烷醇	植物乳植杆菌发酵	—	—	1.213 ± 0.509^{Aa}	—	—	—
	自然发酵	—	—	—	—	—	—
3-甲基-1-丁醇	植物乳植杆菌发酵	—	—	—	4.903 ± 0.278^{Aa}	—	—
	自然发酵	—	—	—	4.381 ± 1.621^{Aa}	—	—
己醛	植物乳植杆菌发酵	4.651 ± 1.875^{Ab}	3.358 ± 0.703^{Abc}	4.251 ± 2.484^{Abc}	21.185 ± 6.651^{Aa}	2.226 ± 0.049^{Abc}	—
	自然发酵	2.867 ± 0.618^{Ab}	2.457 ± 0.340^{ABb}	2.532 ± 0.541^{Aab}	15.816 ± 0.655^{Aa}	3.086 ± 0.642^{Ab}	—
庚醛	植物乳植杆菌发酵	1.842 ± 0.009^{Aabc}	3.352 ± 0.590^{Abc}	3.595 ± 1.843^{Abc}	5.459 ± 0.301^{Aa}	2.311 ± 0.044^{Bc}	4.446 ± 0.785^{ABab}
	自然发酵	2.745 ± 0.492^{Abc}	2.098 ± 0.162^{Bcd}	1.391 ± 0.221^{Ad}	4.369 ± 0.681^{Aa}	3.625 ± 0.579^{Aab}	3.492 ± 0.580^{Bab}

续表

不同阶段主要风味物质含量

风味物质	组别	0d	1d	8d	22d	52d	82d
苯甲醛	植物乳植杆菌发酵	5.994 ± 0.861^ABd	23.895 ± 5.299^Ac	36.731 ± 5.782^Ab	38.885 ± 3.329^Ab	21.375 ± 1.705^Ac	48.272 ± 1.560^Aa
	自然发酵	7.456 ± 1.266^Bd	11.570 ± 2.943^Bd	24.373 ± 0.602^Bb	45.298 ± 5.467^Aa	18.302 ± 0.467^Bc	23.196 ± 0.552^Bbc
(E)-2-辛烯醛	植物乳植杆菌发酵	1.700 ± 0.316^Aa	—	4.130 ± 1.053^Aa	—	1.563 ± 0.149^Ab	—
	自然发酵	—	—	—	—	—	2.331 ± 0.122^Aa
壬醛	植物乳植杆菌发酵	31.935 ± 2.210^Aa	52.607 ± 7.784^Aa	52.517 ± 17.829^Ab	66.206 ± 2.744^Aa	30.668 ± 1.031^Bb	67.570 ± 10.108^ABa
	自然发酵	50.250 ± 13.157^Ab	33.888 ± 1.055^Ba	21.360 ± 2.1260^Bb	57.828 ± 8.097^Aa	57.988 ± 6.52^Aa	55.476 ± 4.722^Aa
(E)-2-壬烯醛	植物乳植杆菌发酵	1.801 ± 0.106^Aabc	2.624 ± 0.299^Abc	5.907 ± 2.296^Aa	5.477 ± 0.545^Aa	2.231 ± 0.081^Ac	4.692 ± 0.771^Aab
	自然发酵	2.185 ± 0.584^Ba	—	1.832 ± 0.444^Bb	5.027 ± 0.640^Aa	2.886 ± 0.355^Ab	3.001 ± 0.367^Ab
癸醛	植物乳植杆菌发酵	3.899 ± 1.051^Aa	6.165 ± 0.546^Aab	6.463 ± 1.135^Aa	6.087 ± 0.487^Aab	3.566 ± 0.231^Bb	7.830 ± 1.307^Aa
	自然发酵	8.993 ± 0.678^Aa	6.652 ± 0.402^Ac	2.497 ± 0.262^Bd	6.361 ± 0.206^Ac	7.024 ± 0.557^Abc	7.697 ± 0.399^Ab
十一醛	植物乳植杆菌发酵	0.811 ± 0.123^Aa	1.325 ± 0.147^Ab	—	—	—	—
	自然发酵	1.893 ± 0.399^Aa	—	—	—	—	—
2-十一烯醛	植物乳植杆菌发酵	1.221 ± 0.434^Aab	—	4.234 ± 2.645^Aa	—	—	—
	自然发酵	2.077 ± 1.087^Aa	—	—	—	—	—
十四烷醛	植物乳植杆菌发酵	—	—	15.817 ± 3.117^Ab	3.838 ± 0.331^Bd	9.388 ± 2.622^Ac	40.445 ± 0.897^Aa
	自然发酵	—	—	—	19.298 ± 2.516^Ac	—	—
苯乙醛	植物乳植杆菌发酵	—	—	—	32.067 ± 2.883^Aa	—	—
	自然发酵	—	—	—	30.244 ± 2.690^Aa	—	—

化合物	发酵方式						
正辛醛	植物乳植杆菌发酵	—	—	—	—	—	—
	自然发酵	—	—	—	—	—	—
6-甲基十八烷	植物乳植杆菌发酵	0.564 ± 0.070^{Ab}	1.767 ± 0.295^{Ab}	1.997 ± 0.790^{Ab}	—	1.351 ± 0.076^{Ab}	3.514 ± 0.343^{Ab}
	自然发酵	—	—	—	—	—	—
十四烷	植物乳植杆菌发酵	1.419 ± 0.144^{Bc}	3.359 ± 0.189^{Ab}	4.772 ± 0.249^{Aa}	4.523 ± 0.075^{Aa}	3.384 ± 1.162^{Aab}	3.449 ± 0.490^{Aab}
	自然发酵	2.427 ± 0.438^{Ab}	2.874 ± 0.347^{Bb}	—	—	—	—
2-甲基丙酸乙酯	植物乳植杆菌发酵	0.532 ± 0.043^{Ac}	—	7.909 ± 1.999^{Ac}	37.592 ± 10.111^{Aa}	23.698 ± 1.411^{Bb}	40.216 ± 4.396^{Aab}
	自然发酵	—	2.120 ± 0.278^{Ac}	7.735 ± 1.506^{Ac}	20.353 ± 3.383^{Ab}	55.398 ± 7.479^{Aa}	48.220 ± 3.682^{Aa}
苯乙酸乙酯	植物乳植杆菌发酵	—	—	—	9.066 ± 0.439^{ABb}	3.842 ± 0.248^{Ac}	9.954 ± 0.377^{Aa}
	自然发酵	—	—	—	7.991 ± 0.103^{Ba}	2.872 ± 0.148^{Bc}	6.972 ± 0.330^{Bb}
丁酸乙酯	植物乳植杆菌发酵	—	4.865 ± 0.673^{Aa}	—	—	—	—
	自然发酵	—	—	—	—	—	—
辛酸乙酯	植物乳植杆菌发酵	10.655 ± 0.341^{Ac}	27.864 ± 2.197^{Ab}	1.062 ± 0.148^{Ae}	157.737 ± 1.673^{Aa}	3.155 ± 0.071^{Be}	11.737 ± 0.940^{Ad}
	自然发酵	1.316 ± 0.107^{Bd}	33.775 ± 5.692^{Aa}	0.851 ± 0.042^{Bd}	3.692 ± 0.417^{Bcd}	6.785 ± 0.306^{Abc}	9.886 ± 0.387^{Bb}
2-氨基苯甲酸-3,7-二甲基-1,6-辛二烯-3-醇酯	植物乳植杆菌发酵	4.155 ± 0.205^{A}	8.892 ± 1.225^{A}	5.049 ± 0.251^{A}	7.274 ± 0.406^{A}	3.438 ± 0.150^{B}	5.913 ± 0.236^{A}
	自然发酵	—	9.936 ± 2.637^{A}	2.813 ± 0.252^{B}	6.476 ± 0.109^{B}	6.815 ± 0.477^{A}	—

续表

风味物质	组别	不同阶段主要风味物质含量					
		0d	1d	8d	22d	52d	82d
壬酸乙酯	植物乳植杆菌发酵	3.152±0.302^Ad	5.042±0.262^Bd	13.372±0.570^Ac	21.639±1.039^Ab	12.007±1.000^Ac	36.871±2.613^Aa
	自然发酵	6.359±0.238^Ad	8.815±1.968^Ad	9.734±0.310^Bd	24.936±0.512^Ac	32.851±2.904^Bc	37.046±1.585^Aa
乙酸松油酯	植物乳植杆菌发酵	7.201±0.552^Ab	14.285±1.907^Ab	5.555±0.394^Ab	13.616±0.464^Ab	6.877±0.650^Bc	17.805±1.209^Aa
	自然发酵	14.540±3.010^Aa	18.920±4.728^Aa	—	13.480±0.390^Aa	14.642±1.362^Aa	15.573±0.972^ABa
癸酸乙酯	植物乳植杆菌发酵	7.626±1.444^Ab	14.013±0.633^Bb	81.705±0.889^Aa	88.626±53.135^Aa	4.936±2.400^Bb	9.222±6.165^Bb
	自然发酵	14.353±2.264^Ac	24.373±4.718^Ac	51.286±0.175^Bbc	141.182±4.117^Aab	239.621±13.221^Aa	182.898±118.423^Aa
棕榈酸乙酯	植物乳植杆菌发酵	1.521±0.390^Aabc	—	4.232±2.342^Aab	2.531±0.262^Abc	1.326±0.215^Bcd	5.437±0.959^Aa
	自然发酵	1.246±0.210^Bc	2.401±0.594^Ab	1.229±0.068^Ac	3.243±0.158^Aa	3.653±0.261^Aa	3.529±0.431^Aa
月桂酸乙酯	植物乳植杆菌发酵	1.191±0.068^Ad	2.438±0.147^Ad	—	11.346±0.491^Ab	5.765±0.790^Bc	26.171±1.839^Aa
	自然发酵	3.653±0.434^A	—	5.649±0.154^Ac	14.652±0.822^Ac	21.196±2.874^Ab	27.090±2.694^Aa
己酸乙酯	植物乳植杆菌发酵	—	58.951±6.531^Ac	96.276±1.587^Ab	188.691±9.737^Ab	86.198±1.321^Bb	208.692±19.260^Aa
	自然发酵	—	—	57.808±3.049^Bc	158.168±10.518^Ab	171.884±3.610^Aa	184.163±8.940^Aa
2-乙基-己酸乙酯	植物乳植杆菌发酵	—	3.022±0.319^Ac	—	—	—	—
	自然发酵	—	—	—	—	—	—
苯甲酸乙酯	植物乳植杆菌发酵	—	4.869±0.275^Ac	7.116±0.242^Ac	12.339±1.159^Ac	4.894±0.328^B	18.777±3.017^Aa
	自然发酵	—	—	3.090±0.211^Bd	11.652±0.196^Ac	8.192±0.256^Ac	10.780±0.329^Bb
2-己基-1,1-双环丙烷-2-辛酸甲酯	植物乳植杆菌发酵	—	1.198±0.040^Aa	0.842±0.216^Ab	—	—	—
	自然发酵	—	—	0.719±0.061^Ab	1.815±0.134^Aa	—	—

化合物	发酵方式					
2-乙基丁酸烯丙酯	植物乳植杆菌发酵	—	—	4.647 ± 0.551^{Aa}	—	—
	自然发酵	—	—	2.230 ± 0.299^{Ba}	—	—
(E)-5-庚烯酸乙酯	植物乳植杆菌发酵	—	1.387 ± 0.161^{Ab}	2.523 ± 0.197^{Aa}	—	—
	自然发酵	—	—	—	2.512 ± 0.115^{Aa}	—
9-癸酸乙酯	植物乳植杆菌发酵	—	7.031 ± 0.180^{Ab}	—	—	20.502 ± 1.629^{Aa}
	自然发酵	—	3.505 ± 0.342^{Bb}	—	—	16.005 ± 1.408^{Aa}
十四酸乙酯	植物乳植杆菌发酵	—	8.189 ± 0.510^{Ac}	11.244 ± 0.807^{Ab}	5.730 ± 1.086^{Bd}	35.161 ± 1.670^{Aa}
	自然发酵	—	3.283 ± 0.255^{Bb}	12.399 ± 0.94^{Ab}	15.276 ± 2.242^{Ab}	27.018 ± 2.617^{Ba}
戊酸乙酯	植物乳植杆菌发酵	—	1.435 ± 0.198^{Ad}	3.762 ± 0.223^{Ab}	1.928 ± 0.118^{Ac}	4.480 ± 0.337^{Aa}
	自然发酵	—	1.034 ± 0.231^{Ac}	2.728 ± 0.620^{Bb}	3.652 ± 0.061^{Ba}	4.248 ± 0.230^{Aa}
十一酸乙酯	植物乳植杆菌发酵	—	4.654 ± 1.709^{Ac}	17.890 ± 0.970^{Ac}	8.662 ± 1.112^{Bb}	40.286 ± 2.929^{Aa}
	自然发酵	—	—	26.409 ± 3.663^{Ac}	—	9.631 ± 1.141^{Bc}
4-甲基辛酸乙酯	植物乳植杆菌发酵	—	—	23.011 ± 2.019^{Aa}	26.671 ± 2.134^{Ac}	—
	自然发酵	—	—	22.302 ± 0.743^{Ac}	—	37.448 ± 0.887^{Aa}
2-羟基丙酸乙酯	植物乳植杆菌发酵	—	—	70.178 ± 12.102^{Ab}	37.323 ± 4.761^{Ac}	—
	自然发酵	—	—	60.510 ± 8.847^{Ad}	—	98.667 ± 9.963^{Aa}
5-甲基壬酸乙酯	植物乳植杆菌发酵	—	—	2.193 ± 0.155^{Aa}	1.442 ± 0.163^{Bc}	4.821 ± 0.653^{Aa}
	自然发酵	—	—	2.496 ± 0.092^{Ab}	3.668 ± 0.858^{Aa}	3.646 ± 0.224^{Ba}

续表

风味物质	组别	不同阶段主要风味物质含量					
		0d	1d	8d	22d	52d	82d
庚酸乙酯	植物乳植杆菌发酵	—	—	—	—	—	—
	自然发酵	—	—	—	—	—	—
异戊酸乙酯	植物乳植杆菌发酵	—	—	—	—	—	—
	自然发酵	—	—	—	—	—	2.429 ± 0.238^{Aa}
胡椒酮	植物乳植杆菌发酵	4.691 ± 0.274^{Aa}	8.584 ± 0.705^{Aa}	—	8.354 ± 0.291^{Aab}	3.757 ± 0.263^{Bc}	7.495 ± 0.580^{ABb}
	自然发酵	10.005 ± 1.416^{Aab}	12.196 ± 2.627^{Aa}	4.276 ± 0.309^{Ac}	8.908 ± 0.164^{Ab}	8.311 ± 0.690^{Ab}	8.084 ± 0.137^{Ab}
甲基庚烯酮	植物乳植杆菌发酵	—	4.536 ± 0.553^{Ba}	—	—	—	—
	自然发酵	4.445 ± 0.925^{Aa}	5.409 ± 0.995^{ABa}	—	—	—	—
2-壬酮	植物乳植杆菌发酵	—	4.672 ± 0.696^{Aa}	—	—	—	—
	自然发酵	—	—	—	—	—	—
3-羟基-2-丁酮	植物乳植杆菌发酵	—	—	—	—	1.674 ± 0.061^{Aa}	—
	自然发酵	—	—	—	—	2.869 ± 0.264^{Aa}	3.172 ± 0.276^{Aa}
2-十一酮	植物乳植杆菌发酵	—	—	—	2.496 ± 0.092^{Ab}	3.668 ± 0.858^{Aa}	3.646 ± 0.224^{Aa}
	自然发酵	8.625 ± 1.549^{Ab}	13.902 ± 4.034^{Aa}	28.705 ± 4.821^{Ab}	—	—	—
乙酸	植物乳植杆菌发酵	—	—	10.557 ± 3.298^{Ab}	—	44.807 ± 5.819^{Ba}	—
	自然发酵	—	—	—	—	70.216 ± 10.530^{ABa}	61.399 ± 15.216^{Aa}

化合物	发酵方式						
己酸	植物乳植杆菌发酵	—	—	—	21.363 ± 6.304^{Aa}	19.614 ± 2.443^{Aa}	8.280 ± 0.800^{Ab}
	自然发酵	—	—	—	—	25.105 ± 3.942^{Aa}	—
正癸酸	植物乳植杆菌发酵	—	—	—	—	—	—
	自然发酵	—	—	—	6.934 ± 2.383^{Aa}	—	—
3-羟基月桂酸	植物乳植杆菌发酵	—	—	1.597 ± 0.2980^{Aa}	—	—	—
	自然发酵	—	—	—	—	—	—
茴香脑	植物乳植杆菌发酵	8.660 ± 0.500^{Aa}	14.479 ± 1.590^{Ba}	12.979 ± 6.654^{Aab}	16.662 ± 1.078^{Aa}	7.526 ± 1.012^{Bb}	13.185 ± 0.671^{Aab}
	自然发酵	18.197 ± 3.789^{Ab}	26.639 ± 7.795^{Ab}	9.362 ± 0.659^{Abc}	—	13.727 ± 1.777^{Abc}	12.362 ± 1.226^{Abc}
苯酚	植物乳植杆菌发酵	—	—	—	2.712 ± 0.306^{Aa}	1.990 ± 0.051^{Ab}	—
	自然发酵	—	—	—	3.352 ± 0.974^{Ab}	2.777 ± 0.298^{Ab}	7.651 ± 3.951^{Aa}
丁香酚	植物乳植杆菌发酵	3.200 ± 0.461^{Aa}	5.104 ± 0.238^{Bb}	6.996 ± 0.228^{Aa}	5.286 ± 0.193^{Bb}	2.319 ± 0.260^{Ac}	—
	自然发酵	7.676 ± 1.150^{Ab}	10.521 ± 2.561^{Aa}	3.202 ± 0.155^{Bb}	6.457 ± 0.338^{Ab}	—	3.799 ± 0.595^{Ac}
α-水芹烯	植物乳植杆菌发酵	0.887 ± 0.068^{Ab}	2.034 ± 0.205^{Aa}	—	—	—	—
	自然发酵	1.566 ± 0.259^{Ab}	2.013 ± 0.407^{Aa}	—	—	—	—
(E)-β-罗勒烯	植物乳植杆菌发酵	5.226 ± 0.364^{Aa}	10.751 ± 1.213^{Aa}	6.394 ± 0.107^{Ac}	10.380 ± 0.285^{Aa}	4.802 ± 0.037^{Bd}	8.218 ± 0.173^{Ab}
	自然发酵	7.018 ± 1.294^{Bb}	8.909 ± 2.013^{Aab}	4.283 ± 0.268^{Bc}	8.237 ± 0.357^{Bab}	10.459 ± 0.313^{Aab}	8.867 ± 0.465^{Aab}
1-石竹烯	植物乳植杆菌发酵	4.067 ± 0.106^{Ab}	8.552 ± 1.120^{Ab}	—	8.840 ± 0.140^{Ab}	4.614 ± 0.246^{Bc}	12.439 ± 1.543^{Aa}
	自然发酵	5.913 ± 2.568^{Ab}	—	3.320 ± 0.233^{Ac}	9.036 ± 0.811^{Bab}	—	8.154 ± 0.518^{Bab}

续表

风味物质	组别	不同阶段主要风味物质含量					
		0d	1d	8d	22d	52d	82d
胡椒烯	植物乳植杆菌发酵	13.369 ± 0.458^{Aa}	—	—	—	—	—
	自然发酵	—	—	—	—	—	—
β-红没药烯	植物乳植杆菌发酵	8.133 ± 0.212^{Ab}	9.458 ± 0.846^{Aa}	—	13.107 ± 0.972^{Ba}	5.044 ± 0.544^{Bc}	—
	自然发酵	10.863 ± 2.711^{Ab}	—	5.478 ± 0.545^{Ac}	15.129 ± 0.192^{Aa}	10.971 ± 1.839^{Ab}	—
γ-松油烯	植物乳植杆菌发酵	7.676 ± 1.150^{Bb}	10.521 ± 2.561^{Aa}	3.202 ± 0.155^{Ab}	6.457 ± 0.338^{Ab}	—	3.799 ± 0.595^{Ac}
	自然发酵	2.021 ± 0.215^{Ab}	2.362 ± 0.306^{Aa}	—	—	—	—

注：不同大写字母表示同一阶段，不同样本之间差异显著（$P<0.05$）；不同小写字母表示同一样本不同阶段之间差异显著（$P<0.05$）；"—"代表未检出。

（一）植物乳植杆菌发酵组发酵香肠挥发性风味物质分析

由表 3-11 可知，植物乳植杆菌发酵组发酵香肠在加工及贮藏阶段（0, 1, 8, 22, 52, 82d）共鉴定出 69 种挥发性风味物质，包括醇类（乙醇、正己醇、1- 辛烯 -3- 醇、香茅醇、3- 甲基 -1- 丁醇等 15 种）、醛类（己醛、苯甲醛、壬醛、苯乙醛等 11 种）、烷烃类（6- 甲基十八烷、十四烷 2 种）、酯类（苯乙酸乙酯、己酸乙酯、辛酸乙酯、壬酸乙酯、癸酸乙酯、棕榈酸乙酯、庚酸乙酯、戊酸乙酯等 23 种）、酮类（胡椒酮、甲基庚烯酮、2- 壬酮、3- 羟基 -2- 丁酮、2- 十一酮 5 种）、酸类（乙酸、己酸、3- 羟基月桂酸 3 种）及其他（茴香脑、苯酚、丁香酚、α- 水芹烯等 10 种）。

植物乳植杆菌发酵组挥发性风味物质种类最多的是成熟阶段（45 种），最少的是腌制阶段（37 种）。成熟阶段（22d）的 1- 辛烯 -3- 醇、2- 甲基 -1- 十六烷醇、3- 甲基 -1- 丁醇、己醛、庚醛、苯乙醛、辛酸乙酯、癸酸乙酯及（E）-5- 庚烯酸乙酯含量达到最高，分别为 12.718，6.587，4.903，21.185，5.459，32.067，157.737，88.626，2.523AU/g。成熟时期发酵香肠的风味物质发生积累，香肠品质较好。

植物乳植杆菌发酵组中含量高的物质包括乙醇、α- 松油醇、芳樟醇、壬醛、苯甲醛、己醛（Hexanal）、辛酸乙酯及胡椒酮等。在加工及贮藏的 6 个阶段中均检测出乙醇，并且在腌制阶段（0d），乙醇含量最高，为 463.952AU/g，与其他 5 个阶段有显著区别（$P<0.05$）。这是因为腌制时为了让香肠口感更加香甜，肉质肥而不腻，额外加入 10g/kg 白酒，同时伴随植物乳植杆菌发酵，部分碳水化合物及糖类产生部分乙醇，进而乙醇含量升高。一些由于外加辅料而出现的挥发性风味物质（α- 松油醇、芳樟醇、胡椒烯及茴香脑）在 6 个阶段均有检出，主要来源是外源添加的辅料。研究表明，α- 松油醇和芳樟醇有很强的抑菌作用（Park 等，2012 年）。香肠在加工及贮藏过程中，均检测出较高含量的壬醛，研究表明仅 0.50μL/mL 的壬醛即可对黄曲霉孢子的萌发产生抑制作用（Qian 等，2021 年）。在腌制阶段（0d），植物乳植杆菌发酵组己醛含量为 4.651AU/g，显著高于自然发酵组（$P<0.05$）。在成熟阶段（22d），己醛含量达到最大值，为 21.185AU/g，显著高于自然发酵组（$P<0.05$）。有学者研究表明，己醛被描述为青草味，对香肠果香味贡献大，己醛可以抑制部分酶的活性，延缓脂肪酸不饱和度的下降，推迟食品的氧化褐变，这可能是植物乳植杆菌可以在一定程度上抑制脂肪发生过度氧化的原因。

（二）自然发酵组香肠挥发性风味物质分析

如表 3-11 所示，与植物乳植杆菌发酵组比较，自然发酵组香肠鉴定的风味物质种类最少，在加工及贮藏阶段（0, 1, 8, 22, 52, 82d）共鉴定出 60 种挥发性风味物质，包括醇类（乙醇、正己醇、1- 辛烯 -3- 醇、芳樟醇等 11 种）、醛类（己醛、庚醛、苯甲醛等 11 种）、烷烃类（十四烷 1 种）、酯类（辛酸乙酯、壬酸乙酯、乙酸松油酯、癸酸乙酯等 21 种）、酮类（胡椒酮、甲基庚烯酮、3- 羟基 -2- 丁酮、2- 十一酮 4 种）、酸类（乙酸、己酸、正癸酸 3 种）及其他风味物质（茴香脑、苯酚、丁香酚等 9 种）。

自然发酵组香肠在加工及贮藏的 6 个阶段中，挥发性风味物质种类最多的是成熟阶段（22d，43 种），最少的是发酵阶段（1d，29 种）。与植物乳植杆菌发酵组相比，没有含量特别突出的风味物质。可以看出添加乳酸菌可以改善发酵香肠的风味。

（三）植物乳植杆菌和自然发酵组发酵香肠样本挥发性化合物相对含量变化

通过对比两组发酵香肠在加工及贮藏阶段的风味物质相对含量变化，可以更直观地看出每组发酵香肠中的风味物质占比及变化趋势。如彩图 3-8 所示，两组发酵香肠的醇、酯、醛类物质在 6 个阶段中均有检出，从占比情况来看，风味物质主要为醇、酯以及醛类。3 组香肠的风味物质种类数整体呈现先上升后下降的趋势，其中成熟阶段风味物质种类最多，风味相对较好。植物乳植杆菌发酵组中，成熟阶段风味物质种类数最多，为 45 种，其中醇、酸、酮、酯、醛类及其他占比分别为 23%、2%、2%、40%、19%、14%，烷烃类物质未检出，而酯类物质积累最多，是发酵香肠的重要风味物质。风味物质种类有明显变化的阶段主要集中在干燥到贮藏阶段。这一阶段由于微生物的代谢作用，风味物质开始逐步积累。自然发酵组中，醇类、酮类及烷烃类物质含量有下降的趋势，而酯类物质含量明显增加，形成自然发酵香肠风味。

（四）不同组别香肠挥发性化合物相对气味活度值变化

相对气味活度值（ROAV）可以评价各化合物对样品总体风味的贡献。计算公式为：

$$ROAV_i = 100 \times C_i/C_{stan} \times T_{stan}/T_i \qquad (3-2)$$

式中　$ROAV_i$——某挥发性风味物质 i 的相对气味活度值；

　　　C_i——某挥发性风味物质的相对含量；

　　　T_i——某挥发性成分的嗅觉阈值；

　　　T_{stan}——气味贡献最大挥发性风味物质的阈值；

　　　C_{stan}——气味贡献最大挥发性风味物质的相对含量。

定义对样品整体香味贡献最大的物质 ROAV=1.00；ROAV ≥ 1.00 的挥发性化合物为样品的关键风味化合物，0.10 ≤ ROAV < 1.00 的挥发性化合物对样品

的总体风味具有重要的修饰作用（Kuczynski 等，2011 年）。

发酵香肠风味物质种类较多，通过计算 ROAV 可以更清楚地确定不同风味物质对发酵香肠风味的贡献情况。如表 3-12 所示，分析特征性挥发性风味物质共 27 种，其中，对发酵香肠样品贡献主要风味的关键风味化合物（ROAV ≥ 1.00）有 14 种，分别是正己醛、1- 辛烯 -3- 醇、正庚醛、（E）-2-辛烯醛、壬醛、（E）- 壬烯醛、癸醛、2- 十一烯醛、辛酸乙酯、1- 壬醇、丁酸乙酯、正己酸乙酯、苯乙醛和苯酚。对发酵香肠样品总体风味有重要修饰作用的风味化合物（0.10 ≤ ROAV < 1.00）有 7 种，分别是 1- 辛醇、苯甲醛、十一醛、癸酸乙酯、3, 7- 二甲基 -1, 3, 6- 辛三烯、戊酸乙酯和 3- 羟基 -2- 丁酮。这些关键风味物质和重要修饰成分共同构成了发酵香肠的特征风味。

表 3-12　　　　　　　发酵香肠不同阶段主要风味物质 ROAV

风味物质	化学式	组别	不同阶段 ROAV					
			0d	1d	8d	22d	52d	82d
正己醇（1-Hexanol）	$C_6H_{14}O$	植物乳植杆菌发酵	0.007	0.013	0.037	0.006	0.019	0.013
		自然发酵	0.005	0.008	0.019	0.018	—	—
1- 辛烯 -3- 醇（1-Octen-3-ol）	$C_8H_{16}O$	植物乳植杆菌发酵	10.961	11.915	14.005	4.047	19.764	15.394
		自然发酵	7.638	11.001	23.459	19.128	17.900	15.854
正庚醇（1-Heptanol）	$C_7H_{16}O$	植物乳植杆菌发酵	0.006	0.008	0.015	0.001		
		自然发酵	—					
1- 辛醇（1-Octanol）	$C_8H_{18}O$	植物乳植杆菌发酵	0.108	0.086	0.107	0.018	0.064	—
		自然发酵	0.077	0.079				
正己醛（Hexanal）	$C_6H_{12}O$	植物乳植杆菌发酵	2.386	1.074	1.233	1.369	1.253	
		自然发酵	0.633	0.720	2.023	4.969	0.879	—
正庚醛（Heptanal）	$C_7H_{14}O$	植物乳植杆菌发酵	1.575	1.793	1.746	0.578	2.165	1.937
		自然发酵	1.008	1.034	1.855	2.280	1.722	1.462

续表

风味物质	化学式	组别	不同阶段 ROAV					
			0d	1d	8d	22d	52d	82d
苯甲醛（Benzaldehyde）	C_7H_6O	植物乳植杆菌发酵	0.044	0.109	0.163	0.035	0.170	0.175
		自然发酵	0.024	0.048	0.279	0.204	0.074	0.085
（E）-2-辛烯醛［（E）-2-Octenal］	$C_8H_{14}O$	植物乳植杆菌发酵	1.453	—	2.088	—	1.455	—
		自然发酵	—	—	—	—	—	0.990
壬醛（1-Nonanal）	$C_9H_{18}O$	植物乳植杆菌发酵	81.902	84.677	78.656	20.979	86.754	86.673
		自然发酵	54.534	50.452	85.531	90.548	82.565	70.492
（E）-壬烯醛［（E）-Nonenal］	$C_9H_{16}O$	植物乳植杆菌发酵	1.539	1.414	2.924	0.582	2.083	1.989
		自然发酵	0.794	—	2.441	2.625	1.369	1.259
癸醛（Decanal）	$C_{10}H_{20}O$	植物乳植杆菌发酵	100.000	100.000	100.000	100.000	100.000	100.000
		自然发酵	100.000	100.000	100.000	100.000	100.000	100.000
十一醛（Undecanal）	$C_{11}H_{22}O$	植物乳植杆菌发酵	0.416	0.429	—	—	—	—
		自然发酵	0.414	—	—	—	—	—
2-十一烯醛（2-Undecenal）	$C_{11}H_{20}O$	植物乳植杆菌发酵	4.014	—	7.676	—	—	—
		自然发酵	2.882	—	—	—	—	—
癸酸乙酯（Ethyl caprate）	$C_{12}H_{24}O_2$	植物乳植杆菌发酵	54.650	90.375	3.345	19.209	17.712	29.676
		自然发酵	2.968	98.518	6.825	11.577	19.295	25.227
棕榈酸乙酯（Ethyl palmitate）	$C_{18}H_{36}O_2$	植物乳植杆菌发酵	0.017	0.020	0.115	0.024	0.013	0.012
		自然发酵	0.001	0.002	0.002	0.003	0.003	0.002
3,7-二甲基-1,3,6-辛三烯（3,7-Dimethyl-1,3,6-octatriene）	$C_{10}H_{16}$	植物乳植杆菌发酵	0.394	0.511	0.295	0.097	0.397	0.310
		自然发酵	0.234	0.381	0.505	0.381	0.437	0.332

续表

风味物质	化学式	组别	不同阶段 ROAV					
			0d	1d	8d	22d	52d	82d
1-壬醇 （1-Nonanol）	C₉H₂₀O	植物乳植杆菌发酵	—	21.608	39.239	—	11.343	—
		自然发酵	—	—	9.851	13.043	—	—
丁酸乙酯 （Ethyl butyrate）	C₆H₁₂O₂	植物乳植杆菌发酵	—	3.952	—	—	—	—
		自然发酵	—	—	—	—	—	—
正己酸乙酯 （Ethyl caproate）	C₈H₁₆O₂	植物乳植杆菌发酵	—	1.722	2.732	1.078	4.379	4.697
		自然发酵	—	—	4.194	4.492	4.419	4.235
甲基庚烯酮 （6-Methyl-5-hepten-2-one）	C₈H₁₄O	植物乳植杆菌发酵	—	0.108	—	—	—	—
		自然发酵	0.074	0.116	—	—	—	—
戊酸乙酯 （Ethyl valerate）	C₇H₁₄O₂	植物乳植杆菌发酵	—	—	0.082	0.044	0.201	0.214
		自然发酵	—	—	0.154	0.159	0.192	0.200
己酸 （Hexanoic acid）	C₆H₁₂O₂	植物乳植杆菌发酵	—	—	0.007	0.001	0.005	—
		自然发酵	—	—	—	0.008	—	—
3-甲基-1-丁醇（3-methyl-1-butanol）	C₅H₁₂O	植物乳植杆菌发酵	—	—	—	0.389	—	—
		自然发酵	—	—	—	1.714	—	—
苯乙醛 （Phenylacetaldehyde）	C₈H₈O	植物乳植杆菌发酵	—	—	—	2.547	—	—
		自然发酵	—	—	—	11.893	—	—
苯乙酸乙酯 （Phenylacetic acid ethyl ester）	C₁₀H₁₂O₂	植物乳植杆菌发酵	—	—	—	0.007	0.026	0.031
		自然发酵	—	—	—	0.031	0.010	0.022
苯酚（Phenol）	C₆H₆O	植物乳植杆菌发酵	—	—	—	1.317	8.586	—
		自然发酵	—	—	—	8.039	6.075	14.089
3-羟基-2-丁酮（3-Hydroxy-2-butanone）	C₄H₈O₂	植物乳植杆菌发酵	—	—	—	—	0.086	—
		自然发酵	—	—	—	0.123	—	—

注："—"代表物质未检出。

　　分析 ROAV 变化发现，十一醛、2- 十一烯醛、甲基庚烯酮主要在发酵前期出现，可能是香肠自身原辅料的香味物质，或者通过植物乳植杆菌的初步代谢作用产生。而正己酸乙酯、戊酸乙酯、苯乙酸乙酯、苯酚及 3- 羟基 -2- 丁酮主要在发酵后期出现，说明后期经过微生物代谢作用产生了更多的酯类物质，酯类物质对香肠独特风味的形成具有重要作用。植物乳植杆菌发酵组的 1- 辛烯 -3- 醇、辛酸乙酯、正己醛的 ROAV 较高，形成植物乳植杆菌组香肠的独特风味。植物乳植杆菌发酵组鉴定出了 6 种独有的风味物质，包括正庚醇、1- 辛醇、（E）-2- 辛烯醛、2- 十一烯醛、癸酸乙酯、丁酸乙酯，表明添加植物乳植杆菌作为发酵剂可以增加醇、醛、酯类含量，其中正庚醇、（E）-2- 辛烯醛、2- 十一烯醛及丁酸乙酯的 ROAV 较高，为植物乳植杆菌发酵组香肠的关键性风味化合物，与自然发酵组有显著差异（$P<0.05$）。

三、发酵香肠游离氨基酸的变化

　　蛋白质分解作用对发酵肉制品风味的形成至关重要，有研究表明，微生物能够分解蛋白质产生小肽和游离氨基酸等物质，并促进风味的形成，而游离氨基酸也是重要的呈味物质，对发酵香肠的滋味有重要的贡献（党亚丽，2009）。

　　此外，研究表明，一些支链氨基酸（亮氨酸、缬氨酸、异亮氨酸）经斯特雷克尔降解可形成大量支链醛、醇类等，如具有果香味的 2- 甲基丁醛、3- 甲基丁醛、3- 甲基丁醇，3- 甲基丁醛与硫化物反应可生成类似培根香味的风味物质（Schmidt 等，1998；Helinck 等，2004）。苯丙氨酸也可以经斯特雷克尔降解生成具有苦杏仁、油桃等香气的苯甲醛（Pugliese 等，2010），此外，氨基酸也可经微生物转氨、脱氨以及脱羧作用生成醛、酸、醇和酯等芳香化合物（Visessanguan 等，2006；Cagno 等，2008）。不同发酵阶段发酵香肠中游离氨基酸含量如表 3-13 所示。

表 3-13	发酵香肠游离氨基酸含量（以 100g 计）		单位：mg	
分类	氨基酸	组别	时间 /d	
			0	82
鲜味氨基酸	天冬氨酸（Asp）	植物乳植杆菌发酵	—	15.82 ± 1.10[Aa]
		自然发酵	—	8.26 ± 1.22[Ab]
	谷氨酸（Glu）	植物乳植杆菌发酵	5.27 ± 0.76[Ba]	90.42 ± 4.96[Aa]
		自然发酵	4.38 ± 0.32[Ba]	82.73 ± 11.83[Aa]
甜味氨基酸	脯氨酸（Pro）	植物乳植杆菌发酵	—	10.74 ± 0.82[Ab]
		自然发酵	—	14.25 ± 2.05[Aa]

续表

分类	氨基酸	组别	时间 /d	
			0	82
甜味氨基酸	苏氨酸（Thr）	植物乳植杆菌发酵	36.91 ± 6.11^{Ba}	101.51 ± 6.00^{Aa}
		自然发酵	33.23 ± 0.86^{Ba}	79.65 ± 12.47^{Ab}
	丝氨酸（Ser）	植物乳植杆菌发酵	3.05 ± 0.53^{Ba}	9.90 ± 0.51^{Ab}
		自然发酵	2.75 ± 0.14^{Ba}	18.07 ± 2.37^{Aa}
	甘氨酸（Gly）	植物乳植杆菌发酵	6.17 ± 1.02^{Ba}	41.62 ± 2.37^{Aa}
		自然发酵	5.41 ± 0.24^{Ba}	36.8 ± 5.35^{Aa}
	丙氨酸（Ala）	植物乳植杆菌发酵	20.1 ± 3.06^{Ba}	106.45 ± 6.06^{Aa}
		自然发酵	17.34 ± 0.97^{Ba}	101.56 ± 14.68^{Aa}
苦味氨基酸	半胱氨酸（Cys）	植物乳植杆菌发酵	—	1.78 ± 0.08^{Aa}
		自然发酵	—	1.19 ± 0.21^{Ab}
	缬氨酸（Val）	植物乳植杆菌发酵	2.70 ± 1.03^{Ba}	46.44 ± 2.58^{Aa}
		自然发酵	2.18 ± 0.48^{Ba}	44.45 ± 6.29^{Aa}
	甲硫氨酸（Met）	植物乳植杆菌发酵	1.08 ± 0.26^{Bab}	37.63 ± 2.13^{Aa}
		自然发酵	0.87 ± 0.02^{Bb}	26.99 ± 3.93^{Ab}
	异亮氨酸（Ile）	植物乳植杆菌发酵	—	33.68 ± 1.85^{Aa}
		自然发酵	—	36.09 ± 5.32^{Aa}
	亮氨酸（Leu）	植物乳植杆菌发酵	2.57 ± 0.74^{Bab}	95.63 ± 5.29^{Aa}
		自然发酵	1.92 ± 0.21^{Bb}	83.71 ± 12.35^{Aa}
	酪氨酸（Tyr）	植物乳植杆菌发酵	2.87 ± 0.81^{Ba}	33.51 ± 1.73^{Aa}
		自然发酵	2.31 ± 0.18^{Ba}	10.37 ± 1.76^{Ab}
	苯丙氨酸（Phe）	植物乳植杆菌发酵	2.11 ± 1.67^{Bab}	87.01 ± 4.79^{Aa}
		自然发酵	0.94 ± 0.21^{Bb}	67.28 ± 10.25^{Ab}
	赖氨酸（Lys）	植物乳植杆菌发酵	28.45 ± 4.19^{Ba}	50.75 ± 3.04^{Aa}
		自然发酵	26.03 ± 0.71^{Ba}	63.24 ± 9.53^{Aa}
	组氨酸（His）	植物乳植杆菌发酵	1.35 ± 0.21^{Ba}	20.35 ± 1.04^{Ab}
		自然发酵	1.31 ± 0.09^{Ba}	26.24 ± 3.40^{Aa}
	精氨酸（Arg）	植物乳植杆菌发酵	3.19 ± 0.58^{Ba}	29.69 ± 1.64^{Aa}
		自然发酵	2.74 ± 0.25^{Ba}	30.46 ± 4.78^{Aa}
必需氨基酸（EAA）		植物乳植杆菌发酵	73.82 ± 13.97^{Ba}	452.65 ± 25.67^{Aa}
		自然发酵	65.17 ± 1.42^{Ba}	401.40 ± 60.14^{Aa}
非必需氨基酸（NEAA）		植物乳植杆菌发酵	42.00 ± 6.95^{Ba}	360.27 ± 20.27^{Aa}
		自然发酵	36.23 ± 1.89^{Ba}	329.91 ± 47.65^{Aa}
总的游离氨基（TAA）		植物乳植杆菌发酵	115.82 ± 20.92^{Ba}	812.92 ± 45.94^{Aa}
		自然发酵	101.41 ± 1.14^{Ba}	731.32 ± 107.79^{Aa}

注：不同大写字母表示同组不同阶段差异显著（$P<0.05$）；不同小写字母表示同阶段不同组差异显著（$P<0.05$）；"—"表示物质未检出。

如表 3–13 所示，在 0d，植物乳植杆菌发酵组的总游离氨基酸（TAA）、必需氨基酸（EAA）和非必需氨基酸（NEAA）含量高于自然发酵组（$P<0.05$）。各实验组的 Asp 和 Cys 均未被检测到，可能的原因是蛋白质分解程度较低，进而导致游离氨基酸浓度未达到仪器检出限未被仪器检测到。各实验组的 Glu、Gly、Thr、Ala 和 Lys 等呈味氨基酸的含量在腌制结束（0d）时占游离氨基酸总量的 80% 左右，且在植物乳植杆菌发酵组中的含量高于自然发酵组（$P<0.05$），这些氨基酸是发酵香肠重要的滋味物质，其中 Gly、Thr 和 Ala 等作为甜味氨基酸有助于提升产品的甜味，并且有研究表明 Ala 还可以与其他鲜味物质相互作用，共同提高产品的风味（王燕等，2013）。Glu 和 Lys 分别作为鲜味氨基酸和苦味氨基酸，有助于提升产品的鲜味和苦味。尽管一些苦味氨基酸经研究发现其含量过高会对发酵香肠的品质产生不利的影响，然而适当的苦味会增加产品呈味复杂性，有助于提升发酵香肠的整体风味（孙梦等，2016；Sforza 等，2001）。

发酵香肠经过一系列的加工过程，从原料肉到贮藏 82d，各实验组总游离氨基酸（TAA）的含量均显著增加（$P<0.05$），且植物乳植杆菌发酵组（8129.2mg/kg）> 自然发酵组（7313.2/kg），但各组发酵香肠的总游离氨基酸含量无显著差异（$P>0.05$）。可能的原因是香肠中的内源蛋白水解酶活性远高于乳酸菌发酵剂（王德宝等，2019）。发酵香肠中主要的游离氨基酸为 Glu、Thr、Ala、Leu 和 Phe，其次为 Gly、Val、Ile、Met 和 Lys，与腌制结束（0d）时相比，发酵后这些氨基酸含量均显著增加（$P<0.05$）。植物乳植杆菌发酵组的 Asp（158.2mg/kg）、Thr（1015.1mg/kg）、Met（376.3mg/kg）和 Tyr（335.1mg/kg）的含量显著高于自然发酵组（$P<0.05$）。这些氨基酸有助于提升产品的鲜味、甜味和苦味。植物乳植杆菌发酵组的 Phe（870.1mg/kg）含量显著高于自然发酵组（$P<0.05$）。Phe 能够通过微生物转化成苯甲醛，是发酵香肠典型的风味成分之一。植物乳植杆菌发酵组的 Val（464.4mg/kg）和 Leu（956.3mg/kg）的含量高于自然发酵组（$P<0.05$）。Leu 和 Val 等苦味氨基酸是一些风味化合物重要的前体支链氨基酸，在相应转氨酶及脱羧酶的作用下，可以生成 2- 甲基丁醛和 3- 甲基丁醛及 3- 甲基丁醇等风味物质。这些物质都是发酵香肠典型风味成分的主要组成之一（王德宝等，2019）。由上述可知，添加乳酸菌发酵剂可促进呈味氨基酸的释放，可改善发酵香肠的风味。

四、菌群结构与风味物质含量的相关性分析

通过高通量测序，选取 3 组腌制（0d）、发酵（1d）、干燥（8d）、成熟（22d）、贮藏（82d）阶段的样本进行发酵香肠菌群结构的测定，探究发酵香肠中微生物群落结构与风味物质相关性分析，研究微生物对香肠品质特性的影响规律。

基于上述实验，进行属水平的菌群结构和关键风味化合物分析，相关性采用 Spearman 等级相关系数，实验结果如彩图 3-9 所示。

可以看出，鉴定出的大部分属水平的菌群（嗜冷杆菌属、链球菌属、假单胞菌属、魏斯氏菌属及肠球菌属等）都与 1- 辛醇、十一醛、甲基庚烯酮、蛇麻烯、2- 十一烯醛、正辛醛、反 -2- 辛烯醛、棕榈酸乙酯、辛酸乙酯等风味物质的含量呈正相关。γ- 松油烯与土地杆菌属（*Pedobacter*）、粪肠球菌属、不动杆菌属和稳杆菌属（*Empedobacter*）之间呈显著正相关关系（$P<0.05$）。己酸乙酯与乳杆菌属呈极显著正相关（$P<0.01$），并且乳杆菌属与己醇、苯甲醛、癸酸乙酯、苯酚、戊酸乙酯、己酸、苯乙酸乙酯、反 -β- 罗勒烯、庚醛、壬醛、1- 辛烯 -3- 醇、3- 羟基 -2- 丁酮等均呈正相关关系。

鉴定出的大部分属水平的菌群（不动杆菌属、嗜冷杆菌属、稳杆菌属、链球菌属及假单胞菌属等）都与己酸乙酯、正己醇、苯甲醛、癸酸乙酯、苯酚、戊酸乙酯、己酸、苯乙酸乙酯等风味物质的含量呈负相关。正己醇、苯甲醛的含量与假单胞菌属、链球菌属、嗜冷杆菌属呈显著负相关（$P<0.05$）。苯酚、戊酸乙酯、己酸、苯乙醛、苯乙酸乙酯、3- 甲基 -1- 丁醇与不动杆菌属呈负相关（$P<0.05$）。

结果表明乳杆菌属与醇、醛、酸、酯、酚、酮类（己醇、壬醛、1- 辛烯 -3- 醇、苯甲醛、庚醛、己酸、己酸乙酯、癸酸乙酯、戊酸乙酯、苯乙酸乙酯、苯酚、3- 羟基 -2- 丁酮等）含量呈正相关。且乳杆菌属与己酸乙酯呈极显著正相关（$P<0.01$）。可能是因为发酵肉制品中乳杆菌属的细菌会通过发酵碳水化合物、蛋白质及脂肪等产生小分子物质，进而积累风味物质。己酸乙酯是短链脂肪酸，有菠萝香型的香气，阈值较低，对香肠风味有明显贡献。而大多数菌属（嗜冷杆菌属、链球菌属、假单胞菌属、魏斯氏菌属及肠球菌属等）都会直接或间接利用营养物质，在满足细菌生长代谢的同时产生醇、醛、酯类（1- 辛醇、十一醛、甲基庚烯酮、蛇麻烯、2- 十一烯醛、正辛醛、反 -2- 辛烯醛、棕榈酸乙酯、辛酸乙酯）等风味物质。

参考文献

［1］党亚丽 . 金华火腿和巴马火腿风味的研究［D］. 无锡：江南大学，2009.

［2］刘英丽，杨梓妍，万真，等 . 发酵剂对发酵香肠挥发性风味物质形成的作用及影响机制研究进展［J］. 食品科学，2021，42（11）：284-296.

［3］孙茂成，李艾黎，霍贵成，等 . 乳酸菌代谢组学研究进展［J］. 微生物学报，2012，39（10）：1499-1505.

［4］王德宝 . 发酵剂对发酵羊肉香肠蛋白质、脂质分解代谢及风味物质生成机制

影响的研究［D］.呼和浩特：内蒙古农业大学，2020.

［5］王国才，贺玖明.液相色谱质谱联用技术在临床检测和代谢研究中的应用进展［J］.国际检验医学杂志，2018，39（22）：2750-2755.

［6］王蔚新.酸鱼发酵过程中蛋白质降解及其风味形成机制研究［D］.无锡：江南大学，2017.

［7］赵丽华.羊肉发酵干香肠品质特性及挥发性风味变化及其形成机理研究［D］.呼和浩特：内蒙古农业大学，2009.

［8］张晓东.发酵香肠菌种的筛选及对香肠理化性质的影响［D］.长沙：湖南农业大学，2017.

［9］AMIRASLANI B，SABOUNI F，ABBASI S，et al. Recognition of betaine as an inhibitor of lipopolysaccharide-induced nitric oxide production in activated microglial cells［J］. Iranian biomedical journal，2012，16（2）：84-89.

［10］CAGNO R D，LÒPEZ C C，TOFALO R，et al. Comparison of the compositional，microbiological，biochemical and volatile profile characteristics of three Italian PDO fermented sausages［J］. Meat Science，2008，79（2）：224-235.

［11］FIEHN O. Combining genomics，metabolome analysis，and biochemical modelling to understand metabolic networks［J］. Comparative and Functional Genomics，2001，2（3）：155-168.

［12］HELINCK S，LE BARS D，MOREAU D，et al. Ability of thermophilic lactic acid bacteria to produce aroma compounds from amino acids［J］. Applied and Environmental Microbiology，2004，70（7）：3855-3861.

［13］KAREN M. Using metabolomics to decipher probiotic effects in patients with irritable bowel syndrome［J］. Journal of clinical gastroenterology，2011，45（5）：389-390.

［14］KUCZYNSKI J，STOMBAUGH J，WALTERS WA，et al. Using QIIME to analyze 16S rRNA gene sequences from microbial［J］. Current Protocols in Bioinformatics，2011，10（7）：1-20.

［15］MALACHOVA A，STRANSKA M，VACLAVIKOVA M，et al. Advanced LC-MS-based methods to study the co-occurrence and metabolization of multiple mycotoxins in cereals and cereal-based food［J］. Analytical and bioanalytical chemistry，2018，410（3）：801-825.

［16］MARTIN L，CÓRDOBA J J，VENTANAS J，et al. Changes in intramuscular lipids during ripening of Iberian dry-cured ham［J］. Meat Science，1999，51（2）：129-134.

［17］MASHEGO MR，RUMBOLD K，DE MEY M，et al. Microbial metabolomics：

past, present and future methodologies [J] . Biotechnology Letters, 2007, 29 (1): 1–16.

[18] MAZZEI P, PICCOLO A.1 HHRMAS–NMR metabolomic to assess quality and traceability of mozzarella cheese from Campania buffalo milk [J] . Food Chemistry, 2011, 132 (3): 1620–1627.

[19] MICHAEL LEVER, SANDY SLOW. The clinical significance of betaine, an osmolyte with a key role in methyl group metabolism [J] . Clinical Biochemistry, 2010, 43 (9): 732–744.

[20] NICHOLSON J K, LINDON J C, HOLMES E. "Metabonomics": understanding the metabolic responses of living systems to pathophysiological stimuli via multivariate statistical analysis of biological NMR spectroscopic data [J] . Xenobiotica, 1999, 29 (11): 1181–1189.

[21] NIETO G, BAÑÓN S, GARRIDO M D. Effect of supplementing ewes' diet with thyme (*Thymus zygis* ssp. *gracilis*) leaves on the lipid oxidation of cooked lamb meat [J] . Food Chemistry, 2011, 125 (4): 1147–1152.

[22] PARK SN, LIM YK, FREIRE MO, et al. Antimicrobial effect of linalool and α–terpineol against periodontopathic and cariogenic bacteria [J] . Anaerobe, 2012, 18 (3): 369–372.

[23] PATTI G J, YANES O, SIUZDAK G. Innovation: Metabolomics: the apogee of the omics trilogy[J]. Nature reviews Molecular cell biology, 2012, 13(4): 263–269.

[24] PUGLIESE C, SIRTORI F, CALAMAI L, et al. The evolution of volatile compounds profile of "Toscano" dry–cured ham during ripening as revealed by SPME–GC–MS approach [J] . Journal of Mass Spectrometry, 2010, 45 (9): 1056–1064.

[25] QIAN L, XIAOMAN Z, YINLI X, et al. Antifungal properties and mechanisms of three volatile aldehydes (octanal, nonanal and decanal) on aspergillus flavus [J] . Grain and Oil Science and Technology, 2021, 4(3): 131–140.

[26] RODRIGUES D, SANTOS CH, ROCHA–SANTOS TAP, et al. Metabolic profiling of potential probiotic orsynbiotic cheeses by nuclear magnetic resonance (NMR) spectroscopy [J] . The Journal of Agricultural and Food Chemistry, 2011, 59 (9): 4955– 4961.

[27] SCHILLINGER U. Antibacterial activity of *Lactobacillus sake* isolated from meat [J] . Applied and environmental microbiology, 1989, 55 (8): 1901–1906.

[28] SCHMIDT S, BERGER R G. Aroma compounds in fermented sausages of different origins [J] . LWT – Food Science and Technology, 1998, 31 (6): 559–567.

[29] SUI L, DONG Y, WATANABE Y, et al. The inhibitory effect and possible mechanisms of D–allose on cancer cell proliferation [J] . International Journal of Oncology, 2005, 27 (4): 907–912.

[30] TAMANG J P. Biochemical and modern identification techniques, microfloras of fermented foods [M] // RICHARD K ROBINSON, CARL A BATT, PRADIP D PATEL. Encycl Food Microbiol. Pittsburgh: Academic Press, 1999: 249–252.

[31] TOLDRA F. Proteolysis and lipolysis in flavour development of dry–cured meat products [J] . Meat science, 1998, 49: S101–S110.

[32] VESTERGAARD C S, SCHIVAZAPPA C, VIRGILI R. Lipolysis in dry–cured ham maturation [J] . Meat Science, 2000, 55 (1): 1–5.

[33] VIANT M R, SOMMER U. Mass spectrometry based environmental metabolomics: a primer and review [J] . Metabolomics, 2013, 9 (1): 144–158.

[34] VISESSANGUAN W, BENJAKUL S, SMITINONT T, et al. Changes in microbiological, biochemical and physico–chemical properties of Nham inoculated with different inoculum levels of *Lactobacillus curvatus* [J] . LWT – Food Science and Technology, 2006, 39 (7): 814–826.

发酵肉制品中功能乳酸菌的筛选及生物学特性分析

目前发酵食品微生物多样性的研究以及有益微生物的分离、筛选及其生物学特性分析是众多学者研究的热点。传统发酵肉制品中的微生物资源丰富。内蒙古农业大学肉品科学与技术团队从内蒙古、西藏和新疆采集了有代表性的传统发酵肉制品 14 种，进行乳酸菌分离，采用生理生化实验、细菌形态特征以及 16S rDNA 序列分析对目标菌株进行鉴定。根据产酸能力、耐盐特性、耐亚硝酸盐特性、降胆固醇能力、产脂肪酶能力、抑菌能力等生物学特性筛选功能特性良好的乳酸菌，为开发肉制品发酵剂筛选性能优良的菌株奠定基础。

第一节　乳酸菌的分离和生物学鉴定

乳酸菌（Lactic acid bacteria，LAB）是一类通过发酵糖类物质产生乳酸的细菌的总称。乳酸菌广泛存在于自然界中，有 150 多个种。在对乳酸菌进行分离、鉴定时，可以通过细胞形态和发酵类型先将乳酸菌进行分类，然后再依据生理生化特性对其进行简单的鉴定。在通过生理生化实验鉴定细菌面临困难时，16S rDNA 序列同源性分析就凸显出了其显著的优越性。16S rDNA 序列同源性分析可以直接对样品中的细菌进行鉴定，而无需进行纯化培养。对一些生长缓慢的细菌，或生化实验表型介于两个物种之间的菌株，在生化反应不能给出明确结果的情况下，16S rDNA 序列同源性分析提供了一种准确、快速的鉴定方法（Woo 等，2001；Woo 等，2002）。

一、乳酸菌的分离

取内蒙古、西藏和新疆地区有代表性的自然风干肉 5g 在无菌条件下研磨至粉末状，溶于 45mL 生理盐水中，充分振荡，采用梯度稀释平板涂布法。取 10^{-2}，10^{-3}，10^{-4} 3 个梯度的稀释样本各 150μL 分别涂布于 MRS 固体培养基上，37℃厌氧培养 48h（辛星等，2014；田建军，2006）。对培养基中有溶钙圈的单菌落进行反复纯化，获得纯的菌株，并对其进行过氧化氢酶实验、凝乳实验、革兰染色实验，判定其是否为乳酸菌（凌代文等，1999），部分菌株实验结果如表 4-1 所示。

表 4-1　　　　　　　　　乳酸菌菌落、细胞形态特征

菌株编号	凝乳时间 /h	菌落大小 /mm	钙圈大小 /mm	颜色	形状	隆起度	黏度	革兰染色实验	细胞形态	过氧化氢酶实验
1	38	1	2	白色	圆形	隆起	不黏稠	+	球菌	−
2	24	2	1	白色	圆形	微隆起	不黏稠	+	球菌	−

续表

菌株编号	凝乳时间 /h	菌落大小 /mm	钙圈大小 /mm	颜色	形状	隆起度	黏度	革兰染色实验	细胞形态	过氧化氢酶实验
3	12	1	1	白色	圆形	隆起	不黏稠	+	球菌	−
4	38	1	2	白色	圆形	隆起	不黏稠	+	球菌	−
5	24	1	1	白色	圆形	隆起	不黏稠	+	球菌	−
6	12	1	2	白色	圆形	隆起	不黏稠	+	球菌	−
7	38	1	2	白色	圆形	隆起	不黏稠	+	球菌	−
8	12	1	2	白色	圆形	隆起	不黏稠	+	球菌	−
9	12	1	1	白色	圆形	隆起	不黏稠	+	球菌	−
10	38	2	2	白色	圆形	隆起	不黏稠	+	球菌	−
11	38	2	2	白色	圆形	隆起	不黏稠	+	球菌	−
12	24	2	2	白色	圆形	微隆起	不黏稠	+	球菌	−
13	38	2	1	白色	圆形	隆起	不黏稠	+	链球菌	−
14	38	2	2	白色	圆形	隆起	不黏稠	+	链球菌	−
15	38	1	1	白色	圆形	隆起	不黏稠	+	球菌	−
16	38	1	<1	白色	圆形	隆起	不黏稠	+	球菌	−
17	38	1	<1	白色	圆形	隆起	不黏稠	+	杆菌	−
18	12	1	2	白色	圆形	隆起	不黏稠	+	球菌	−
19	24	1	<1	白色	圆形	中心隆起	不黏稠	+	杆菌	−
20	24	1	<1	白色	圆形	中心隆起	不黏稠	+	杆菌	−
21	24	1	1	白色	圆形	微隆起	不黏稠	+	球菌	−
22	38	2	1	白色	圆形	中心隆起	不黏稠	+	杆菌	−
23	12	1	1	白色	圆形	隆起	不黏稠	+	球菌	−
24	38	2	<1	白色	圆形	隆起	不黏稠	+	球菌	−
25	38	2	1	淡黄	圆形	隆起	不黏稠	+	球菌	−
26	38	1	1	淡黄	圆形	隆起	不黏稠	+	球菌	−
27	12	1	3	白色	圆形	隆起	不黏稠	+	链球菌	−
28	38	1	1	白色	圆形	隆起	不黏稠	+	球菌	−
29	38	2	2	白色	圆形	隆起	不黏稠	+	球菌	−
30	12	1	1	白色	圆形	隆起	不黏稠	+	球菌	−

注:"−"表示为阴性;"+"表示为阳性。

如表 4-1 所示，实验菌株的颜色均为白色，边缘整齐，菌落形状为近圆形，菌落大小分布在 1~2mm，多数隆起度为隆起，均不产黏液，大部分为不透明。脱脂乳培养基培养 12h，部分菌株开始凝乳，时间差异比较明显。根据凝乳时间可以看出乳酸菌的产酸速度快慢，凝乳时间越长，产酸速度越慢；凝乳时间越短，产酸速度越快。溶钙圈出现的原因是乳酸菌代谢过程中产生的乳酸可分解碳酸钙，根据钙圈有无及大小可以初步筛选出乳酸菌。革兰染色实验呈紫色的为革兰阳性菌（G⁺），红色的为革兰阴性菌（G⁻）。菌株形态呈现为球状、链球状或杆状。在所有实验菌株中，可初步判定有溶钙圈、革兰染色实验阳性、过氧化氢酶实验阴性的菌株为乳酸菌，选取。

二、乳酸菌的生物学鉴定

利用细菌基因组提取试剂盒，提取目标菌株 DNA，利用 16S rDNA 保守序列通用引物 27F 和 1492R 进行聚合酶链式反应（PCR）扩增（Cálix-Lara 等，2014；布坎南等，1984；徐建芬等，2017）：95℃预变性 7min，进行 35 个循环（95℃变性 30s，58℃退火 1min，72℃延伸 30s），72℃延伸 10min，PCR 所用引物序列的如表 4-2 所示，PCR 扩增体系用量如表 4-3 所示。

表 4-2　　　　　　　　　　PCR 所用引物的序列（5′→3′）

引物名称	序列
27F	AGAGTTTGATCCTGGCTCAG
1492R	CTACGGCTACCTTGTTACGA

表 4-3　　　　　　　　　　PCR 扩增体系用量

成分	体积 /μL
上游引物	1
下游引物	1
PCR 预混合溶液（PCR Mix）	12.5
基因组 DNA 模板	1
双重去离子水（ddH₂O）	9.5

（一）DNA 产物 PCR 前后电泳图谱对比分析

图 4-1（1）所示为部分菌株 DNA 产物琼脂糖凝胶电泳图谱，可见条带暗淡，原因可能为核酸浓度过低或者核酸随时间降解，实验对 DNA 产物进行 PCR

扩增，电泳条带结果表明，PCR 扩增后的电泳图谱条带明显比以前清晰明亮，如图 4–1（2）所示，说明 PCR 扩增后 DNA 的浓度有显著增加。

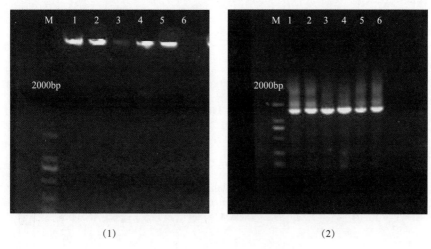

（1）　　　　　　　　　　　　　　　（2）

图 4–1　DNA 产物琼脂糖凝胶电泳图谱

（1）基因组 DNA 产物　（2）基因组 DNA PCR 扩增产物

（二）乳酸菌 16S rDNA 序列比对结果

对培养基中有溶钙圈的单菌落进行反复纯化，获得纯菌株，并对其进行过氧化氢酶实验，革兰镜检阳性菌株进行分子生物学鉴定，取实验菌株 DNA 的 PCR 产物 2.5μL，经 1% 琼脂糖凝胶电泳进行检测，在 1500bp 处有清晰条带的样本，种属鉴定结果如表 4–4 所示。

从 14 份样品中共分离出 101 株乳酸菌，经 16S rDNA 测序，同源序列对比分析，鉴定到 7 个属 14 个种。7 个属分别为乳杆菌属、柠檬酸杆菌属、明串珠菌属、肠球菌属、片球菌属、乳球菌属、魏斯氏菌属。14 个种的占比分别为植物乳植杆菌（20.34%）、瑞士乳杆菌（11.86%）、干酪乳酪杆菌（5.08%）、清酒广布乳杆菌（1.69%）、弗氏柠檬酸杆菌（3.39%）、肠膜明串珠菌（3.39%）、海氏肠球菌（3.39%）、肠球菌（6.78%）、粪肠球菌（8.47%）、屎肠球菌（18.64%）、戊糖片球菌（5.08%）、乳酸乳球菌（5.08%）、魏斯氏菌（5.08%）。

实验结果表明风干肉中乳酸菌种类繁多，其中植物乳植杆菌、瑞士乳杆菌、屎肠球菌、粪肠球菌是本次采集的样品中的优势菌株。植物乳植杆菌和瑞士乳杆菌在食品发酵工业中已被广泛应用，可见自然发酵肉制品中的微生物资源丰富，是分离、筛选肉制品发酵剂的微生物菌种的良好来源。样品中的魏斯菌属、路德维希肠杆菌（*Enterobacter ludwigii*）、沙雷氏菌属中多数菌种为有害菌，可能来源于肉制品原料本身，或来源于自然发酵过程中环境、器具等的污染。由此可见自然发酵肉制品存在一定的安全隐患，应当引起广大肉制品科研及生产工作者的关注。

表4-4　　乳酸菌16S rDNA序列同源性比对种属鉴定结果

序号	菌株编号	相似菌株	种	相似度	占比%
1	WE-57	*L. plantarum* JCM 1149	植物乳植杆菌	100.00%	20.34
2	植	*L. plantarum* NRRL B-14768		100.00%	
3	WE57-1T	*L. plantarum* JCM 1149		99.79%	
4	TE5302	*L. plantarum* FM02		99.93%	
5	1-3-ET7304	*L. plantarum* FM02		99.86%	
6	1-3-E7304	*L. plantarum* CAM7		100.00%	
7	36T	*L. pentosus* TSGB1150		100.00%	
8	05.9.8.3	*L. plantarum* TSGB1258		100.00%	
9	E7301-1	*L. plantarum* Sourdough_B16		99.93%	
10	E7304	*L. plantarum* NOS 7315		99.93%	
11	WE29-2T	*L. plantarum* ZFM4		99.93%	
12	05.97-21	*L. plantarum* LMG4 16S		99.93%	
13	8-3-05.9	*L. pentosus* NMB3		100.00%	
14	XC-7-3-1	*L. plantarum* IMAU10168		99.86%	
15	ET7301	*L. plantarum* LLY-606		100.00%	
16	X31	*L. plantarum* PS 7317		99.93%	
17	TR13	*L. helveticus* NM143-4	瑞士乳杆菌	100.00%	11.86
18	RB26-1-3	*L. helveticus* NM143-4		100.00%	
19	TF122-1	*L. helveticus* NM143-4		100.00%	
20	TE2401	*L. helveticus* NM143-4		100.00%	
21	WE32-2	*L. helveticus* NM143-4		99.93%	
22	WE33-2T	*L. helveticus* NM143-4		99.73%	
23	WE43-1-3	*L. helveticus* NM143-4		99.93%	
24	TF6301	*L. helveticus* NM52-1		99.79%	

续表

序号	菌株编号	相似菌株	种	相似度	占比 %
25	TF6304	*L. helveticus* NM52-1	瑞士乳杆菌	99.72%	11.86
26	TF3201	*L. helveticus* NM52-1		100.00%	
27	TF1302	*L. helveticus* NWAFU1546		99.93%	
28	TF1303	*L. helveticus* NWAFU1546		99.93%	
29	TB1402	*L. helveticus* NWAFU1496		100.00%	
30	TE6401	*L. helveticus* H10		99.59%	
31	TF5301	*L. helveticus* H10		99.93%	
32	RQ3-1-7	*L. helveticus* H10		99.86%	
33	TE649	*L. helveticus* H10		100.00%	
34	1-6-F6302	*L. helveticus* H10		99.93%	
35	2-6301-1-2	*L. casei* ZFM54 chromosome	干酪乳酪杆菌	100.00%	5.08
36	TB3303-2	*L. helveticus* NWAFU1348		99.93%	
37	B3303-2	*L.casei* 029		99.93%	
38	F2301-1-5	*L.casei* 029		99.93%	
39	4-2	*L. sakei* LZ217	清酒广布乳杆菌	100.00%	1.69
40	4-5	*L. sakei* ZFM220		99.93%	
41	TR2-1-24	*C. freundii* HM38	弗氏柠檬酸杆菌	99.93%	3.39
42	TR2-1-9	*C. freundii* FDAARGOS-549		99.79%	
43	RB4-1-5	*L. mesenteroides* SRCM103460	肠膜明串珠菌	100.00%	3.39
44	TR1-1-18	*L. mesenteroides* subsp. NM168-5		100.00%	
45	TR1-1-14	*L. mesenteroides* subsp. NM168-5		99.86%	
46	TR1-1-17	*L. mesenteroides* subsp. NM168-5		99.93%	
47	RB22-1-3	*E. hirae* NCTC12368	海氏肠球菌	100.00%	3.39
48	RB4-1-4	*E. hirae* NCTC12368		100.00%	
49	WE26-4-1T	*E. durans* IMAU10113	肠菌球	100.00%	6.78
50	5.9	*E. durans* IMAU10113		99.79%	
51	2	*E. durans* IMAU10113		99.86%	

续表

序号	菌株编号	相似菌株	种	相似度	占比 %
52	4–86	*E. durans* NM156-5	肠菌球	99.93%	6.78
53	5–1	*E. faecium* X315		99.93%	
54	2005.9–2	*E. durans* KLDS 6.0606		99.79%	
55	WE35–2–1T	*E. faecalis* TSGB1243	粪肠球菌	100.00%	8.47
56	RB37–1–5	*E. faecalis* TSGB1239		100.00%	
57	RB16–1–4	*E. faecalis* TSGB1239		100.00%	
58	RB4–1–3	*E. faecalis* FDAARGOS_528		100.00%	
59	RB25–1–1	*E. faecalis* FDAARGOS_528		99.86%	
60	WE51–3	*E. faecalis* RCB469		99.86%	
61	RB15–1–3	*E. faecalis* E.f		100.00%	
62	RB18–1–4	*E. faecalis* E.f		100.00%	
63	RB19–1–2	*E. faecalis* E.f		100.00%	
64	RB15–1–3	*E. faecalis* E.f		100.00%	
65	RB18–1–4	*E. faecalis* E.f		100.00%	
66	RB19–1–2	*E. faecalis* E.f		100.00%	
67	TR1–1–19	*E. faecium* Gr17 chromosome	屎肠球菌	100.00%	18.64
68	RQ3–1–18	*E. faecium* Gr17 chromosome		100.00%	
69	TR2–1–10	*E. faecium* Gr17 chromosome		99.86%	
70	RQ3–1–4	*E. faecium* HBUAS54216		99.93%	
71	TR2–1–20	*E. faecium* HBUAS52441		99.58%	
72	TR1–1–17	*E. faecium* partial		99.86%	
73	TR1–1–10	*Enterococcus* sp. W18		99.93%	
74	TR2–1–17	*E. durans* PON12		99.93%	
75	RQ3–1–1	*E. faecium* C1		99.21%	
76	RQ3–1–10	*E. faecium* gp80		75.77%	
77	RQ3–1–12	*E. faecium* FB-1		98.98%	
78	TR2–1–18	*E. faecium* 044		98.40%	

续表

序号	菌株编号	相似菌株	种	相似度	占比 %
79	TR2-1-23	*E. faecium* AUSMDU00004055	屎肠球菌	98.64%	18.64
80	RQ3-1-3	*E. lactis* GA4		99.79%	
81	TR2-1-21	*E. faecium* 020		100.00%	
82	TR2-1-4	*E. faecium* L703（LBF2）A04		98.81%	
83	TR2-1-14	*E. faecium* V24 chromosome		99.93%	
84	TR2-1-2	*E. faecium* GslIB2212		100.00%	
85	TR2-1-19	*Enterococcus* sp. M253		99.93%	
86	TR2-1-22	*E. faecium* SH 632		99.93%	
87	TR1-1-16	*E. ludwigii* B-5		99.68%	
88	TR14	*P. pentosaceus* NBRC 106014	戊糖片球菌	100.00%	5.08
89	L3-1	*P. pentosaceus* opq3		99.86%	
90	RQ3-1-8	*P. pentosaceus* SS1-3		100.00%	
91	TR1-1-1	*P. pentosaceus* SS1-3		100.00%	
92	L33	*P. pentosaceus* SS1-3		99.93%	
93	H79	*P. pentosaceus* FB058		99.93%	
94	BF1	*P. pentosaceus* OCPP3		100.00%	
95	RQ3-1-20	*L. lactis* RCB477	乳酸乳球菌	99.79%	5.08
96	RQ3-1-20	*L. lactis* subsp. *lactis* 14B4		99.86%	
97	TR1-1-4	*L. lactis* MNCS1		99.93%	
98	RB1-1-7	*W. confusa* HBUAS53373	魏斯氏菌	100.00%	5.08
99	RB2-1-2	*W. confusa* HBUAS54380		100.00%	
100	RB7-1-1	*W. confusa* HBUAS54214		100.00%	
101	RB36-1-3	*W. confusa* HBUAS54214		100.00%	

注：相似度 98.7% 作为 "种" 级临界值；94.5% 和 86.5% 分别作为 "属" 和 "科" 级临界值。

第二节　乳酸菌的筛选及其生物学特性分析

乳酸菌作为发酵剂应用于发酵肉制品，必须满足肉制品发酵剂的发酵生物学特性，才能保证发酵肉制品的品质及安全性。本节介绍基于对乳酸菌的产生物胺、耐盐、耐亚硝酸盐、抑菌以及降胆固醇能力的研究成果，筛选出具有优良生物学特性的菌株，并对筛选出的菌株进行产脂肪酶能力和产脂肪酶活力的定性测定，从而为发酵肉制品生产筛选出具有的优良特性的发酵剂。

一、产生物胺阴性乳酸菌菌株的筛选

生物胺是生物机体内正常的活性成分，少量的生物胺存在人机体内对机体细胞代谢、肠道免疫功能及神经系统有着促进作用，但是生物胺在人机体内积累过量，就会对人体产生毒害作用。几乎所有的食物中都含有生物胺，只是浓度不同。一般蛋白质含量较高的发酵食品中生物胺含量较高，如发酵鱼制品、发酵肉制品、发酵酒（米酒）、发酵乳制品（干酪）等（翟钰佳，2019）。根据结构，生物胺可以分为 3 类：脂肪族（腐胺、尸胺、精胺、亚精胺等）、杂环族（组胺、色胺等）和芳香族（酪胺、苯乙胺等）；根据组成可分为单胺（酪胺、苯乙胺等）、二胺（尸胺、腐胺等）和多胺（精胺、亚精胺等）（姜维，2014）。在食品中最常见的生物胺有 8 种，分别是组胺、腐胺、尸胺、精胺、酪胺、色胺、苯乙胺、亚精胺（翟钰佳，2019）。其中，组胺对人类健康影响最大，其次是酪胺。研究发现，组胺摄入过多会引起头痛、反胃、心律不齐、腹泻不止、血压偏高或者偏低等不良现象，严重会引起死亡（Naila，2010）。酪胺可以使血液中去甲肾上腺素的浓度增加，像血管收缩剂一样间接引起头疼和高血压（朱成龙，2013）。腐胺、尸胺、精胺和亚精胺没有明确的危害健康的作用，但是它们与氮结合会产生亚硝酸盐，能反映食品的腐败程度，它们的存在也会加强酪胺和组胺的毒性（孟甜，2010）。苯乙胺和色胺可以影响神经和血管系统（朱成龙，2013）。

发酵肉制品加工过程中，乳酸菌会产生氨基酸脱羧酶，使发酵肉制品中的游离氨基酸脱羧，产生生物胺（Santos 等，1996）。因此，生物胺也是影响发酵肉制品安全性的重要因素之一。如何降解发酵肉制品中已有的生物胺已成为近年来的研究热点。有研究表明，添加植物乳植杆菌菌株 PL-ZL001 可抑制发酵肉制品中色胺、腐胺、尸胺、组胺、酪胺和精胺 6 种生物胺的积累，尤其是对毒性最大的组胺含量的控制效果显著优于商业用木糖葡萄球菌（牛天娇等，2019），其中混合发酵剂要优于单一发酵剂（高文霞，2007）。另有研究表明，把乳酸菌应用于黄酒酿造中，能有效降低黄酒中生物胺的含量（徐建芬等，2017）。在发酵蔬菜体系中，用乳酸菌进行发酵，组胺和酪胺的产生量均小于40mg/L（田丰伟，2010）。国外有研究表明，葡萄糖和乳糖都能抑制乳酸乳球菌亚种导致的腐胺生物合成（Del Rio等，2015）。

为了降低发酵肉制品中生物胺的含量，保障发酵肉制品的质量安全，内蒙古农业大学肉品科学与技术团队从前期实验分离获得的瑞士乳杆菌、植物乳植杆菌、干酪乳酪杆菌、清酒广布乳杆菌、戊糖片球菌中选取在24h内能够凝乳的59株乳酸菌，继续活化3代，挑取菌液划线于产生物胺固体培养基上，37℃培养4d后，对产生物胺阴性菌株进行筛选实验结果如表4-5所示。其中30株乳酸菌属于产生物胺阴性菌株，包括植物乳植杆菌13株、瑞士乳杆菌8株、干酪乳酪杆菌3株、清酒广布乳杆菌2株、肠膜明串珠菌2株、戊糖片球菌5株和标准菌株2株。

表 4-5　　　　　　　　　产生物胺阴性乳酸菌菌株的筛选

序号	类别	菌株编号	产生物胺情况			
			精氨酸	组氨酸	酪氨酸	赖氨酸
1	标准菌株	肉葡萄球菌（JC6069）	-	-	-	-
2		木糖葡萄球菌（NCT11043）	-	-	-	-
3	植物乳植杆菌	WE-57	-	-	-	-
4		TE5302	-	-	-	-
5		36T	-	-	-	-
6		E7301-1	-	-	-	-
7		1-3-E7304	-	-	-	-
8		WE29-2T	-	-	-	-
9		05.97-21	-	-	-	-
10		05.9.8.3	-	-	-	-
11		8-3-05.9	-	-	-	-
12		XC-7-3-1	-	-	-	-
13		X31	-	-	-	-
14		E7304	-	-	-	-
15		ET7301	-	-	+	+

续表

序号	类别	菌株编号	产生物胺情况			
			精氨酸	组氨酸	酪氨酸	赖氨酸
16	瑞士乳杆菌	TE2401	–	–	–	–
17		TF6301	–	–	–	–
18		TF1302	–	–	–	–
19		TE6401	–	–	–	–
20		TB1402	–	–	–	–
21		TR13	–	–	–	–
22		TE649	+	+	–	–
23		TD4401	–	–	–	–
24	干酪乳酪杆菌	2–6301–1–2	–	–	–	–
25		TB3303–2	–	–	–	–
26		B3303–2	–	–	–	–
27	清酒广布乳杆菌	4–2	–	–	–	–
28		4–5	–	–	–	+
29	弗氏柠檬酸杆菌	TR2–1–24	+	–	–	+
30		TR2–1–9	+	–	–	+
31	肠膜明串珠菌	RB4–1–5	–	–	–	–
32		TR1–1–14	–	–	–	–
33	肠球菌	WE26–1–4	–	–	+	+
34		4–86	–	–	–	+
35		2005.9–2	–	+	–	+
36	粪肠球菌	WE35–2–1	+	–	–	+
37		RB4–1–3	+	–	–	+
38		WE51–3	+	–	+	+
39		RB15–1–3	+	–	+	–
40	屎肠球菌	TR1–1–9	–	–	+	+
41		RQ3–1–4	–	–	+	+
42		TR2–1–20	–	–	+	–
43		TR1–1–17	–	–	+	+

续表

序号	类别	菌株编号	产生物胺情况			
			精氨酸	组氨酸	酪氨酸	赖氨酸
44	屎肠球菌	TR1-1-10	–	–	+	+
45		TR2-1-17	–	–	+	+
46		RQ3-1-1	–	+	–	–
47		RQ3-1-10	+	–	–	+
48		RQ3-1-12	+	–	–	+
49		TR2-1-18	+	–	–	+
50		TR2-1-23	–	–	+	+
51		RQ3-1-3	–	–	–	+
52		TR2-1-21	–	–	+	+
53		TR2-1-4	+	–	–	–
54		TR2-1-14	–	–	+	+
55	戊糖片球菌	TR14	–	–	–	–
56		L3-1	+	–	+	–
57		RQ3-1-8	–	–	–	–
58		H79	–	–	–	–
59		BF1	+	–	+	–
60	乳酸乳球菌	RQ3-1-20	+	–	–	+
61		TR1-1-4	+	–	–	+

注："＋"为产生物胺阳性，"－"为产生物胺阴性。

二、乳酸菌的耐受性和抑菌性筛选

（一）乳酸菌的耐受性筛选

1. 耐盐乳酸菌菌株的筛选

食盐是肉制品加工时不可或缺的添加成分，添加食盐能有效增加肉制品的风味，同时也可以提高蛋白质的结合力，优化肉制品质构，一定浓度的食盐还可以抑制腐败菌的生长，减少微生物酶对蛋白质的分解。亚硝酸盐也是加工肉制品中经常添加的成分之一，因为该物质对肉毒梭状芽孢杆菌具有独特的抑制作用。亚硝酸盐同时也是发酵肉制品中重要的发色物质（Hugas 等，1997；

Papamanoli 等，2003）。一般香肠类肉制品中食盐的添加量为 20~30g/kg，而亚硝酸盐根据 GB 2760—2011《食品安全国家标准　食品添加剂使用标准》的相关规定，发酵肉制品中可以添加不得超过 150mg/kg，残留量不超过 30mg/kg 的亚硝酸盐，因此发酵肉制品中的微生物发酵剂需要有一定的耐盐和耐亚硝酸盐特性。

　　发酵肉制品的生产是以生肉作为原料，在发酵过程中致病菌和腐败菌的侵入在所难免。发酵肉制品的主要致病菌和腐败菌种有：沙门氏菌、金黄色葡萄球菌、肉毒梭状芽孢杆菌和单核细胞增生李斯特氏菌（简称李斯特菌）等。研究表明，香肠较低的初始 pH，和乳酸菌快速产酸可有效抑制除李斯特菌外的几种致病和腐败菌的生长或毒素的产生，而单独依靠产酸对李斯特菌无抑制性。另外李斯特菌可在低温、低 A_w 环境下生长，并能耐受一定浓度的食盐、硝酸盐，还能耐受发酵香肠的酸性环境。研究证实，利用能够产生细菌素的发酵剂可以有效抑制李斯特菌生长（黄娟等，2003），例如，乳酸菌素一方面能够提高菌株自身生存竞争力，另一方面在抑制致病菌和腐败菌生长方面发挥着重要作用，尤其是对李斯特菌。综合以上结论，用于发酵肉制品的乳酸菌株应具备良好的产酸特性，并且能够产生具有广谱抗菌性的细菌素，尤其是需要具有对李斯特菌的抑制性。

　　将菌液按 2%（体积分数）的接种量分别接种到含有 65g/L NaCl 和 100g/L NaCl 的无菌 TPY 培养基中，37℃培养 24h 后，测量菌液 A_{600nm}。通过培养后的 A_{600nm} 可以反映出不同菌株在一定浓度 NaCl 溶液下的生长情况，即可判断不同菌株对 NaCl 的耐受性，结果如表 4-6 所示（辛星等，2014）。

表 4-6　乳酸菌在含 65g/L 和 100g/L NaCl 培养基中的耐受性（以菌液 A_{600nm} 表示）

菌株编号	65g/L NaCl	100g/L NaCl	菌株编号	65g/L NaCl	100g/L NaCl
WE-57	0.665 ± 0.001^o	0.091 ± 0.002^p	TE6401	0.752 ± 0.005^k	0.133 ± 0.002^{lm}
TE5302	0.867 ± 0.001^f	0.135 ± 0.003^l	TB1402	0.729 ± 0.001^l	0.145 ± 0.002^{jk}
36T	0.693 ± 0.000^m	0.152 ± 0.003^{hij}	TR13	0.729 ± 0.002^l	0.131 ± 0.001^{lm}
E7301-1	0.333 ± 0.008^t	0.170 ± 0.002^{ef}	TE649	1.124 ± 0.001^b	0.135 ± 0.001^{lm}
TR14	0.692 ± 0.001^m	0.158 ± 0.002^{ghi}	2-6301-1-2	0.278 ± 0.001^u	0.120 ± 0.011^n
WE29-2T	0.837 ± 0.002^h	0.178 ± 0.001^e	TB3303-2	0.597 ± 0.001^q	0.136 ± 0.003^{kl}
05.97-21	0.398 ± 0.001^s	0.078 ± 0.003^q	B3303-2	0.421 ± 0.001^r	0.106 ± 0.000^o
05.9.8.3	0.788 ± 0.003^i	0.149 ± 0.015^{ij}	WE25-2	0.724 ± 0.001^l	0.467 ± 0.012^b
8-3-05.9	0.212 ± 0.005^w	0.165 ± 0.006^{fg}	RB4-1-5	0.784 ± 0.005^i	0.129 ± 0.100^{mn}
植	0.766 ± 0.005^j	0.149 ± 0.001^{ij}	TR1-1-18	0.785 ± 0.001^i	0.125 ± 0.001^{mn}

续表

菌株编号	65g/L NaCl	100g/L NaCl	菌株编号	65g/L NaCl	100g/L NaCl
XC-7-3-1	0.677 ± 0.002^n	0.147 ± 0.003^j	TD4401	1.191 ± 0.002^a	0.092 ± 0.015^p
X31	0.836 ± 0.001^h	0.164 ± 0.002^{fg}	L3-1	0.890 ± 0.013^e	0.086 ± 0.001^{pq}
TE2401	0.605 ± 0.001^p	0.197 ± 0.004^d	RQ3-1-8	0.980 ± 0.001^d	0.088 ± 0.001^p
TF6301	0.244 ± 0.003^v	0.150 ± 0.004^{hij}	NCT11043	1.047 ± 0.003^c	0.600 ± 0.004^a
TF1303	0.765 ± 0.004^j	0.294 ± 0.003^c	JC6069	0.857 ± 0.003^g	0.159 ± 0.004^{gh}

注：同一列不同字母表示差异显著（$P<0.05$），相同字母表示差异不显著（$P>0.05$）。

发酵香肠中通常添加 20~30g/kg 的食盐甚至更多，这就要求发酵剂中的微生物对食盐有较好的抵抗力，因此要对耐盐菌株进行筛选。当 NaCl 含量为 65g/L 时，多数菌株对盐具有一定的耐受性，且菌株对 NaCl 的耐受性差异显著（$P<0.05$），30 株乳酸菌的平均 A_{600nm} 为 0.709，其中瑞士乳杆菌 TD4401 的耐受性最好，A_{600nm} 为 1.191 ± 0.002，植物乳植杆菌 8-3-05.9 的耐受性最差，A_{600nm} 为 0.212 ± 0.005。当 NaCl 含量为 100g/L 时，盐对乳酸菌的生长有了明显的抑制作用，所有菌株的平均 A_{600nm} 为 0.168；其中标准菌株木糖葡萄球菌 NCT11043 耐受性最好，A_{600nm} 为 0.600 ± 0.004；植物乳植杆菌 05.97-21 的耐受性最差，A_{600nm} 为 0.078 ± 0.003，几乎没有生长。

对比菌株分别在 65g/L NaCl 和 100g/L NaCl 培养基中的耐受性，发现所有菌株在 100g/L NaCl 培养基中的耐受性均远低于在 65g/kg NaCl 培养基中的耐受性，即盐含量的增加对菌株活性起到抑制作用。但部分菌株在 65g/kg NaCl 培养基中的耐受性好，在 100g/L NaCl 培养基中的耐受性较差。肉品发酵剂所用菌种，要求其具有一定的耐盐性，因此将耐盐性较好的 TD4401、TE649、RQ3-1-8、L3-1、TE5302 等在 65g/L NaCl 培养基中 $A_{600nm}>0.65$ 的 22 株乳酸菌菌株筛选出进行进一步的耐亚硝酸盐特性的分析。

2. 耐亚硝酸盐乳酸菌菌株的筛选

亚硝酸盐的添加在发酵肉制品中起到至关重要的作用，因此要求用于发酵肉制品的乳酸菌具有对亚硝酸盐的耐受性。将耐食盐性较好的 22 株乳酸菌，接种到含有 0.15g/L $NaNO_2$ 的无菌 TPY 培养基中，37 ℃培养 24h 后，测定其 A_{600nm}，以未接种的培养基为对照（布坎南等，1984），实验结果如表 4-7 所示。

表 4-7　乳酸菌在含亚硝酸盐（$NaNO_2$）培养基中的耐受性（以菌液 A_{600nm} 表示）

菌株编号	0.15g/L $NaNO_2$	菌株编号	0.15g/L $NaNO_2$
WE-57	2.47 ± 0.079	TE6401	1.703 ± 1.703
TE5302	2.406 ± 0.045	TB1402	1.679 ± 1.679

续表

菌株编号	0.15g/L NaNO$_2$	菌株编号	0.15g/L NaNO$_2$
36T	1.64 ± 0.106	TR13	2.374 ± 2.374
TR14	1.826 ± 0.025	TE649	1.549 ± 1.549
WE29-2T	2.167 ± 0.035	WE25-2	1.495 ± 1.495
05.9.8.3	0.579 ± 0.176	RB4-1-5	1.464 ± 1.464
植	1.903 ± 0.04	TR1-1-18	0.875 ± 0.875
XC-7-3-1	1.899 ± 0.054	TD4401	2.157 ± 2.157
X31	1.856 ± 0.003	L3-1	0.566 ± 0.566
TF1303	2.284 ± 0.051	RQ3-1-8	0.659 ± 0.659
JC6069	2.784 ± 0.058	NCT11043	0.979 ± 0.979

结果表明，22 株菌的平均 A_{600nm} 为 1.695，其中标准菌株肉葡萄球菌 JC6069 的耐受性最好，A_{600nm} 为 2.784 ± 0.058，而戊糖片球菌 L3-1 的耐受性最差，A_{600nm} 为 0.566 ± 0.566。22 株实验菌株中戊糖片球菌 L3-1、RQ3-1-8 和植物乳植杆菌 05.9.8.3 三株实验菌 $A_{600nm}<0.7$，生长情况较差，其余的 19 株生长情况良好，表现出了对亚硝酸盐具有一定的耐受能力，可作为肉制品发酵剂筛选的考查菌株。

3. 乳酸菌耐胆盐能力驯化

菌株的驯化是指通过人工措施使菌株逐步适应某一条件，通过驯化可以取得具有较高耐受力及活动能力的菌株。可以通过依次增加 MRS 培养基中胆盐浓度的方法对菌株进行驯化，胆盐浓度依次为：1g/L、2g/L、3g/L，每一个胆盐浓度下传代 5 次，反复驯化，再接种到下一个胆盐浓度，以此类推。

4. 菌株耐酸能力测定

将 4 株菌经过耐胆盐能力驯化的供试菌液以 4%（体积分数）的接种量分别接入 pH 为 2, 3, 4 的 MRS 液体培养基中，37℃培养 3h，利用平板计数法进行活菌计数，结果如表 4-8 和图 4-2 所示。

表 4-8　　　　乳酸菌菌株耐酸能力活菌计数测定结果　　　　单位：lg CFU/mL

菌株编号	不同 pH 下活菌数		
	pH2	pH3	pH4
2-2-B3303-2	7.43 ± 0.0141[a]	7.58 ± 0.0779[a]	7.72 ± 0.0707[a]
05.9.8.3	7.23 ± 0.0236[b]	7.33 ± 0.0262[a]	7.68 ± 0.0287[a]

续表

菌株编号	不同 pH 下活菌数		
	pH2	pH3	pH4
RB20-1-5	7.50 ± 0.034^a	7.53 ± 0.0579^b	7.69 ± 0.068^a
1-8-XC-7-3-1	3.57 ± 0.067^c	6.45 ± 0.1061^c	6.53 ± 0.0471^b

注：同一列不同字母表示有显著差异（$P<0.05$）；同一列相同字母表示无显著差异（$P>0.05$）。

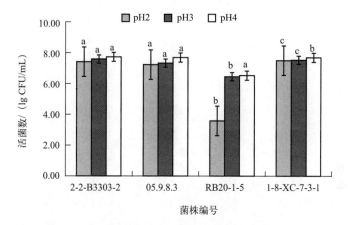

图 4-2　乳酸菌菌株耐酸能力活菌计数测定结果

不同字母表示有显著差异（$P<0.05$）；相同字母表示无显著差异（$P>0.05$）。

如表 4-8 和图 4-2 所示，4 株乳酸菌都具有耐酸能力，随着 pH 增加，4 株乳酸菌的活菌数也在增加，说明乳酸菌耐酸能力有所上升。pH4 和 pH3 与饱腹状态下胃液的 pH 相近，pH4 时，2-2-B3303-2 的耐酸能力最好，活菌数为 7.72lg CFU/mL ± 0.0707lg CFU/mL，与 05.9.8.3 和 RB20-1-5 相比无显著差异（$P>0.05$），与 1-8-XC-7-3-1 相比有显著差异（$P<0.05$）；pH3 时，2-2-B3303-2 的耐酸能力最好，活菌数为 7.58lg CFU/mL ± 0.0779lg CFU/mL，与 05.9.8.3 相比无显著差异（$P>0.05$），与 1-8-XC-7-3-1 和 RB20-1-5 相比有显著差异（$P<0.05$）；pH2 与空腹状态下胃液的 pH 相近，RB20-1-5 的耐酸能力最好，活菌数为 7.50lg CFU/mL ± 0.034 lg CFU/mL，2-2-B3303-2 的耐酸能力次之，活菌数为 7.43lg CFU/mL ± 0.0141 lg CFU/mL，2-2-B3303-2 与 RB20-1-5 相比无显著差异（$P>0.05$），2-2-B3303-2 与 05.9.8.3 和 1-8-XC-7-3-1 相比有显著差异（$P<0.05$）。由此可以得出，2-2-B3303-2 的耐酸能力最好，能够在胃中停留 3~4h 依旧有一定量的活菌数。

5. 菌株耐胆盐能力测定

将 4 株待测菌株按 4%（体积分数）接种量接种于胆盐浓度为 1，2，3g/L 的 MRS 培养基中，37℃培养 12h，利用平板计数法于 12h 进行活菌计数，耐胆盐结果如表 4-9 和图 4-3 所示。

表 4-9　　　　　　　　菌株耐胆盐能力活菌计数测定结果　　　　单位：lg CFU/mL

菌名	不同浓度胆盐中活菌数		
	1g/L 胆盐	2g/L 胆盐	3g/L 胆盐
2-2-B3303-2	9.38 ± 0.0163^a	8.93 ± 0.0216^a	7.40 ± 0.0386^a
05.9.8.3	9.34 ± 0.0556^a	8.78 ± 0.017^b	7.45 ± 0.0094^a
RB20-1-5	9.14 ± 0.051^b	8.83 ± 0.0377^{bc}	7.42 ± 0.0236^a
1-8-XC-7-3-1	8.96 ± 0.0618^c	8.75 ± 0.045^c	7.28 ± 0.0624^b

注：同一列不同字母表示有显著差异（$P < 0.05$）；同一列相同字母表示无显著差异（$P > 0.05$）。

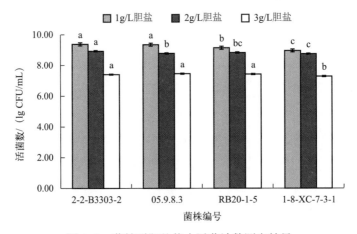

图 4-3　菌株耐胆盐能力活菌计数测定结果

如表 4-9 和图 4-3 所示，这 4 株乳酸菌都具有耐胆盐的能力，随着胆盐浓度的增加，4 株乳酸菌对胆盐的耐受力均降低。胆盐浓度为 1g/L 和 2g/L 时，与肠道内饱腹状态下的胆盐浓度相近，胆盐浓度 1g/L 时，2-2B3303-2 的耐胆盐能力最好，活菌数为 9.38lg CFU/mL ± 0.0163lg CFU/mL，与 05.9.8.3 相比无显著差异（$P > 0.05$），与 RB20-1-5 和 1-8-XC-7-3-1 相比有显著差异（$P < 0.05$）；胆盐浓度为 2g/L 时，2-2-B3303-2 耐胆盐能力最好，活菌数为 8.93lg CFU/mL ± 0.0216lg CFU/mL，与其余 3 株菌相比有显著差异（$P < 0.05$）；胆盐浓度为 3g/L 时，与肠道内空腹状态下的胆盐浓度相近，05.9.8.3 的耐胆盐能力最好，活菌数为 7.45lg CFU/mL ± 0.0094lg CFU/mL，2-2-B3303-2 活菌数为 7.40lg CFU/mL ± 0.0386lg CFU/mL，2-2-B3303-2 与 05.9.8.3 和 RB20-1-5 相比无显著差异（$P > 0.05$），2-2-B3303-2 与 1-8-XC-7-3-1 相比有显著差异（$P < 0.05$）。由此得出，2-2-B3303-2 的耐胆盐能力最好，饱腹状态下可以耐受肠道内的胆盐，空腹

状态下在肠道内也可以保持比较高的活菌数，推测该菌株可能存在胆盐水解酶。

（二）乳酸菌的抑菌性筛选

研究表明，一些植物乳植杆菌可以产生多种抗菌化合物，通过与其他微生物的天然竞争对手（如乳酸菌）代谢将糖类物质转化为乳酸和乙酸等，从而降低了 pH，改变了环境，使一些病原体和腐败微生物的生长环境变得不利（Vuyst等，2007）。用牛津杯双层琼脂扩散法（于娜，2011）分别检测耐胆盐能力驯化前的 19 株乳酸菌上清液对大肠杆菌和金黄色葡萄球菌的抑制效果，结果如表4-10 所示。大肠杆菌的抑菌实验结果表明，WE-57、TR14、WE29-2T、XC-7-3-1、TF1303、TB1402、TR13、RB4-1-5 9 株菌株的抑菌效果高于平均值，其中 TB1402、TR13、WE-57 抑菌效果显著高于平均值（$P<0.05$），且 TB1402 抑菌圈直径为 15.07mm ± 0.55mm，抑制效果最好。金黄色葡萄球菌的抑菌实验结果表明，WE-57、WZ02、TR14 等 7 株菌株的抑菌效果高于平均值，其中 WE-57、XC-7-3-1、TD4401 抑菌效果显著高于平均值（$P<0.05$），TD4401 的抑菌圈直径为 14.47mm ± 0.38mm，抑菌效果最好。

实验结果表明不同乳酸菌对同种指示菌的抑菌效果不尽相同，而同种乳酸菌对不同指示菌的抑菌效果也不同，对金黄色葡萄球菌抑制效果最好的是 TD4401，其抑菌圈直径为 14.47mm ± 0.38mm，但在对大肠杆菌进行抑菌实验时，其抑菌圈直径仅为 11.53mm ± 0.35mm，抑制大肠杆菌的效果只呈中等水平。TR13 对大肠杆菌的抑制效果较好，抑菌圈直径为 14.57mm ± 0.67mm，仅次于 TB1402，且显著高于平均水平（$P<0.05$），而其对金黄色葡萄球菌的抑制效果则一般，抑菌圈直径仅为 10.93mm ± 1.79mm。以上结果说明乳酸菌上清液的抑菌效果具有特异性。

表 4-10　　乳酸菌上清液对大肠杆菌和金黄色葡萄球菌的抑菌效果　单位：mm

菌种编号	大肠杆菌抑菌圈直径	金黄色葡萄球菌抑菌圈直径
WE-57	13.67 ± 0.25[bcd]	13.93 ± 0.42[ab]
TE5302	11.30 ± 30.55[hi]	12.37 ± 0.23[cdef]
36T	0.00 ± 0.00[m]	10.50 ± 0.10[g]
TR14	13.10 ± 0.30[def]	12.43 ± 1.70[cde]
WE29-2T	13.33 ± 0.32[cde]	12.63 ± 0.31[bcd]
植	12.10 ± 0.10[fghi]	11.03 ± 0.47[efg]
XC-7-3-1	14.30 ± 0.46[abc]	13.47 ± 0.32[abc]
X31	9.37 ± 1.46[k]	0.00 ± 0.00[h]
TF1303	12.93 ± 1.07[def]	11.53 ± 0.61[defg]

续表

菌种编号	大肠杆菌抑菌圈直径	金黄色葡萄球菌抑菌圈直径
TE6401	10.27 ± 0.21^{jk}	11.67 ± 0.40^{defg}
TB1402	15.07 ± 0.55^{a}	12.47 ± 0.90^{cde}
TR13	14.57 ± 0.67^{ab}	10.93 ± 1.79^{fg}
TE649	12.50 ± 0.53^{efg}	12.17 ± 0.55^{cdef}
WE25-2	11.00 ± 0.50^{ij}	12.23 ± 0.87^{cdef}
RB4-1-5	12.57 ± 0.51^{defg}	12.07 ± 0.67^{cdef}
TR1-1-18	8.37 ± 0.64^{l}	0.00 ± 0.00^{h}
TD4401	11.53 ± 0.35^{ghi}	14.47 ± 0.38^{a}
NCT11043	12.07 ± 0.25^{fghi}	11.83 ± 0.65^{defg}
JC6069	12.40 ± 0.79^{efgh}	11.80 ± 0.27^{defg}
平均直径	12.25 ± 1.78^{efgh}	12.21 ± 1.18^{cdef}

注：同一列不同字母表示有显著差异（$P<0.05$）；同一列相同字母表示无显著差异（$P>0.05$）。

在双层琼脂培养基培养过程中，除 36T 对大肠杆菌没有抑制作用，X31 和 TR1-1-18 对金黄色葡萄球菌没有抑制作用外，16 株菌株对大肠杆菌和金黄色葡萄球菌均有一定的抑制作用，其抑菌圈平均直径分别为 12.25mm ± 1.78mm 和 12.21mm ± 1.18mm。故选取 16 株菌株中对大肠杆菌和金黄色葡萄球菌均有一定抑制作用的菌株，作为后续实验所用菌株。

三、高产脂肪酶和有机酸乳酸菌菌株的筛选

（一）高产脂肪酶乳酸菌菌株的筛选

脂肪酶是一类能够在非水相体系中催化脂肪酸和甘油发生酯化反应的酶类，又称甘油酯水解酶。脂肪酶的催化包括水解、酯化、转酯化 3 种反应类型，酶裂解酯化合物的酯键产生脂肪酸和醇的反应为水解；酯化即水解的逆反应，且酯是在微水溶剂体系中由多羟基醇和游离脂肪酸被酶催化缩合而成；转酯化即两个酯类物质所含酰基相互交换的过程（景智波，2019）。脂肪酶的催化活性中心一般是由极为保守的丝氨酸 - 组氨酸 - 天冬氨酸这 3 个氨基酸残基组成，其中丝氨酸残基能够对底物发起亲核进攻（张泽栋，2019）。脂肪酶在人体内和动物体内用于对油脂进行消化、吸收和修饰。有学者认为脂肪酶具有强水解能力

的原因主要有 4 点：①它们通常有非常精确的化学选择性、位置选择性和立体选择性；②它们很容易就能被大量制备，因为许多微生物都能大量生产脂肪酶；③许多脂肪酶的结构已经被研究清楚，这使得酶的理性改造（指建立在对酶结构与功能的关系及催化机制具有一定了解的基础上，对特定的位点进行突变，从而改变或优化酶分子的性质）变得更容易、更简单；④脂肪酶不需要辅因子，并且不会催化副反应（滕云，2008）。

脂肪酶在焙烤食品中可作为绿色生物改良剂，在油脂工业上应用可促油脂水解、促酯交换和促酯化，在乳品工业中可用于乳酯水解，在食品添加剂中应用可增香改质、提高食品品质（何捷等，2015）。在医药领域，脂肪酶的添加对恶性肿瘤、肠胃功能紊乱等的治疗起到一定积极作用（李童，2019）。脂肪酶广泛存在于各种生物中，动物、植物和微生物的一些特定的结构或者组织中都含有或者可以分泌脂肪酶。动物体中的脂肪酶主要存在于胃部、胰腺组织中。例如，人体中的胃脂肪酶与胰脂肪酶，主要对油脂进行消化和吸收（胡斌，2019）。在微生物中，脂肪酶普遍存在于真菌、细菌及放线菌中，其中毛霉、曲霉、根霉、芽孢杆菌和假单胞菌的脂肪酶被研究得最为广泛（李童，2019）。在发酵香肠中也有脂肪酶，脂肪酶可改变游离脂肪酸的组成，使发酵香肠脂肪酸总量略有增加，不饱和脂肪酸含量显著增加（Zalacain 等，1996）。高产脂肪酶的 TR13 可降低发酵产品中饱和脂肪酸在脂肪酸中所占的比例，明显加快单不饱和脂肪酸和多不饱和脂肪酸的增加速度从而提高其含量，为研究改善香肠脂肪特性提供良好的前景（张开屏等，2020）。有学者把根霉脂肪酶应用于豆油油脂改性，使豆油中的二十二碳六烯酸（DHA）增加了 25%，从而提高其营养价值（Talebian 等，2013）。研究表明，沙雷氏菌 ZS6 可利用橄榄油生产生物表面活性剂，对橄榄油具有较强的降解消化能力，经过 64h 培养后，降解率可以达到 90%（胡兴翠，2018）。由于脂肪酶在医药、食品、工业生产等方面具有广阔的应用前景，筛选高产脂肪酶的菌株，研究脂肪酶的最适反应条件是非常有必要的。

1. 高产脂肪酶乳酸菌菌株初筛实验

经过菌株生理生化特性分析，内蒙古农业大学肉品科学与技术团队选取 10 株产生物胺阴性，对大肠杆菌和金黄色葡萄球菌均有一定的抑制作用，具有耐盐及耐亚硝酸盐、耐胆盐特性的乳酸菌，进行产脂肪酶初筛实验。通过观察中性红平板变色情况，首先定性分析菌株是否具有产脂肪酶能力（张婵等，2013；Griebeler 等，2011；Landeta 等，2013），实验结果如表 4-11 所示。TE5302、植、TE6401 和 WE25-2 并未使中性红平板变色，表明这 4 株菌株没有产脂肪酶的能力或产脂肪酶的能力较弱。WE29-2T、XC-7-3-1、TF1303、TR13 以及 TR14 使培养基颜色发生了变化，即其在代谢过程中产生的脂肪酶能够分解橄榄油产酸。

表 4-11　　　　　　　　高产脂肪酶乳酸菌菌株初筛实验结果

菌株编号	产脂肪酶	菌株编号	产脂肪酶
TE5302	−	TF1303	+
TR14	+	TE6401	−
WE29-2T	+	TR13	+
植	−	WE25-2	−
XC-7-3-1	+	TD4401	+

注："+"表示平板变色，菌株具备产脂肪酶能力；"−"表示平板未变色，菌株不具备产脂肪酶能力。

2. 高产脂肪酶乳酸菌菌株复筛实验

将能使中性红平板变色的 6 株乳酸菌活化，接种到三丁酸甘油酯平板中，观察菌株分解三丁酸甘油酯产生的透明圈大小，定性判断菌株产生的脂肪酶酶活力的大小（陈竞适等，2017；董娟，2016；蔡海莺等，2017），实验结果如表 4-12 所示。TR13 分解三丁酸甘油酯所产的透明圈直径最大，为 12.65mm ± 0.21mm，透明圈直径显著高于其他菌株（$P<0.05$），因此定性确定该菌株产生的脂肪酶酶活力显著高于其他菌株。

表 4-12　　　　　　高产脂肪酶乳酸菌菌株复筛实验结果　　　　　单位：mm

菌株编号	透明圈直径	菌株编号	透明圈直径
TR13	12.65 ± 0.212[a]	WE29-2T	9.40 ± 0.424[c]
TD4401	11.00 ± 0.283[b]	XC-7-3-1	9.20 ± 0.000[c]
TR14	9.05 ± 0.071[c]	TF1303	10.65 ± 0.636[b]

注：不同字母表示有显著差异（$P<0.05$）；相同字母表示无显著差异（$P>0.05$）。

3. 不同因素对乳酸菌菌株产脂肪酶活性的影响

（1）温度对乳酸菌菌株产脂肪酶活力的影响　将 TR13 活化两代后，富集培养 48h，然后接入 pH 为 7.0 的发酵培养基中分别在 4℃、18℃、30℃、37℃、45℃下培养 48h，用对硝基苯酚法测定酶活，结果如图 4-4 所示。

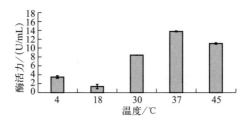

图 4-4　温度对乳酸菌菌株产脂肪酶活力的影响

4℃培养时菌株处于休眠期，其代谢慢、产酶活力低。随着温度增加，菌株生长代谢加快，37℃是菌株最适的生长温度，其生长代谢较为活跃。同时37℃也是脂肪酶的最适温度，在37℃下菌株产酶活力最高，随着温度继续升高，菌株代谢逐渐减慢，脂肪酶在高温下酶活力也下降甚至失活，因此菌株所产酶的量及活力也逐渐下降。

（2）酸度对乳酸菌菌株产酶活力的影响　将TR13活化富集后，分别接入pH为3.0、4.0、5.0、6.0、7.0、8.0、9.0的发酵培养基中37℃培养48h，用对硝基苯酚法测定酶活力，结果如图4-5所示。

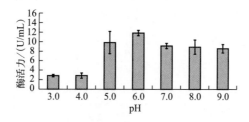

图4-5　酸度对菌株产酶活力的影响

如图4-5所示，pH为3.0时，培养基酸度过低，限制了菌株的生长代谢，此时菌株所产脂肪酶酶活较低，随着pH的升高并逐渐偏向中性，菌株的产酶活力也随之增加。在pH由4.0升高到5.0的过程中，菌株产酶活力显著增加（$P<0.05$），在pH为6.0时产酶活力达到最高，即该菌株在酸性偏中性的环境中活力最高。随着pH继续增高，培养基呈碱性，再次抑制了菌株代谢产酶，所以酶活力下降。由此可见，菌株在pH为6.0时产酶活力最高，为12.757U/mL±0.605U/mL，显著高于其他pH下的酶活力（$P<0.05$）。在发酵肉制品的整个制作过程中，最初的pH偏中性，此时加入菌株，产酶活力接近最高；随后乳酸菌分解肉中的碳水化合物形成乳酸，导致pH下降，最终可达到pH为4.5~5.5，因此菌株的产酶活力也会相较于最高值有所下降，但仍会显著高于最低值；随着蛋白质分解，氨类物质增加，pH会回升，菌株产酶环境会回到最适，产酶活力上升，可见TR13适用于发酵肉制品。

（3）培养时间对乳酸菌菌株产酶活力的影响　将TR13活化富集培养后，接入pH为6.0的发酵培养基中37℃培养0h、12h、24h、36h、48h、60h、72h，用对硝基苯酚法测定酶活力，结果如图4-6所示。

如图4-6所示，0h时菌株产酶活力最低，随着时间增加，菌株生长，产酶活力逐渐增加，到48h达到最大，随着时间继续增加，后期营养不足，菌株进入衰亡期，产酶活力大幅下降。综上所述，当时间为48h时，产酶活力达到最高，为5.205U/mL±0.474U/mL，经过差异性分析，48h时的酶活力显著高于其他时间的酶活力（$P<0.05$）。

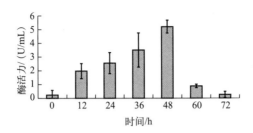

图 4-6　培养时间对乳酸菌菌株产酶活力的影响

（4）接种量对乳酸菌菌株产酶活力影响　将 TR13 活化两代后，接入富集培养基中，培养相应时间，即所得菌液 A_{600nm} 分别为 0.5，0.8，1.0，1.2，1.6，1.8，将其接入 pH 为 6.0 的发酵培养基中 37℃培养 48h，用对硝基苯酚法测定酶活，结果如图 4-7 所示。

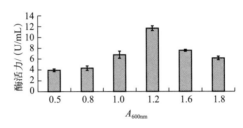

图 4-7　菌液浓度（用 A_{600nm} 表示）对乳酸菌菌株产酶活力的影响

如图 4-7 所示，随着接种量的增加产酶活力逐渐增强，当接种菌液 A_{600nm} 为 1.2 时，酶活力最高，11.680U/mL ± 0.435U/mL。随着接种量的继续加大，酶活力开始下降，其原因可能是接种量大，菌株产酸速度快，抑制了脂肪酶的酶活力。

4. 乳酸菌菌株产脂肪酶相关基因表达量的测定

（1）普通 PCR 扩增　依据前期菌株 TR13 的基因组测序显示，有两个编码脂肪酶的基因，分别为 *Lip0069*、*Lip0893*，设计引物序列及反应体系见表 4-13 和表 4-14。提取 TR13 的 DNA 为模板，用各基因引物进行普通 PCR 扩增，扩增后的产物用 1% 琼脂糖凝胶电泳检测并测序，从而判断菌株中是否含有脂肪酶基因。

表 4-13　　　　　　　　　　　普通 PCR 扩增引物设计

基因名	引物序列（3′—5′）	长度 /bp
Lip0069	GAC TGA TTG TAG GAG TTC CA TTG TGC CTA TCT CCT TGT TT	764
Lip0893	CGA TCT TGA TAC TTA GTC ATC C GTT CTT AAC ATC AGA CTA CTG G	1250

表 4-14　　　　　　　　　　　普通 PCR 扩增反应体系

试剂名称	添加量 /μL
模板 DNA	2.0
上游引物	1.0
下游引物	1.0
2×Taq PCR Mix[①]	12.5
R Nase Free ddH$_2$O[②]	8.5

注：①2×Taq PCR Mix 是一种可以立即使用的 PCR 预混液，适用于常规的 PCR 应用。
　　②Nase Free ddH$_2$O 为无核酸酶的水，是用焦碳酸二乙酯（DEPC）处理并经高温高压灭菌的双蒸水，不含杂质 DNA、RNA 或蛋白质。

（2）RNA 的提取及互补 DNA（cDNA）的合成　采用细菌 RNA 试剂盒提取菌株 RNA，经核酸蛋白分析仪与琼脂糖凝胶电泳检测被提取总 RNA 的纯度与含量。cDNA 使用反转录试剂盒两步法将 RNA 样品进行反转录，置于 -20℃保存，待用。

（3）荧光定量 PCR　荧光定量 PCR 程序和试剂配制选用 TB Green™Premix Ex Taq™ Ⅱ试剂盒说明书中的二步法操作。以 *Lip0069*、*Lip0083* 作为实验基因，18S rRNA 做参考基因，以 cDNA 为模板，在 LightCycler® 96 SW 1.1 仪中对目的基因及参考基因进行相对定量 PCR 扩增，检测供试菌株中脂肪酶基因的表达量。引物序列、反应体系如表 4-15 和表 4-16 所示。反应条件为：95℃预变性30s，95℃变性 5s，55℃退火 30s，95℃延伸 15s，共 40 个循环，60℃延伸 30s，4℃保存待测。实时荧光定量数据处理方法：采用相对表达量计算，计算方法选用 $2^{-\Delta\Delta Ct}$，其中 $\Delta\Delta Ct$= 实验组平均 *Ct* 值 - 对照组平均 *Ct* 值。

表 4-15　　　　　　　　　荧光定量 PCR 扩增引物序列

基因	引物序列
Lip0069	TTG AGC GTG AAG AAA TGC GAT AA
	GGC GGT GAA ATG AGC AAT ACA
Lip0893	CGA AGG AGG CAG CAC AGT
	TGG TCA AAT GGC AGA ACA ATA CG
18S rRNA[①]	CAG CAG TAG GGA ATC TTC CA
	TTC ACC GCT GCA CAT GGA G

注：①沉降系数 18S 的核糖体 RNA（rRNA）。

表 4-16　　　　　　　　　荧光定量 PCR 扩增反应体系　　　　　　　　单位：μL

试剂名称	添加量
TB Green™Premix Ex Taq™ Ⅱ	12.5
上游引物	1.0
下游引物	1.0
cDNA 模板	2.0
R Nase Free ddH₂O	8.5
合计	25

（4）PCR 扩增结果　①普通 PCR 扩增结果：以 TR13 提取的 DNA 为模板，用各基因相应引物进行普通 PCR 扩增，扩增后的产物用 1% 琼脂糖凝胶电泳检测，结果如图 4-8 所示。

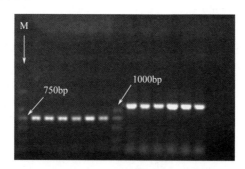

图 4-8　基因 *Lip0069*、*Lip0893* PCR 扩增产物电泳图

如图 4-8 所示，条带从左到右依次为 PCR 扩增 *Lip0069*、*Lip0893* 基因的产物片段。由图可知，各基因目的条带单一且清晰明亮，说明产物单一。大小分别为 764bp、1250bp。将目的基因的片段与 DL2000 DNA Marker 比较，其大小一致，说明获得了预期产物，引物反应性能良好，符合下一步实验要求，同时说明菌株中含有此功能特性基因。

②RNA 提取结果：对所提取的不同菌种的菌株 RNA 经核酸蛋白分析仪检测其纯度与浓度，检测结果见表 4-17。

表 4-17　　　　　　　　　　不同菌株 RNA 提取结果

菌种	菌株编号	A_{260}/A_{280}[①]	浓度 /（μg/mL）
瑞士乳杆菌	TR13	2.068	94.50
	TD4401	2.129	86.22
	RB20-1-5	2.009	68.72

续表

菌种	菌株编号	A_{260}/A_{280}[①]	浓度/（μg/mL）
瑞士乳杆菌	ZF19	1.981	34.68
	ZF16	1.976	47.84
	ZF3	1.973	37.86
戊糖片球菌	RQ3-1-7	2.192	61.22
	L33	2.092	34.26

注：①指在 260nm 和 280nm 处的吸光度比值，可以反映 RNA 纯度。

如表 4-17 所示，各菌株所提取的 RNA 经核酸蛋白分析仪测定后浓度均大于 30μg/mL 且 A_{260}/A_{280} 为 1.8~2.1，说明 RNA 完整性较好、纯度较高，可以进行下一步的反转录实验。

③实时荧光定量 PCR 扩增产物结果：目的基因经 PCR 扩增后，采用 1% 琼脂糖凝胶电泳进行检测，结果见图 4-9。

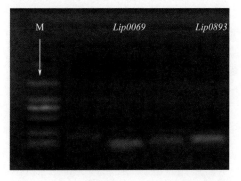

图 4-9　各目的基因 PCR 扩增产物电泳图

如图 4-9 所示，各目的基因条带单一清晰，与 Marker 条带相比，片段大小相符，说明引物设计特异性较好、没有引物二聚体（引物 3′ 端错配扩增形成）产生、符合实时定量 PCR 扩增实验要求。

（5）各菌株脂肪酶相关基因表达量分析　对来自不同种属及相同种属的脂肪酶活性高低不同的菌株进行脂肪酶相关基因表达量的测定，以此从基因角度分析验证菌株产脂肪酶活性的原因所在，具体测定结果见图 4-10。

由图 4-10 可知，菌株 TR13、ZF16、RQ3-1-7 的两种脂肪酶基因表达量显著高于同一种属的其他菌株（$P<0.05$），脂肪酶活性较高菌株其基因相对表达量较高，而无脂肪酶活性菌株瑞士乳杆菌 ZF19、瑞士乳杆菌 ZF3、戊糖片球菌 L33 其相对表达量较低，同时高脂肪酶活性菌株中瑞士乳杆菌种属菌株表达量高于戊糖片球菌，此研究结果与 Meghwanshi 及谭有将的报道结果相一致，即乳

酸菌中产脂肪酶活性较高的菌株主要存在于乳杆菌属中（Meghwanshi 等，2006；谭有将等，2010 年）。

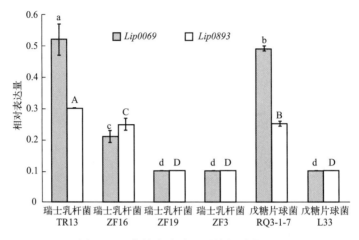

图 4-10　菌株脂肪酶基因的相对表达量

不同小写字母表示 *Lip0069* 基因组间差异显著（*P<0.05*），

不同大写字母表示 *Lip0893* 基因组间差异显著（*P<0.05*）。

（二）高产有机酸乳酸菌菌株的筛选

乳酸菌代谢产生很多物质如有机酸、过氧化氢和双乙酰等都可以通过改变食品的内在特性来抑制腐败菌的生长。乳酸菌在代谢过程中产生大量有机酸，可显著降低环境 pH，从而抑制不耐酸的致病菌的生长（马欢欢等，2017）。有研究表明环境的 pH、酸的离解程度、酸的种类都会影响酸的抑菌程度。有机酸的抑菌机制为：由于细胞质的 pH 相对较高，当非离解的酸进入细胞质，会发生离解使细胞质酸化并释放酸性阴离子，微生物为维持其胞内的 pH，需动用三磷酸腺苷（ATP）酶清除质子，因此会消耗大量能量，加重细胞代谢负担，此外细胞内酸性阴离子的积聚可影响细胞膜的稳定性并抑制其传递功能，从而抑制有害微生物的生长。马欢欢等从 8 株不同源乳酸菌中筛选出一株对黑曲霉具有较强抑制作用的植物乳植杆菌 DL3，其抑菌活性物质主要为上清液中的乙酸和乳酸。于娜等从酸粥中分离出 13 株乳酸杆菌并筛出一株鼠李糖乳杆菌和一株植物乳植杆菌，发现其对枯草芽孢杆菌有较强抑制性，并证明其抑菌物质为上清液中的有机酸类物质。刘英丽等也通过抑菌实验筛选出了 5 株对大肠杆菌和金黄色葡萄球菌具有良好抑制效果的乳酸菌（刘英丽等，2017）。乳酸菌代谢产物具有良好的热稳定性及较好的抗蛋白酶活性和抗过氧化氢酶活性，并且 pH 越低，其抑菌能力越强（李南薇等，2009）。国内外研究者已逐步筛选出一些益生乳酸菌株，如嗜酸乳杆菌、植物乳植杆菌、嗜热链球菌等，它们在代谢过程中可同时产生酸性代谢产物过氧化氢、二氧化碳和细菌素，协同抑制食品中腐败菌和致病菌的生长（张燕等，2012）。乳酸等酸性代谢产物作为有潜力的生物防腐剂，比起目前常用的化学类食品防腐剂山梨酸、苯甲酸等，具有更加安全的优势，在食品生产中具有广阔的前景（王宵燕等，2002）。同时，近几年研究发现，有机酸本身作为三大代谢的中间产物，还能降低胃肠道 pH（张燕等，2012；闫雪，2004）。

　　对于乳酸菌的研究已逐渐深入到各行各业中，单看食品方面，乳酸菌在发酵乳制品、果蔬制品、发酵肉制品中都有着广泛的应用。乳酸菌作为一类细菌，可以通过代谢产生多种物质。通常情况下，乳酸菌的很多作用都是通过代谢产生的物质发挥的。通过乳酸菌代谢可以产生二氧化碳、有机酸、细菌素、苯乳酸、酚类化合物、过氧化氢、乙醇、双乙酰、丁二酮以及一些其他抑菌物质（贡汉生，2007）。在乳酸菌的代谢产物中，其中一类重要的物质是有机酸。有机酸是一类有机化合物，其分子结构中特有的羧基是羧酸的官能团，构成了有机酸的酸性（余永建，2014）。相关文献资料表明，乳酸菌代谢可以产生多达 15 种有机酸，包括柠檬酸、苹果酸、苯乳酸、草酸、琥珀酸、延胡索酸、酒石酸、乙酸、丙酸、乳酸、戊酸、异戊酸、正丁酸、丙酮酸以及甲酸（赵男等，2020；甄梦莹，2020；杜静婷等，2019；栾艳平等，2019；石春卫等，2020；黄敏欣等，2015；向进乐等，2014）。每种有机酸的作用功能不同，例如，草酸可以延缓果实的成熟过程、增强果实的抗氧化性、增强植物的抗逆性、提高植物的抗褐变性和抗冷性、降低果实的腐烂率、提高果蔬贮藏过程中抵御逆境的能力（李佩艳，2014）。丁二酸被美国能源部列入"十二种生物基平台化合物"名单，并被认为具备取代石油化学产品中间体成为新一代生物基化学品中间体的潜力，同时丁二酸是一种重要的"C4 平台化合物（可作为结构单元或基本元素，以工业规模合成一系列化工中间体和产品的一类化合物）"，广泛应用于食品、医药、农业领域，可作为合成 1,4- 丁二醇、四氢呋喃、N- 甲基吡咯烷酮及可降解生物高分子材料聚丁二酸丁二醇酯等的原料，具有广阔的应用前景（Bozell 等，2010；Werpy 等，2004；Song 等，2006；Zeikus 等，1999）。乳酸及其衍生物在食品、饮料、医药等领域有广泛的应用。乳酸可加到糖果、饮料、果汁、葡萄酒和乳制品中作为增香剂、酸味剂或者防腐剂，还可以在啤酒生产过程中代替磷作为调酸剂（甄光明，2015）。甲酸俗称蚁酸，是基本的有机化工原料之一，广泛应用于制革、医药和农药、纺织印染、农业、化学等行业。在制革业，甲酸可作为无机合成酸的代用品，用作皮革的脱毛、脱灰、膨胀和轻软剂、染色及消毒和防止潮湿皮革的霉烂等（杨华等，1995；孙宝远等，2005陈敏之等，1985；朱文彪，2003）。丙酮酸呈醋酸香气和令人愉快的酸味，是重要的 $\alpha-$ 氧代羧酸之一，是合成乙烯系聚合物、氢化阿托酸、谷物保护剂、成熟剂等多种农药的起始原料（刘立明等，2002；李寅，2000）。有机酸的作用有很多，通常可以调节食品风味，适当增加食品酸度，降低食品 pH，平衡食品中某些阳离子的数量，提供某些微生物不能正常生长的酸性环境，抑制杂菌的生长繁殖，提高食品的安全性，延长食品保质限。同时，有机酸还具有抗菌、抗癌、抗突变，以及降低发酵肉制品中亚硝酸盐含量的作用（张婷等，2020；张雪洁，2019；陈玉婷等，2017）。

通过离子色谱仪测定乳酸菌产有机酸种类和含量，可以筛选出产有机酸能力强的、产量大的乳酸菌菌株。对高产有机酸乳酸菌菌株的筛选，可以为学者们研究高产有机酸乳酸菌的生理功能、特性以及将高产有机酸乳酸菌加入肉制品、乳制品以及果蔬类产品中研究其在产品中的功能特性做很好的铺垫。

将乳酸菌活化，TPY 培养基培养至三代后，进行乳酸菌上清液的制备，配制离子色谱仪淋洗液、再生液以及乳酸菌标准液，测定乳酸菌上清液中有机酸的种类和含量。

1. 不同乳酸菌菌株所产有机酸的种类分析

将表 4-18 中所列乳酸菌菌株培养 24h，使用离心机离心并过滤 7 株乳酸菌上清液，再用离子色谱仪测定其中有机酸的种类和含量。

表 4-18　　　　　　　　　　　　实验乳酸菌菌株编号

菌种	菌株编号
瑞士乳杆菌	TF3201、TD4401、TR13
植物乳植杆菌	2-2B3303-2、TB3302-2、WE-57、X31

7 株不同乳酸菌所产有机酸的离子色谱分析，见图 4-11 至图 4-17 及表 4-19 至表 4-25。

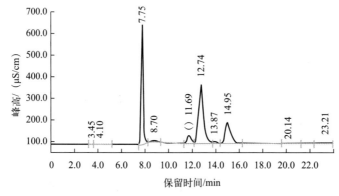

图 4-11　2-2B3303-2 上清液中有机酸离子色谱图

图中数字为峰面积，单位（μS/cm）·min；"（ ）"表示该峰代表的酸有两种名。

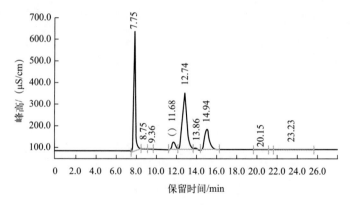

图 4-12　TB3302-2 上清液中有机酸离子色谱图

图中数字为峰面积，单位（μS/cm）·min；"( )"表示该峰代表的酸有两种名。

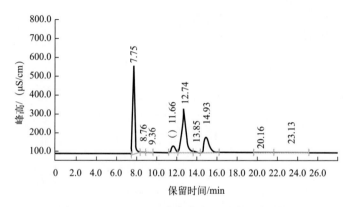

图 4-13　WE-57 上清液中有机酸离子色谱图

图中数字为峰面积，单位（μS/cm）·min；"( )"表示该峰代表的酸有两种名。

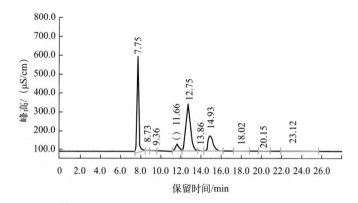

图 4-14　TD4401 上清液中有机酸离子色谱图

图中数字为峰面积，单位（μS/cm）·min；"( )"表示该峰代表的酸有两种名。

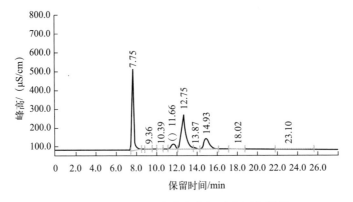

图 4-15　TR13 上清液中有机酸离子色谱图

图中数字为峰面积，单位（μS/cm）·min；"（）"表示该峰代表的酸有两种名。

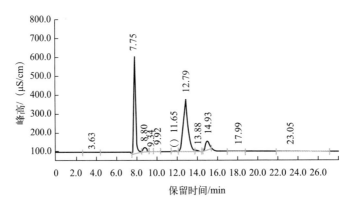

图 4-16　X31 上清液中有机酸离子色谱图

图中数字为峰面积，单位（μS/cm）·min；"（）"表示该峰代表的酸有两种名。

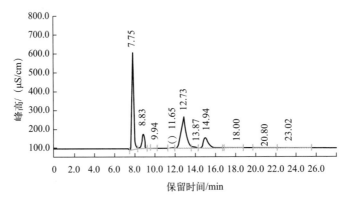

图 4-17　TF3201 上清液中有机酸离子色谱图

图中数字为峰面积，单位（μS/cm）·min；"（）"表示该峰代表的酸有两种名。

表 4-19　　　　　　　　　　　　　2-2B3303-2 所产有机酸

峰序列号	保留时间 /min	峰面积 / [（μS/cm）·min]	峰高 /（μS/cm）	有机酸
1	7.753	103.6502	557.491	草酸
2	8.698	3.7528	6.892	柠檬酸
3	11.693	14.2438	38.402	琥珀酸
4	12.742	130.7113	272.542	乳酸
5	13.870	1.8703	6.073	甲酸
6	14.952	51.4184	100.822	乙酸
7	20.142	0.3612	0.728	正戊酸
8	23.212	0.0835	0.099	苯乳酸

表 4-20　　　　　　　　　　　　　TB3302-2 所产有机酸

峰序列号	保留时间 /min	峰面积 / [（μS/cm）·min]	峰高 /（μS/cm）	有机酸
1	7.750	106.0751	557.457	草酸
2	8.745	0.1991	0.704	柠檬酸
3	9.355	0.2823	1.045	丙酮酸
4	11.677	14.0852	37.909	琥珀酸
5	12.742	127.5938	267.125	乳酸
6	13.862	1.7604	5.780	甲酸
7	14.940	49.5860	97.526	乙酸
8	20.150	0.2740	0.567	正戊酸
9	23.225	0.3530	0.222	苯乳酸

表 4-21　　　　　　　　　　　　　WE-57 所产有机酸

峰序列号	保留时间 /min	峰面积 / [（μS/cm）·min]	峰高 /（μS/cm）	有机酸
1	7.748	106.4851	563.583	草酸
2	8.762	0.2572	0.839	柠檬酸
3	9.355	0.3409	1.143	丙酮酸

续表

峰序列号	保留时间 /min	峰面积 / [(μS/cm)·min]	峰高 / (μS/cm)	有机酸
4	11.663	14.6345	39.737	琥珀酸
5	12.738	130.5395	276.730	乳酸
6	13.853	1.7265	5.804	甲酸
7	14.932	51.6813	102.183	乙酸
8	20.157	0.1265	0.235	正戊酸
9	23.128	0.3299	0.232	苯乳酸

表 4-22　　　　　　　　　TD4401 所产有机酸

峰序列号	保留时间 /min	峰面积 / [(μS/cm)·min]	峰高 / (μS/cm)	有机酸
1	7.748	108.5063	567.636	草酸
2	8.730	0.1862	0.729	柠檬酸
3	9.357	0.4474	1.267	丙酮酸
4	11.662	13.9894	37.488	琥珀酸
5	12.747	133.1487	276.883	乳酸
6	13.855	1.7865	5.906	甲酸
7	14.930	48.2709	95.290	乙酸
8	18.015	0.5376	1.036	异戊酸
9	20.153	0.0803	0.185	正戊酸
10	23.115	0.3039	0.206	苯乳酸

表 4-23　　　　　　　　　TR13 所产有机酸

峰序列号	保留时间 /min	峰面积 / [(μS/cm)·min]	峰高 / (μS/cm)	有机酸
1	7.748	109.6961	570.887	草酸
2	9.360	0.3519	1.147	柠檬酸
3	10.393	0.1079	0.401	苹果酸
4	11.662	12.4645	33.152	琥珀酸
5	12.745	116.6984	239.871	乳酸

续表

峰序列号	保留时间 /min	峰面积 / [（μS/cm）·min]	峰高 /（μS/cm）	有机酸
6	13.865	1.7685	5.735	甲酸
7	14.932	41.3668	80.976	乙酸
8	18.017	0.5564	1.062	异戊酸
9	23.100	0.3538	0.243	正戊酸

表 4–24　　　　　　　　　　　X31 所产有机酸

峰序列号	保留时间 /min	峰面积 / [（μS/cm）·min]	峰高 /（μS/cm）	有机酸
1	3.633	0.0125	0.013	N/A
2	7.748	110.5647	573.595	草酸
3	8.795	9.6234	27.870	N/A
4	9.343	0.5838	1.930	柠檬酸
5	9.922	0.9797	3.429	丙酮酸
6	11.648	1.2149	4.020	琥珀酸
7	12.787	160.2866	314.044	乳酸
8	13.882	2.4088	7.536	甲酸
9	14.933	21.5756	56.222	乙酸
10	17.990	0.7051	1.162	异戊酸
11	23.053	0.6068	0.418	正戊酸

注：N/A 表示未检出。

表 4–25　　　　　　　　　　　TF3201 所产有机酸

峰序列号	保留时间 /min	峰面积 / [（μS/cm）·min]	峰高 /（μS/cm）	有机酸
1	7.748	110.8063	578.980	草酸
2	8.833	26.4623	85.353	柠檬酸
3	9.935	0.6250	2.587	苹果酸
4	11.645	0.6617	2.290	琥珀酸
5	12.725	89.2010	188.242	乳酸

续表

峰序列号	保留时间 /min	峰面积 / [（μS/cm）·min]	峰高 /（μS/cm）	有机酸
6	13.867	1.9841	6.369	甲酸
7	14.935	32.7726	63.418	乙酸
8	18.003	1.116	1.116	异戊酸
9	20.803	0.035	0.035	正戊酸
10	23.022	0.053	0.053	苯乳酸

由图 4-11 至图 4-17 及表 4-19 至表 4-25 可知，7 株乳酸菌在培养 24h 后，均能产生 8 种以上有机酸，包括草酸、柠檬酸、琥珀酸、苹果酸、甲酸、乳酸、乙酸、丙酮酸、异戊酸、苯乳酸和正戊酸等。

2. 不同乳酸菌所产有机酸的含量分析

不同乳酸菌产有机酸含量如表 4-26，彩图 4-1、彩图 4-2、彩图 4-3 所示。

表 4-26　　　　　　不同乳酸菌菌株上清液中有机酸的浓度　　　　　单位：mg/L

有机酸	2-2B3303-2	TB3302-2	WE-57	TD4401	TR13	X31	TF3201
草酸	N/A	N/A	N/A	N/A	7.912 ± 5.691[b]	33.115 ± 10.416[a]	37.872 ± 8.102[a]
乙酸	545.461 ± 82.755[b]	457.173 ± 67.706[b]	387.457 ± 60.773[c]	302.723 ± 54.023[a]	251.073 ± 52.295[b]	N/A	N/A
丁二酸	162.410 ± 11.198[a]	154.958 ± 6.926[ab]	146.518 ± 3.607[bc]	138.767 ± 4.183[cd]	132.246 ± 5.150[d]	13.576 ± 0.327[e]	7.710 ± 0.099[e]
乳酸	9842.302 ± 346.612[b]	9499.641 ± 312.926[bc]	9076.418 ± 208.809[cd]	9225.276 ± 221.665[bc]	8562.012 ± 230.092[d]	11766.305 ± 278.272[a]	6432.117 ± 68.268[e]
甲酸	36.939 ± 0.543[c]	35.746 ± 0.546[cd]	34.658 ± 0.383[d]	35.271 ± 0.342[d]	35.964 ± 0.704[cd]	47.218 ± 0.504[a]	40.511 ± 1.09[b]
正戊酸	38.484 ± 2.954[b]	26.981 ± 0.194[bc]	11.414 ± 2.629[de]	0.000[e]	23.656 ± 14.170[cd]	58.917 ± 1.786[a]	7.202 ± 1.696[e]
苯乳酸	9.691 ± 0.804[bc]	33.494 ± 0.961[a]	30.305 ± 0.689[a]	19.372 ± 13.699[abc]	22.834 ± 16.211[ab]	0.000[c]	5.124 ± 3.625[bc]
丙酮酸	5891.873 ± 1362.274[a]	0.000[a]	4644.87 ± 113.176[a]	5841.038 ± 299.577[a]	2.196 ± 1.553[b]	7935.138 ± 166.941[a]	0.000[b]
苹果酸	0.000[d]	1.731 ± 1.224[c]	0.000[d]	1.506 ± 1.065[cd]	683.490 ± 26.845[c]	22.062 ± 0.586[a]	14.273 ± 0.017[b]

续表

有机酸	2-2B3303-2	TB3302-2	WE-57	TD4401	TR13	X31	TF3201
异戊酸	0.000^c	0.000^c	41.081 ± 29.049^b	61.716 ± 0.157^{ab}	62.098 ± 0.280^{ab}	69.028 ± 0.120^a	65.802 ± 0.127^{ab}

注：同一列不同字母表示有显著差异（$P<0.05$）；同一列相同字母表示无显著差异（$P>0.05$）；N/A 表示未检出。

综合以上分析可以看出 7 株乳酸菌菌株均能产生乳酸、甲酸和丁二酸，但有明显产量差异（$P<0.05$）。对得到的数据做柱状图后，可以清楚地看出 X31 在全部 7 株乳酸菌中产乳酸、丙酮酸能力最强。TB3302-2 在全部 7 株乳酸菌中产乙酸、苯乳酸能力最强。TR13 在全部 7 株乳酸菌中产苹果酸能力最强。所以，可以筛选出 X31、TB3302-2 以及 TR13 3 株高产有机酸乳酸菌菌株。

四、降胆固醇乳酸菌菌株的筛选

胆固醇是环戊烷多氢菲的衍生物，最先在人类胆结石中被发现，其化学式为 $C_{27}H_{46}O$。胆固醇又称胆甾醇，是动物组织细胞不可缺少的重要物质，主要存在于神经组织、内脏和表皮组织内，并起到重要的生理作用。胆固醇是构成细胞膜的重要成分，其可以控制细胞膜的流动性和通透性并且可以运输细胞表面的信号分子；是人体内重要的营养成分，机体内的类固醇激素、维生素 D 和胆汁酸也由胆固醇为原料进行合成（袁毅君等，2010）。但随着人们生活水平的提高，许多人的胆固醇摄入量偏高。研究表明，血清中胆固醇含量偏高，容易导致动脉粥样硬化、冠心病、脑卒中、高血压等心脑血管疾病，严重威胁人类健康（宋明鑫等，2011）。因此，降低血清和食物中胆固醇含量是当前科学研究的热点之一（齐智等，2006）。乳酸菌是一类广泛存在于人和动物体内的微生物，具有许多重要的生理功能（李幼筠，2001），除了调节胃肠道健康、消除人体内自由基、调节免疫作用、预防癌症（罗冬英等，2002）等功能外，还具有降低食物及人体血清中胆固醇含量、降低心脑血管疾病发病率的作用（Taranto 等，1997；De SmeT I 等，1998；Huang 等，2010；Al-Sheraji 等，2012；Jones 等，2012）。

乳酸菌菌株不同，其降胆固醇能力也不同。张灏等（2002）利用从传统泡菜中筛选的 15 株乳酸菌菌株进行胆固醇降解能力实验，结果发现编号为 ST1015 的菌株胆固醇降解率为 42.3%，而 ST1003 的胆固醇降解率却为 0，其他 13 株菌株的胆固醇降解率则在这两株之间。许多学者通过实验也有同样的结论，说明不同乳酸菌菌株对胆固醇的降解作用不同（蒲博等，2014）。

乳酸菌降解胆固醇能力与菌株的生长情况密切相关，Pereira D I 等（2007）

对乳酸菌进行了降解胆固醇能力的测定实验，结果发现即使是同一菌株对胆固醇的降解率也会存在较大的差异。Liong M T 等（2008）在对乳酸菌降解胆固醇的实验研究中也证明了这一点，说明菌株不同的生长状况可以对降胆固醇的效果产生不同影响。不同的培养条件对乳酸菌降解胆固醇能力有一定的影响，如pH、接种量、培养时间、胆固醇浓度、胆盐种类及浓度、胆盐水解酶（Grill J 等，1995）、益生元等。Brashears M 等（2009）对嗜酸乳杆菌、干酪乳酪杆菌和两歧双歧杆菌（*Bifidobacterium bifidum*）在不同 pH 条件下的胆固醇降解作用进行了测定，结果发现控制 pH 在 6.0 时，胆固醇降解率明显比不控制 pH 时偏高，Tahri K 等（1997）的实验也证明了这一点。综上所述，影响乳酸菌降解胆固醇能力的因素有乳酸菌菌株类型、生长情况和培养条件。

将 16 株菌株中对大肠杆菌和金黄色葡萄球菌均有一定抑制作用，耐食盐且耐亚硝酸盐能力较强的乳酸菌进行降解胆固醇能力测定分析（Michael 等，2018；张佳程等，1998）。将未接入乳酸菌，处理后的上清液作为空白组。实验测得空白组的胆固醇含量为 0.093mg/g，计算各组接种乳酸菌菌株的上清液的 A_{550nm} 与空白组的 A_{550nm} 的比，得到胆固醇降解率，实验结果如表 4-27 所示。TD4401 对胆固醇的降解率最高，为 48.05%，其次为 TR13，降解率为 39.20%，所有菌株对胆固醇降解率平均值为 22.20%，降解率高于平均值的菌株共 10 株。

表 4-27　　　　　　　　　　　　不同乳酸菌菌株胆固醇降解率

菌株编号	胆固醇降解率 /%	菌株编号	胆固醇降解率 /%
WE-57	7.84	TB1402	13.44
TE5302	34.46	TR13	39.20
TR14	27.63	TE649	15.93
WE29-2T	27.04	WE25-2	26.88
植	25.95	RB4-1-5	3.36
XC-7-3-1	24.79	TD4401	48.05
TF1303	23.87	NCT11043	6.34
TE6401	28.00	JC6069	2.39

第三节　发酵肉制品中功能乳酸菌
全基因组测序分析

通过与 COG、GO 和 KEGG 数据库比对，可以对预测得到的编码基因进行基础的功能注释（Overton 等，1998；Bork P 等，1998）。TR13 基因组中所有基因能够注释到 GO 数据库信息的基因数目为 1792 个，能够注释到 COG 数据库信息的基因数目为 1942 个，与 KEGG 数据库比对能够定位到具体通路（Pathway）的基因数目有 1143 个。

一、发酵肉制品中功能乳酸菌基因组功能 GO 数据库注释

根据对比结果，采用 Blast2GO 对比软件，在 Gene ontology[1] 数据库中对 TR13 进行 GO 数据库注释，GO 数据库的注释结果统计见表 4-28。

表 4-28　　　　　　　　　　TR13 基因 GO 数据库注释结果数

GO 分类数量	细胞组成相关 基因数 / 个	分子功能相关 基因数 / 个	生物过程相关 基因数 / 个	基因数量 / 个	占比 /%
3	878	1478	1295	1792	76.06

TR13 基因组含细胞组成、生物过程、分子功能 3 大类型，在 GO 分类中共有 1792 个基因得到了功能注释，占所有编码基因（2356 个）的 76.06%。细胞组成相关的基因数量有 878 个，分子功能相关的基因数量有 1478 个，生物过程相关的基因数量有 1295 个。1792 个基因共注释了 40 种功能特性。

GO 数据库的注释详情见表 4-29 和图 4-18。生物过程这一层面分别得到代谢过程、细胞过程和单一生物过程等 18 种功能注释，注释到与代谢过程有关的基因 1019 个、与细胞过程有关的基因 855 个、与单一生物过程有关的基因 609 个。细胞组成层面上分别得到细胞膜、细胞膜组分、细胞、细胞组分等 10 种功能注释。分子功能层面分别得到催化活性、附着活性和转运活性等 12 种功能注释。在 3 大类型所属的功能基因注释中，代谢过程、细胞膜和催化活性功能分别注释到的相关基因最多。

1）　Gene ontology 是基因本体联合会所建立的数据库，旨在建立一个适用于各种物种的，对基因和蛋白质功能进行限定和描述的，并能随着研究不断深入而更新的语言词汇标准。

表 4-29　　　　　　　　　　**TR13 基因 GO 数据库注释结果详情**

类型	功能注释	GO 编号 （Level2）[①]	基因数量
生物过程	生物调节过程	GO：0048518	1
	生物附着	GO：0022610	2
	免疫系统	GO：0002376	2
	繁殖	GO：0000003	5
	繁殖过程	GO：0022414	5
	减毒	GO：0098754	7
	复合生物过程	GO：0051704	10
	反向生物调节过程	GO：0048519	10
	信号传导	GO：0023052	15
	发展过程	GO：0032502	21
	细胞成分组织或生物合成	GO：0071840	85
	应激反应	GO：0050896	90
	正向生物调节过程	GO：0050789	151
	生物调节	GO：0065007	155
	定位	GO：0051179	251
	单一生物过程	GO：0044699	609
	细胞过程	GO：0009987	855
	代谢过程	GO：0008152	1019
细胞组成	细胞外区组分	GO：0044421	2
	病毒	GO：0009295	2
	细胞外区	GO：0005576	5
	细胞器组分	GO：0044422	20
	细胞器	GO：0043226	72
	高分子复合物	GO：0032991	114
	细胞组分	GO：0044464	456
	细胞	GO：0005623	466
	细胞膜组分	GO：0044425	539
	细胞膜	GO：0016020	555

续表

类型	功能注释	GO 编号 （Level2）①	基因数量
分子功能	$d-$丙氨酰载体活性	GO：0036370	1
	分子功能调控	GO：0098772	1
	电子载体活性	GO：0009055	2
	转录因子活性、蛋白质结合	GO：0000988	4
	抗氧化活性	GO：0016209	7
	分子转运活性	GO：0060089	10
	信号传导活性	GO：0004871	10
	核酸结合转录因子活性	GO：0001071	47
	结构分子活性	GO：0005198	57
	转运活性	GO：0005215	182
	附着	GO：0005488	861
	催化活性	GO：0003824	1083

注：①利用 GO 数据库，可以对一个或一组基因按照其参与的生物过程（Biological process，BP）、分子功能（Molecular function，MF）及细胞组成（Cellular component，CC）三个方面进行分类注释。在这三个大分支下面又分很多小层级（Level），Level 数字越大，功能越细致。最顶层的三大分支视为 Level1，之后的分级依次为 Level2、Level3 和 Level4。

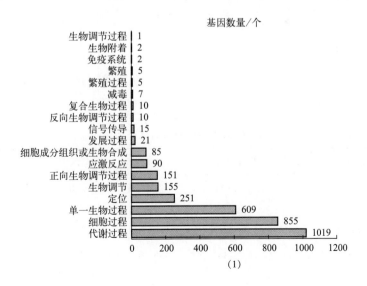

图 4-18　TR13 的 GO 数据库功能基因注释及基因数量

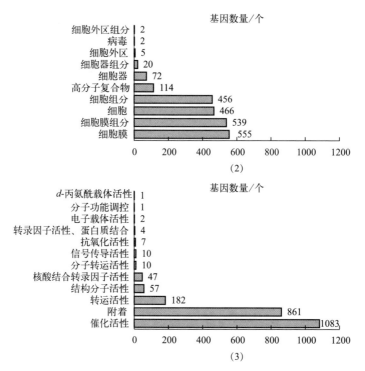

图 4-18　TR13 的 GO 数据库功能基因注释及基因数量（续）
（1）生物过程　（2）细胞组成　（3）分子功能

　　生物过程指由一个或多个分子功能有序组合而产生的系列事件；细胞组成既可以理解成细胞成分，也可以理解为细胞的每个部分和细胞外环境；分子功能可以描述为分子水平的活性（Activity），如催化（Catalytic）或结合（Binding）活性。

　　功能基因中与抗氧化活性相关的基因有硫氧还原蛋白 – 二硫键还原酶、谷胱甘肽还原酶、烟酰胺腺嘌呤二核苷酸、黄素腺嘌呤二核苷酸依赖性脱氢酶等 7 个基因，如表 4-30 所示。

表 4-30　　　　　　　　　　TR13 GO 数据库抗氧化基因注释

基因编号	基因名	核苷酸长度 /bp	基因注释
gene0564	*trxB*	924	硫氧还原蛋白 – 二硫键还原酶（Thioredoxin-disulfide reductase）
gene1119	*gor*	1341	谷胱甘肽还原酶（Glutathione reductase）
gene1238	—	1365	NAD（FAD）依赖性脱氢酶［NAD（FAD）- dependent dehydrogenase］
gene1452	—	792	α/β 水解酶（α/β Hydrolase）

续表

基因编号	基因名	核苷酸长度 /bp	基因注释
gene1547	*typA*	1845	鸟苷酸结合蛋白（GTP–binding protein）
gene1977	*pcaC*	732	羧基黏康酸内酯脱羧酶（Carboxymuconolactone decarboxylase）
gene2379	*dltA*	1515	D- 丙氨酸 - 聚（磷异丁醇）连接酶［D–Alanine-poly（phosphoribitol）ligase］

二、发酵肉制品中功能乳酸菌基因组功能 COG 数据库注释

COG 是蛋白质直系同源基因簇（Clusters of orthologous groups of proteins）。在 eggNOG 数据库中对 TR13 进行 COG 注释结果如表 4–31 所示。

表 4–31　　TR13 基因 COG 数据库注释结果详情

类型	类别	功能注释	基因数量 / 个
细胞过程和信号	D	细胞周期控制、细胞分裂、染色体分裂	20
	U	细胞内运输、分泌和膜泡运输	20
	T	信号传导	35
	O	翻译后修饰、蛋白质转换、分子伴侣	48
	V	防御机制	52
	M	细胞壁 / 细胞膜 / 细胞被膜生物合成	86
信息存储与处理	J	翻译、核糖体结构和生物合成	135
	K	转录	104
	L	复制、重组和修复	326
新陈代谢	Q	次生代谢产物的生物合成、运输与分解代谢	7
	H	辅酶的运输与代谢	34
	I	脂质的运输与代谢	44
	C	能源的生产与转换	69
	P	无机离子的运输与代谢	82
	F	核苷酸的运输与代谢	90
	E	氨基酸的运输与代谢	143
	G	碳水化合物的运输与代谢	146
功能特点不明显	S	未知功能	512

　　TR13 编码基因在 COG 数据库中的类型数量为 4，COG 的类别数量为 18，编码基因组中共有 1942 个基因在 COG 数据库中得到了注释，注释基因占比为 82.43%。

　　TR13 基因组 COG 数据库注释类型分别为细胞过程和信号、信息存储与处理、新陈代谢和功能特点不明显 4 种类型。其中与细胞作用和信号相关的基因有 261 个，分 6 种功能；与信息存储与处理相关的基因 565 个，分 3 种功能；与新陈代谢有关的基因有 615 个，分 8 种功能；功能特点不明显的基因有 512 个，归为 1 种类型。

　　其中新陈代谢 COG 聚类主要集中于碳水化合物的运输与代谢（相关基因 146 个）、氨基酸的运输与代谢（相关基因 143 个）、核苷酸的运输与代谢（相关基因 90 个）、无机离子的运输与代谢（相关基因 82 个）、脂质的运输与代谢（相关基因 44 个）。和脂质的运输与代谢相关的基因注释如表 4-32 所示。

表 4-32　　　　　　　　　　　脂质的运输与代谢相关基因注释

序号	基因编号	基因名	核苷酸长度 /bp	基因注释	COG 编号
1	gene0183	—	822	乙酰酯酶	COG0657
2	gene0301	acpS	357	holo- 酰基载体蛋白合成酶	COG0736
3	gene0165×	clsA_B	1458	双磷脂酰甘油合成酶	COG1502
4	gene0598×	psd	252	磷脂酰丝氨酸脱羧酶	COG0688
5	gene0599×	psd	933	磷脂酰丝氨酸脱羧酶	COG0688
6	gene0428×	—	735	acyl- 酰基载体蛋白硫酯酶	COG3884
7	gene0547	bcrC	579	磷脂磷酸酶	COG0671
8	gene0893	—	897	甘油三酯酶	COG0657
9	gene0930×	plsX	1002	磷酸酰基转移酶	COG0416
10	gene0931×	acpP	243	酰基载体蛋白	COG0236
11	gene1050	mvaK2	1029	磷酸甲羟戊酸激酶	COG1577
12	gene0960×	plsC	615	1- 酰基 -sn- 甘油 -3- 磷酸酰基转移酶	COG0204
13	gene1143	mmsB	864	氧化还原酶	COG2084
14	gene0967×	cdsA	816	磷脂酸胞苷酰转移酶	COG0575
15	gene1003	citX	537	holo- 酰基载体蛋白合成酶（CitX）	COG3697
16	gene1052	mvaK1	909	甲羟戊酸激酶	COG1577

续表

序号	基因编号	基因名	核苷酸长度 /bp	基因注释	COG 编号
17	gene1051	*mvaD*	864	二磷酸甲羟戊酸脱羧酶	COG3407
18	gene0966	*uppS*	735	异戊二烯转移酶	COG0020
19	gene0991 ×	*clsA_B*	1491	心磷脂合成酶	COG1502
20	gene1744 ×	*pgsA*	561	CDP- 甘油二酯 - 甘油 -3- 磷酸 -3- 磷脂转移酶	COG0558
21	gene1798 ×	—	1164	羟甲基戊二酰辅酶 A 合成酶	COG3425
22	gene1800 ×	*atoB*	1161	乙酰辅酶 A 乙酰基转移酶	COG0183
23	gene1799	*mvaA*	1212	羟基甲戊二酰 – 辅酶 A 还原酶	COG1257
24	gene1937 ×	*tagD*	387	甘油 -3- 磷酸胞苷酰基转移酶	COG0615
25	gene1915 ×	*dagK*	921	甘油二酯激酶	COG1597
26	gene2011	—	798	酯酶	COG0657
27	gene2286 ×	*acpP*	243	酰基载体蛋白	COG0236
28	gene2282 ×	*accB*	471	乙酰辅酶 A 羧化酶，生物素羧化载体蛋白	COG0511
29	gene2278 ×	*fabH*	984	乙酰辅酶 A 羧化酶	COG0825
30	gene2285 ×	*fabD*	918	假设蛋白	COG0331
31	gene2289 ×	*fabZ*	447	β– 羟基酰基（酰基载体蛋白）脱氢酶（FabZ）	COG0764
32	gene2280 ×	*accC*	1380	乙酰辅酶 A 羧化酶生物素羧化酶亚基	COG0439
33	gene2283 ×	*fabF*	1230	β– 酮酰基 – 酰基载体蛋白质合酶	COG0304
34	gene2287 ×	*fabH*	984	3- 氧环 – 酰基载体蛋白合成酶	COG0332
35	gene2281 ×	*fabZ*	417	β– 羟酰 – 酰基载体蛋白脱氢酶	COG0764
36	gene2377	*dltC*	240	丙氨酸 – 聚（磷比妥）连接酶	COG0236
37	gene2277 ×	*fabI*	759	烯醇基 –（酰基载体蛋白）还原酶	COG0623
38	gene2279 ×	*accD*	843	乙酰辅酶 A 羧化酶	COG0777

注：× 表示该基因在 KEGG Pathway 数据库中有生物学通路信息注释。CDP 为胞苷二磷酸。

gene0183、gene0428、gene2011 分别为 3 种不同酯酶（Esterase）的编码基因，gene0893 为甘油三酯酶（Triacylglycerol lipase）的编码基因。gene1050 （*mvaK2*）、gene1052（*mvaK1*）、gene1915（*dagK*）为 3 种不同的激酶（Kinase）基因，是一类可以从高能供体分子（如 ATP）转移磷酸基团到特定靶分子（底物）的酶，这一过程称为磷酸化。gene0547（*bcrC*）为磷酸酶（Phosphatase）基因，与激酶的作用相反。gene0301（*acpS*）为 holo- 酰基载体蛋白合成酶基因，gene0931（*acpP*）和 gene2286（*acpP*）为酰基载体蛋白质基因，具有合成脂肪酸的作用。

三、基因组功能 KEGG 注释

KEGG 数据库是基因组研究方面的公共数据库。该数据库是系统分析基因功能，联系基因组信息和功能信息的大型知识库。

TR13 在 KEGG 数据库中共有 1144 个基因分别在细胞过程、代谢、遗传信息处理、人类疾病、生物体系统、环境信息处理，6 大功能 35 个通路上得到功能注释，结果如图 4-19 所示。

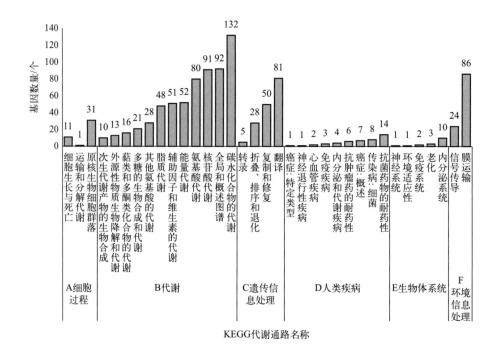

图 4-19　TR13 的 KEGG 功能分类图

横坐标为 KEGG 代谢通路名称，纵坐标为注释到该通路的基因 / 转录本数量。KEGG 代谢通路可分为 6 大类：A 细胞过程（Cellular processes），B 代谢（Metabolism），C 遗传信息处理（Genetic information processing），D 人类疾病（Human diseases），E 生物体系统（Organismal systems），F 环境信息处理（Environmental information processing）。

　　对样本中涉及的代谢通路总数以及参与每个代谢通路的基因组数目，进行分析可以发现，TR13 基因组在代谢途径层面，特别是碳水化合物代谢、核苷酸代谢和氨基酸代谢得到较多的基因功能注释。其中 634 个基因在代谢上得到注释，占 KEGG 数据库中全部注释基因的 55.42%。12 个代谢通路中，碳水化合物代谢相关的基因有 132 个，占代谢通路注释基因（634 个）的 20.82%；与脂质代谢通路有关的基因有 48 个。110 个基因在环境信息处理层面得到注释，其中与膜运输有关的基因有 86 个，与信号传导有关的基因有 24 个。

　　其中脂质代谢的通路信息及其通路信息编号如表 4-33 所示。TR13 基因组中主要包含了脂肪酸合成、脂肪酸降解、不饱和脂肪酸合成、初生胆汁酸生物合成、次生胆汁酸生物合成、酮体合成与降解、甘油脂类代谢、甘油磷脂代谢、鞘脂类代谢共 9 条通路信息。其中，ko00061 通路为脂肪酸合成通路，TR13 基因组序列分析共获得 gene0428、gene0931、gene1746 等 15 个相关基因，ko00071 为脂肪酸降解通路，在 TR13 基因组中包含 gene1800 和 gene1984 相关基因 2 个。

表 4-33　　　　　　　　　　脂质代谢通路及其相关基因

序号	通路信息编号	功能注释	基因编号
1	ko00061	脂肪酸合成	gene0428、gene0931、gene1746、gene2277、gene2278、gene2279、gene2280、gene2281、gene2282、gene2283、gene2284、gene2285、gene2286、gene2287、gene2289
2	ko00071	脂肪酸降解	gene1800、gene1984
3	ko01040	不饱和脂肪酸合成	gene1746、gene2284
4	ko00120	初生胆汁酸生物合成	gene1228、gene1229、gene1479
5	ko00121L	次生胆汁酸生物合成	gene1228、gene1229、gene1478、gene1479
6	ko00072	酮体合成与降解	gene1798、gene1800
7	ko00561	甘油脂类代谢	gene0524、gene0527、gene0550、gene0551、gene0930、gene0960、gene1097、gene1652、gene1681、gene1915、gene1993、gene1994、gene2332
8	ko00564	甘油磷脂代谢	gene0153、gene0154、gene0165、gene0598、gene0599、gene0930、gene0960、gene0967、gene0991、gene1097、gene1731、gene1744、gene1915、gene1937、gene1949
9	ko00600	鞘脂类代谢	gene0748、gene0749、gene1993、gene1994

　　脂肪酸合成与降解通路信息编号如表 4-34 所示。ko00061 为脂肪酸合成代谢通路，包含 gene0428、gene0931、gene1746 等 15 个基因，基因长度

为 243~1380bp，其中 gene0931 和 gene2286 为酰基载体蛋白质（Acyl carrier protein）*acpP* 基因，酰基载体蛋白（ACP）是脂肪酸合成中的关键蛋白质，作为脂酰基的载体将脂酰基从一个酶反应转移到另一个酶反应。ko00071 为脂肪酸分解代谢通路，TR13 基因组中包含与其相关的基因 gene1800 乙酰辅酶 A 酰基转移酶和乙醛脱氢酶 / 乙醇脱氢酶 gene1984。ko01040 为不饱和脂肪酸的生物合成代谢通路，TR13 基因组中包含了 gene1746 和 gene2284，均为 3- 氧环 - 酰基载体蛋白还原酶 *fabG* 基因。

表 4–34　　　　　　　　　脂肪酸生物合成与降解通路信息

序号	通路信息编号	基因编号	长度/bp	KO编号	KO名称	KO 注释
1	ko00061 合成	gene0428	735	K01071	–	酰基载体蛋白水解酶酰基载体蛋白（EC：3.1.2.21）
2		gene0931	243	K02078	*acpP*	酰基载体蛋白
3		gene1746	729	K00059	*fabG*	3- 氧环 - 酰基载体蛋白还原酶（EC：1.1.1.100）
4		gene2277	759	K00208	*fabI*	烯醇 - 酰基载体蛋白还原酶 Ⅰ（EC：1.3.1.9 1.3.1.10）
5		gene2278	771	K01962	*accA*	乙酰辅酶 A 羧化酶羧化转移酶 α 亚基（EC：6.4.1.2）
6		gene2279	843	K01963	*accD*	乙酰辅酶 A 羧化酶羧化转移酶 β 亚基（EC：6.4.1.2）
7		gene2280	1380	K01961	*accC*	乙酰辅酶 A 羧化酶，生物素羧化酶亚基（EC：6.4.1.2 6.3.4.14）
8		gene2281	417	K02372	*fabZ*	3- 羟酰 - 酰基载体蛋白质脱水酶（EC：4.2.1.59）
9		gene2282	471	K02160	*accB*	乙酰辅酶 A 羧化酶生物素羧化载体蛋白
10		gene2283	1230	K09458	*fabF*	3- 氧环 - 酰基载体蛋白合酶 Ⅱ（EC：2.3.1.179）
11		gene2284	732	K00059	*fabG*	3- 氧环 - 酰基载体蛋白还原酶（EC：1.1.1.100）
12		gene2285	918	K00645	*fabD*	酰基载体蛋白 S- 丙二酰转移酶酰基载体蛋白（EC：2.3.1.39）
13		gene2286	243	K02078	*acpP*	酰基载体蛋白
14		gene2287	984	K00648	*fabH*	3- 氧环 - 酰基载体蛋白合成酶 Ⅲ（EC：2.3.1.180）
15		gene2289	447	K02372	*fabZ*	3- 羟酰 - 酰基载体蛋白脱水酶（EC：4.2.1.59）

续表

序号	通路信息编号	基因编号	长度/bp	KO编号	KO名称	KO 注释
16	ko00071 降解	gene1800	1161	K00626	atoB	乙酰辅酶 A 酰基转移酶（EC：2.3.1.9）
17		gene1984	2625	K04072	adhE	乙醛脱氢酶 / 乙醇脱氢酶（EC：1.2.1.10 1.1.1.1）
18	ko01040 合成	gene1746	729	K00059	fabG	3-氧环-酰基载体蛋白还原酶（EC：1.1.1.100）
19		gene2284	732	K00059	fabG	3-氧环-酰基载体蛋白还原酶（EC：1.1.1.100）

注：KO（KEGG Ortholog）系统将各个 KEGG 注释系统联系在一起，KEGG 已建立了一套完整的 KO 注释系统，可完成新测序物种的基因组或转录组的功能注释。

四、发酵肉制品中功能乳酸菌基因组圈图分析

基因组圈图可以全面展示基因组的特征，如基因在正、反链上的分布情况、基因的 COG 功能分类情况、GC（鸟嘌呤胞嘧啶）含量、基因组岛、同源基因等。利用 CGview 软件[1]绘制基因组圈图，结果如彩图 4-4 所示。

CGView 圈图的最外面一圈为基因组大小的标识，TR13 基因组为 1 套环状无质粒分子，总长度为 2172224bp。第二圈和第五圈为正链、负链上的编码序列，不同的颜色表示不同的 COG 功能分类，编码基因的数量为 2356，其中 COG 注释的基因有 1942 个，占编码基因的 82.43%，分别从新陈代谢、信息存储与处理、细胞作用与信号传递和无明显特征 4 大分类"复制、重组和修复""翻译、核糖体结构和生物发生""碳水化合物运输和代谢"等 18 个类型上得到注释。第三圈和第四圈分别为正链负链上的外显子（CDS）、转运 RNA（tRNA）、核糖体 RNA（rRNA）。TR13 基因组中含有 15 个 rRNA 操纵子，分别由 5 个 5S rRNA、5 个 16S rRNA、5 个 23S rRNA 组成，含有 63 个 tRNA 基因，分别转运精氨酸（Arg）、甘氨酸（Gly）、亮氨酸（Leu）、丝氨酸（Ser）等 20 种不同的氨基酸。第六圈为 GC 含量，向外的部分表示该区域 GC 含量高于全基因组平均 GC 含量，峰值越高表示与平均 GC 含量差值越大，向内的部分表示该区域 GC 含量低于全基因组平均 GC 含量，峰值越高表示与平均 GC 含量差值越大，基因组平均 GC 含量为 36.82%。

第七圈为 GC-skew 值，具体算法为（G-C）/（G+C）[（鸟嘌呤量 - 胞嘧啶量）/（鸟嘌呤量 + 胞嘧啶量）]，在生物意义上该值为正值时正链更倾向于转录编码序列，为负值时负链更倾向于转录编码序列；最内一圈为基因组大小标识。

1） 微生物基因组和质粒圈图绘制分析软件。

第四节　发酵肉制品中优势乳酸菌对胆固醇的调控

近几年，高发的心血管疾病已经成为人类的主要致死原因之一（Ridaura等，2013），体内胆固醇含量过高是引发此类疾病的主要原因之一（Huang等，2014）。有研究表明，每降低 1% 的血清总胆固醇含量，冠心病等疾病的发病率可降低 2%~3%（Geronimus 等，1996）。他汀类药物虽然对心血管疾病可以起到明显的治疗效果，但其成本过高且副作用较大，故对其天然替代品的研究显得尤为重要。食源性乳酸菌由于来源于食品本身，安全性被广泛认可，已有大量研究证明乳酸菌具有降解胆固醇的能力，对其机制的研究也比较深入。本节对乳酸菌调控胆固醇代谢的物质基础进行总结归纳。

一、胆固醇的代谢通路及其调控的物质基础

人机体内的胆固醇有外源性摄入和内源性合成两种来源。内源性胆固醇主要是在肝脏内以乙酰辅酶 A 为原料，经过一系列的胆固醇反应最终转变成胆固醇，约占机体总胆固醇含量的 2/3。人机体内胆固醇还有从膳食中获得的外源性胆固醇，约占机体总胆固醇含量的 1/3。膳食中的胆固醇经胃肠道酶的分解产生会游离胆固醇，游离的胆固醇、植物甾醇等会与胆盐复合成可溶于水的微胶粒，经特异性介导胆固醇分子吸收的功能蛋白质转运，经过小肠上皮细胞、淋巴系统转入肝细胞。低密度脂蛋白和极低密度脂蛋白是运输内源性胆固醇的主要载体，可将脂类物质由肝脏向外周转运，低密度脂蛋白或极低密度脂蛋白超标意味着过多的胆固醇存在于血液循环之中，血脂水平升高，造成动脉粥样硬化。所以低密度脂蛋白和极低密度脂蛋白与胆固醇的复合物是对健康不利的胆固醇。胆固醇在人体内的代谢途径如图 4-20 所示（Guardamagna 等，2014）。

（一）胆固醇的合成

胆固醇主要是由肝脏、小肠自身合成，人体内 70%~80% 的胆固醇由肝细胞合成，10% 由小肠上皮细胞合成。胆固醇的合成从乙酰辅酶 A 开始，经过多个步骤最终转变成胆固醇。羟甲基戊二酰辅酶 A 还原酶为这一合成过程的限速酶，它催化了胆固醇合成中从乙酰辅酶 A 转化为甲羟戊酸的过程（Edwards 等，2000）。羟甲基戊二酰辅酶 A 是胆固醇合成的原料，其还原酶为羟甲基戊二酰辅酶 A 还原酶。羟甲基戊二酰辅酶 A 还原酶基因同时也是转录因子 SREBP2 调控的靶基因之一（Liu 等，2015）。固醇调节元件结合蛋白（SREBPs）是一类膜锚

定的转录因子，有 SREBP1 和 SREBP2 两种亚型结构。SREBP1 优先增强脂肪酸合成所需的基因转录，但不增强胆固醇合成；SREBP2 优先增强胆固醇的合成的基因。

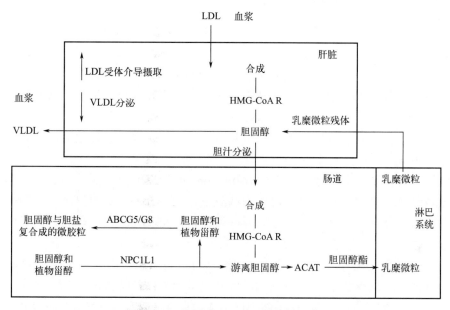

图 4-20　胆固醇在人体内的代谢途径

NPC1L1：特异介导胆固醇吸收的功能蛋白质；ABCG5/G8：胆固醇外排的结合转运蛋白；HMG-CoA R：胆固醇合成过程的限速酶；ACAT：胆固醇酰基转移酶；LDL：低密度脂蛋白；VLDL：极低密度脂蛋白。

（二）胆固醇的吸收与转运

在小肠内，胆固醇主要存在吸收和转运两种代谢形式，这两种代谢形式主要由尼曼 – 匹克 C1 型类似蛋白 1 及腺苷三磷酸结合盒转运蛋白两种蛋白质控制。小肠细胞能够从胆汁和食物中吸收大量胆固醇，而尼曼 – 匹克 C1 型类似蛋白 1 是一种胆固醇单向转运蛋白，是肠内胆固醇吸收所必需的蛋白质。因此，尼曼 – 匹克 C1 型类似蛋白 1 是临床上使用的胆固醇吸收抑制剂 Ezetimibe 的作用靶点（Li 等，2014）。膳食中的胆固醇经胃肠道酶的分解产生游离胆固醇，而游离胆固醇会与胆盐复合成微胶粒，这些可溶于水的微小颗粒能透过细胞膜进入肝肠循环。肠腔内的游离胆固醇通过小肠上存在的腺苷三磷酸结合盒转运蛋白进入小肠上皮细胞，完成小肠中胆固醇的转运过程。在小肠中，乳酸菌对于尼曼 – 匹克 C1 型类似蛋白 1 和腺苷三磷酸结合盒转运蛋白这两种因子的调控是依靠肝脏 X 受体（Liver X receptor，LXR）介导的。LXR 与视黄醛 X 受体（Retinoid X receptor，RXR）结合形成杂合二聚体 LXR/RXR 后才具有转录因子活性。LXR/RXR 杂合二聚体在下调尼曼 – 匹克 C1 型类似蛋白 1 的表达抑制胆固醇合成的同时还会上调腺苷三磷酸结合盒转运蛋白的表达，促进肠道内胆固醇的外排，从而减少体内胆固醇的含量（Yoon 等，2013）。

（三）调控胆固醇代谢的信号通路

在肝细胞内，调控胆固醇代谢的信号通路主要有以下 5 个（国立东等，2013）。

（1）低密度脂蛋白（Low density lipoproteins，LDL）　可将肝细胞中的胆固醇通过细胞膜上的低密度脂蛋白受体摄取到血浆中，是负责运输胆固醇到血液中的主要脂蛋白。当低密度脂蛋白特别是氧化后的低密度脂蛋白过量时，它携带的胆固醇就会在血管壁上积存而引起血管硬化，所以人们也把低密度脂蛋白看作是不好的脂蛋白。

（2）高密度脂蛋白（High density lipoproteins，HDL）　主要在肝脏细胞和小肠上皮细胞内合成，可以摄取血管壁沉浸下来的胆固醇、甘油三酯、低密度脂蛋白等有害物质，转运到肝脏进而分解后排泄，是一种抗动脉硬化的血浆脂蛋白，俗称"血管清道夫"，是冠心病的预防因子。

（3）极低密度脂蛋白（Very low density lipoproteins，VLDL）　可通过脂肪酸合成酶、乙酰辅酶 A 羧化酶和微粒体转移酶蛋白将胆固醇输送到血浆中，是动脉硬化的诱导因子，代谢的中间密度脂蛋白也被认为有致动脉硬化的作用。

（4）肝 X 受体 α（Liver X receptor α，LXR α）　蛋白质和胆固醇 7 α – 羟化酶可将胞内的胆固醇分解代谢成胆汁酸。研究发现胆汁酸在动物机体内可通过乳化作用扩大脂肪与脂肪酶的接触面积进而促进脂肪的水解代谢，在肠道内转运脂肪，促进脂肪的吸收。

（5）胆固醇的从头合成　羟甲基戊二酰辅酶 A 还原酶（HMGCR）是胆固醇生物合成的限速酶，是 SREBP2 调控的靶基因，其活性的高低直接影响着胆固醇合成的速度，影响机体内胆固醇的水平。因此，可通过抑制羟甲基戊二酰辅酶 A 还原酶活性来减少胆固醇的合成。

由以上论述可见，人机体内的胆固醇主要在肝脏细胞和肠上皮细胞合成，在小肠吸收，在胆汁酸的作用下随粪便排出，以此来维持人机体内胆固醇的动态平衡。调控胆固醇动态平衡的关键因子有羟甲基戊二酰辅酶 A 还原酶、尼曼 – 匹克 C1 型类似蛋白 1、腺苷三磷酸结合盒转运蛋白，胆固醇的体内代谢平衡关键依赖 SREBP2 及其下游靶基因低密度脂蛋白受体和羟甲基戊二酰辅酶 A 还原酶的转录调控。

（四）机体调节胆固醇的方法

因为饮食因素可以影响胆固醇的合成速度，所以降低人体内胆固醇含量的策略之一就是通过饮食限制胆固醇的生物合成。脂肪对调节人体胆固醇合成和胆固醇平衡起到至关重要的作用。肝脏中的 LDL 受体（Low density lipoprotein receptor，LDL-R）活性能够被饱和脂肪酸调节，进而通过降低低密度脂蛋白胆固醇（LDL-C）的吸收来影响胆固醇合成（Wang 等，2004）。膳食纤维的摄入也会降低胆固醇的合成，膳食纤维可以降低餐后血糖水平，导致胰岛素水平下降，从而通过抑制羟甲基戊二酰辅酶 A 还原酶表达抑制肝脏胆固醇合成（Gunness 等，2010）。此外，胆盐池及磷脂含量的降低也会减少胆固醇吸收（Wang 等，2007）。胆汁中胆固醇含量增加、胆盐池亲水 – 疏水指数和胆汁胆固醇排出等因素也会抑制胆固醇吸收（Shin 等，2003）。当膳食胆固醇摄入量增加时，机体可以通过固醇调节元件结合蛋白 1（SREBP1）途径抑制胆固醇合成，增强胆固醇分解为胆汁酸。

　　机体内激素水平同样会影响胆固醇的合成。甲状腺激素可以通过调节羟甲基戊二酰辅酶 A 还原酶、SREBP2 表达影响体内胆固醇合成代谢（Shin 等，2003）。此外，Messa 等（2005）报道了 17β – 雌二醇可以调节 LDL-R 和羟甲基戊二酰辅酶 A 还原酶表达从而影响胆固醇合成。

　　人体肠道中细菌数量大约为 10^{14}，这些肠道微生物群可代谢胆固醇和胆汁酸（Qin 等，2010；Gérard，2014）。在一项针对仓鼠的研究中，植物甾醇酯的补充导致仓鼠胆固醇吸收减少，同时仓鼠机体内微生物群落发生变化，Martínez 等（2013）猜测这是因为胆固醇排泄增多和胆固醇吸收减少的综合效应增加了胃肠道中游离胆固醇和酯化胆固醇的浓度。这些胆固醇衍生物对胃肠道微生物菌群的特定成员具有一定抗菌作用，从而引起微生物群落的改变。短链脂肪酸（Short-chain fatty acids，SCFA）是胆固醇生成的底物，肠道微生物可以产生和代谢 SCFA，从而参与调节宿主的各种生理功能（Sáad 等，2010）。肠道微生物菌群情况与辛伐他汀的摄入密切相关。同时肠道微生物菌群会影响胆汁酸代谢。Kaddurah 等（2011）使用靶向气相色谱 – 质谱代谢组学平台测定胆固醇合成、膳食固醇吸收和胆汁酸形成中的代谢物产生，通过确定代谢物信号，预测辛伐他汀治疗中 LDL-C 的变化。研究表明，肠道微生物菌群不仅可以控制胆汁酸池[1]的组成，还能影响由法尼素 X 受体（Farnesoid X receptor，FXR）控制的基因的表达（Jones 等，2014）。在小肠中，肠道微生物产生的胆盐水解酶参与胆汁酸水解，有助于维持胆汁酸和胆固醇的正常水平（Smet 等，1994）。这些研究表明，肠道微生物菌群可能影响肠道胆固醇的吸收，并导致胆固醇合成发生相应的改变。

　　1）　肝肠循环是调节胆汁酸合成的重要途径，胆汁酸在肝脏合成后经胆盐输出泵进入胆囊，胆汁酸分泌到肠道后，在回肠末端通过主动转运和被动扩散的方式被吸收，导致体内大量胆汁酸蓄积，形成胆汁酸池。

二、乳酸菌调控胆固醇代谢的物质基础

当体内胆固醇代谢紊乱时，机体就会受到不同程度的伤害，严重的后果便是当今频发的心脑血管疾病（Dejana 等，2017）。针对这种高发高危疾病，人们大多选用两种方式进行治疗，一是通过食用胆固醇含量低的食物减少体内胆固醇的摄入量，但是对于普通人来说很难做到时刻保持警惕；二是依靠药物进行治疗，但药物治疗不仅费用高昂，副作用更是不可预估，不是人们理想的治疗方法（Palma 等，2015；田建军等，2012）。如此一来，对具有调控机体内外胆固醇代谢作用的食源性乳酸菌的研究得到了极大的发展。

（一）体内胆固醇代谢的调控途径

乳酸菌可通过抑制 NPC1L1 的表达从而抑制胆固醇在体内的吸收，介导 ABCG5/G8 表达上调，以及代谢过程中产生胆盐水解酶等促进胆固醇的外排。（Booth 等，2018）。

目前已研究得知，乳酸菌调控机体胆固醇代谢的途径主要有：①抑制肝脏胆固醇的生物合成；②促进胆固醇的分解代谢；③调节胆固醇的吸收及转运。乳酸菌可通过抑制尼曼 – 匹克 C1 型类似蛋白 1 表达而抑制胆固醇在体内的吸收（Ying 等，2010）。乳酸菌菌体细胞可通过菌体表面吸附胆固醇、共轭胆固醇解离促进外排来调控机体内脂质和胆固醇的水平。乳酸菌代谢产生的胆盐水解酶能将进入肠道内的牛磺酸胆酸盐、甘氨酸胆酸盐等结合型胆酸盐水解成牛磺酸、甘氨酸等游离胆汁酸，游离的胆汁酸不容易被小肠上皮细胞吸收，在进入大肠后被直接排出体外，由于反馈调节作用，胆固醇在肝脏内被进一步分解生成新的胆汁酸，从而调控人体内胆固醇的水平（Jones 等，2013）。研究表明，微生物的胆盐水解酶的活性是导致胆固醇含量降低的主要原因。在胆盐水解酶的催化下，肠腔内的胆固醇发生去缀合形成去共轭胆汁酸。去共轭胆汁酸溶解性较差，不易被肠内腔吸收，更容易通过肠道排泄，从而减少胆固醇在肠腔内的吸收，也因此降低了血清胆固醇的水平（Patel 等，2018）。由此可见，乳酸菌自身产生的胆盐水解酶可以降低人体内胆固醇的含量。体外研究表明，在厌氧的条件下，乳酸菌在含有胆盐的高胆固醇培养基中生长时，菌体细胞可以吸收介质中的胆固醇，降低介质中胆固醇的含量。对于胆盐与乳酸菌降低胆固醇之间的关系，众多研究者均认为，适当增加胆盐浓度可以提高菌体细胞壁的通透性，使固醇类物质渗入细胞内部，引起环境中胆固醇浓度下降，而胆盐浓度过高会抑制细菌的生长，不利于菌体细胞对胆固醇的吸收（那淑敏等，1999）。

（二）乳酸菌体内降胆固醇的机制

随着人们对乳酸菌调控胆固醇研究的不断深入，乳酸菌体内降胆固醇的机制也相继被提出，目前主要体现在以下几个方面。

（1）通过介导转运蛋白尼曼－匹克C1型类似蛋白1和腺苷三磷酸结合盒转运蛋白的表达来调控胆固醇的吸收与转运　肠道内的乳酸菌可通过抑制小肠上皮细胞对胆固醇的吸收和促进胆固醇的外排来调控体内胆固醇的水平。肝脏X受体通过控制转录水平参与脂质代谢，主要介导小肠对胆固醇吸收转运的代谢通路。肝脏X受体被激活后能够诱导一系列与胆固醇吸收、流出、转运和分泌相关的基因的表达。比如，乳酸菌可通过激活肝脏X受体抑制肠道对胆固醇吸收的关键转运蛋白尼曼－匹克C1型类似蛋白1的表达，进而抑制肠道对胆固醇的吸收（Altmann等，2004）。

（2）通过抑制胆固醇合成的限速酶的活性来抑制胆固醇的体内自身合成　胆固醇合成的限速酶是羟甲基戊二酰辅酶A。乳酸菌能够通过抑制胆固醇调节元件结合蛋白的表达途径来抑制羟甲基戊二酰辅酶A的活性，进而降低大鼠血清胆固醇水平。研究发现，植物乳植杆菌DMDL9010具有较高的降解胆固醇的能力，其降解机制主要是通过影响羟甲基戊二酰辅酶A的活性来抑制胆固醇的自身合成（Taranto等，1997）。

（3）通过调控激活胆固醇分解代谢限速酶和胆盐水解酶的活性来促进胆固醇的分解代谢　激活胆固醇分解代谢限速酶和胆盐水解酶可以促进胆固醇的分解，也可以调控体内胆固醇的水平。研究发现，乳酸菌可以通过提高肝脏细胞激活胆固醇分解代谢限速酶的活性来加速肝脏内胆固醇的分解（Li等，2014；Dgirolamo等，2014）。胆盐水解酶活性也是胆固醇水平降低的关键因素，该酶可以改变胆盐的组成，使其和胆固醇一起沉淀（Don等，1997）。

虽然乳酸菌对胆固醇代谢调控的机制有以上3个方面的报道，但胆固醇代谢是一个多因素、多水平、多蛋白质和基因参与的复杂过程，想要理清乳酸菌与人体内胆固醇代谢的关系以及乳酸菌对胆固醇调控的机制，需要从分子水平进行全面系统地研究。乳酸菌调控胆固醇代谢的物质是菌株的代谢产物还是细胞壁组分，是直接调控还是间接调控，这些方面的研究报道目前相对较少。

三、乳酸菌调控胆固醇的研究方法展望

乳酸菌降胆固醇机制的研究多是基于生长培养基提出的，不能反映人体内的真实情况，因此通过动物实验研究乳酸菌降解胆固醇的物质基础、代谢途径、信号通路成为当前热点。

（1）利用差异蛋白质组学分析技术，研究调控胆固醇代谢的功能蛋白

质　小鼠、大鼠等啮齿类动物与人类具有相似的消化道解剖结构和代谢过程，因而常被用于建立研究与人类代谢相关的重要模型。分别提取实验小鼠血浆和肝脏组织样品，利用差异蛋白质组学技术从中筛选出表达差异的蛋白质，利用质谱技术进行蛋白质鉴定和功能分析，探究受乳酸菌影响的胆固醇代谢过程中差异蛋白质的功能特性。差异蛋白质组学着重在于找出有意义的差异蛋白质，并不要求捕获全部的蛋白质，因此具有明确的应用前景。差异蛋白质组学技术已在食物蛋白质的研究、基因工程产物的鉴定、疾病的早期诊断等方面得到了广泛应用。有研究把差异蛋白质组学技术应用到芒果成熟过程，鉴定出 47 种芒果成熟不同阶段差异表达的蛋白质，为芒果成熟过程的生物学研究提供了依据（Andrade 等，2012）。

　　（2）利用 PCR Array 芯片（功能分类芯片）技术，分析与胆固醇代谢信号通路相关的多个基因的表达变化情况　　PCR Array 芯片技术是将荧光定量 PCR 技术与高通量芯片技术相结合，在一张 96 孔板上同时对某个信号通路或疾病相关的多个基因的表达量变化情况进行检测，芯片上的基因包括了与研究对象有确定关系的基因和待研究考证的基因。PCR Array 芯片包含脂蛋白和胆固醇代谢信号通路相关的 86 个关键基因，可以分析人机体肝脏脂蛋白、胆固醇代谢信号通路相关基因 mRNA 表达的变化情况。有研究用与人血管生长相关基因的 96 孔板 PCR Array 功能分类芯片，分析了在人体外丙戊酸对人血管细胞的影响。结果表明，经丙戊酸处理后人体血管细胞中有涉及白介素、内皮细胞存活的血管生成素、内皮细胞血管成熟与稳定的成纤维细胞生长因子受体等 14 个基因表达的改变与血管的稳定和成熟有相关性（Karén 等，2011）。此研究提示，PCR Array 芯片技术作为一种快速、准确的技术手段，可应用于探究乳酸菌对胆固醇代谢影响机制的研究中。乳酸菌对胆固醇代谢影响机制与药物作用机制的研究具有一定的相似性。同时，研究上述蛋白质和相关基因在影响胆固醇代谢过程中的相互关系，可以使蛋白质差异组学分析结果和 PCR Array 芯片分析结果进行相互验证。

参考文献

［1］柏建玲，吴清平，张菊梅，等.耐胃液乳酸菌的筛选、鉴定与驯化［J］.食品工业科技，2010，31（11）：190-195.

［2］毕梦迪，欧阳铭珊，黎旭，等.渗透压胁迫对耐盐乳酸菌发酵特性的影响［J］.中国酿造，2020，39（8）：30-36.

［3］布坎南，吉本斯.伯杰氏细菌鉴定手册［M］.北京：科学出版社，1984.

［4］蔡海莺，赵敏洁，李杨，等.蒸笼垫中产高温脂肪酶菌株的筛选和脂肪酸谱

分析［J］.中国食品学报，2017，17（4）：189-196.

［5］陈敏之，甘礼唯.甲酸的应用［J］.化学世界，1987，27（6）：268-272.

［6］陈玉婷，赵晓燕，张晓伟，等.儿童复合蔬果超微营养粉速溶饮料配方的研究［J］.食品工业，2017，38（9）：162-165.

［7］陈竞适，刘静，任海姣，等.湘西陈年腊肉微生物群落分析及高产脂肪酶细菌的筛选［J］.肉类研究，2017，31（3）：1-6.

［8］董娟.冰川低温酯酶产生菌的选育、基因克隆表达及在奶味香基制备中的应用［D］.无锡：江南大学，2016.

［9］杜静婷，施俊凤.非乳制品益菌产品的菌种选育进展［J］.农技服务，2019，36（11）：47-48.

［10］高文霞.干发酵香肠组胺安全性与控制技术研究［D］.呼和浩特：内蒙古农业大学，2007.

［11］贡汉生.四株乳杆菌产细菌素的研究［D］.哈尔滨：东北农业大学，2007.

［12］国立东，杨丽杰，霍贵成.乳酸菌降胆固醇机制的研究进展［J］.食品与发酵工业，2013，39（2）：117-122.

［13］何捷，曾小群，吕鸣春，等.新疆酸奶中高产蛋白酶与产脂肪酶乳酸菌的筛选［J］.食品科学，2015，36（17）：130-133.

［14］胡斌.青砖茶渥堆中产脂肪酶菌株的筛选与应用［D］.武汉：华中农业大学，2019.

［15］胡兴翠.一株新型产乳化因子及脂肪酶沙雷氏菌 ZS6 的分离分析［D］.杭州：浙江大学，2018.

［16］黄娟.适合于发酵香肠的发酵剂的研究及展望［C］.第四届中国肉类科技大会论文集，2003（7）：247-252.

［17］黄敏欣，赵文红，白卫东，等.冷却猪肉腐败菌的研究进展［J］.肉类工业，2015（5）：38-42，46.

［18］姜维.一株耐盐性高效生物胺降解新菌的筛选、分类鉴定及应用研究［D］.青岛：中国海洋大学，2014.

［19］景智波.乳酸菌产脂肪酶特性研究及其在羊肉发酵香肠中的应用［D］.呼和浩特：内蒙古农业大学，2019.

［20］李南薇，李宁.乳酸菌代谢产物对大肠杆菌和金黄色葡萄球菌抑制作用的研究［J］.中国酿造，2009，28（5）：49-52.

［21］李佩艳.草酸处理对冷敏型果实采后冷害的缓解效应及其机制研究［D］.杭州：浙江工商大学，2014.

［22］李童.不同米曲霉菌株基本培养特性的比较及脂肪酶的外源表达［D］.南昌：南昌大学，2019.

［23］李寅.丙酮酸的微生物过量产生及其代谢分析［D］.无锡：无锡轻工大学，

2000.

［24］李幼筠.泡菜与乳酸菌［J］.中国酿造，2001，20（4）：7-9.

［25］凌代文，东秀珠.乳酸细菌分类鉴定及试验方法［M］.北京：中国轻工业出版社，1999.

［26］刘立明，李寅，堵国成，等.生物技术法生产丙酮酸的研究进展［J］.生物工程学报，2002（6）：651-655.

［27］刘英丽，丁立.产细菌素乳酸菌的筛选与鉴定［J］.食品工科，2017，17（38）：146-152.

［28］栾艳平，苏峰，倪军，等.益生菌和小檗碱对肠道菌群失调诱导糖尿病预防的研究［J］.中华灾害救援医学，2019，7（7）：414-418.

［29］罗冬英，尹传武.乳酸菌制剂对人体保健功效的机理探讨［J］.鄂州大学学报，2002，（4）：53-54.

［30］马欢欢，白凤翎，励建荣.乳酸菌吸附作用清除食品中有毒重金属研究进展［J］.食品科学，2017，38（11）：301-307.

［31］孟甜.乳酸菌产生物胺的鉴定及食品中生物胺的检测［D］.无锡：江南大学，2010.

［32］孟祥晨，杜鹏，李艾黎，等.乳酸菌与乳品发酵剂［M］.北京：科学技术出版社，2009.

［33］马欢欢，白凤翎，励建荣.乳酸菌吸附作用清除食品中有毒重金属研究进展［J］.食品科学.2016，12（4）：6-8.

［34］那淑敏，贾士芳，陈秀珠，等.嗜酸乳杆菌发酵代谢产物的分析［J］.中国微生态杂志，1999，11（2）：266-268.

［35］牛天娇，陈历水，孔杭如，等.传统发酵肉制品中降解生物胺菌株的筛选鉴定与应用研究［J］.中国酿造，2019，38（9）：43-48.

［36］蒲博，张驰翔，王周，等.乳酸菌降胆固醇作用及其机理的研究进展［J］.中国酿造，2014，33（7）：5-9.

［37］齐智，元香南.高胆固醇不同摄入量对血脂的影响［J］.营养学报，2006，28（5）：442-443.

［38］钱洋.乳酸菌对食品中常见霉菌的抑制和黄曲霉素的去除［D］.济南：山东大学，2012.

［39］石春卫，谢静，杨桂连，等.猪源粪肠球菌的分离与鉴定［J］.动物医学进展，2020，41（9）：123-127.

［40］宋明鑫，许丽，王文梅，等.乳酸菌降解胆固醇的作用机理及其在动物中的研究现状［J］.饲料工业，2011，32（22）：48-51.

［41］孙宝远，张炳胜，陈衍军，等.国内甲酸生产技术和市场现状［J］.化工中间体，2005，4（7）：7-9.

［42］谭有将，谢小燕，王群，等.克雷伯脂肪酶产生菌产酶条件优化及其粗酶性质研究［J］.江苏农业科学，2010（4）：355-357.

［43］滕云.酯合成脂肪酶高产菌的选育及其产酶发酵调控的研究［D］.无锡：江南大学，2008.

［44］田丰伟，孟甜，丁俊荣，等.蔬菜发酵剂乳酸菌产生物胺的检测与评价［J］.食品科学，2010，31（24）：241-245.

［45］田建军，张开屏，靳烨，等.一株高效降胆固醇嗜酸乳杆菌在发酵乳中的应用［J］.食品工业科技，2012，33（5）：163-166.

［46］田建军.高效降胆固醇乳酸菌的筛选及其在发酵乳中的应用［D］.呼和浩特：内蒙古农业大学，2006.

［47］王君，张宝善.微生物生产天然色素的研究进展［J］.生物学通报，2007，4（3）：580-583.

［48］王庆昭，吴巍，赵学明.生物转化法制取琥珀酸及其衍生物的前景分析［J］.化工进展，2004，23（7）：794-799.

［49］王宵燕，杨明君，经荣斌.有机酸在畜禽生产中的应用［J］.饲料研究，2002（7）：22-24.

［50］向进乐，杜琳，郭香凤，等.离子抑制反相高效液相色谱法测定菠萝果酒中10种有机酸［J］.中国食品学报，2014，14（6）：229-235.

［51］辛星，宋刚，周晓杭，等.传统发酵豆酱中乳酸菌的分离、筛选及鉴定［J］.中国食品学报，2014，14（9）：202-207.

［52］徐建芬，毛杰琪，魏晓璐，等.黄酒中不产生物胺乳酸菌的筛选及应用［J］.食品与机械，2017，33（9）：20-25.

［53］闫雪，苑艳辉，曾辉.益生菌乳制品的腐败原因浅析［C］//广东省食品学会.第三届"益生菌、益生元与健康研讨会"论文集，2004：2.

［54］杨华，王光裕.国内外甲酸生产概况及对我公司的建议［J］.化工生产与技术，1995，7（3）：38-41.

［55］杨志娟.我国天然色素的现状与发展方针［J］.食品研究与开发，2003，24（2）：3-5.

［56］于娜.具有抑菌作用乳杆菌的筛选及其抑菌物质特性的研究［D］.呼和浩特：内蒙古农业大学，2011.

［57］余永建.镇江香醋有机酸组成及乳酸合成的生物强化［D］.江苏：江南大学，2014.

［58］袁毅君，王廷璞，杨玲娟，等.茶多酚鸡蛋营养成分分析［J］.饲料工业，2010，31（23）：9-13.

［59］翟钰佳.植物乳植杆菌对羊肉发酵香肠生物胺形成的影响［D］.呼和浩特：内蒙古农业大学，2019.

［60］张婵，杨强，王成涛，等.高产脂肪酶菌株的分离筛选与培养基优化［J］.中国酿造，2013，32（10）：17-21.

［61］张灏，华伟.从泡菜中筛选降解胆固醇的乳酸菌［J］.中国比较医学杂志，2002，12（6）：16-18.

［62］张佳程，骆承庠.乳酸菌对食品中胆固醇脱除作用的研究——乳酸菌菌种（株）的筛选［J］.食品科学，1998，19（3）：20-22.

［63］张军，田子罡，王建华，等.有机酸抑菌分子机理研究进展［J］.畜牧兽医学报，2011，42（3）：323-328.

［64］张开屏，田建军，景智波，等.产脂肪酶乳酸菌对羊肉发酵香肠脂肪酸的影响［J］.农业工程学报，2020，36（12）：310-320.

［65］张婷，李剑芳，胡蝶，等.干酪乳酪杆菌 l- 乳酸脱氢酶突变体在毕赤酵母中的表达及其不对称还原苯丙酮酸［J］.生物工程学报，2020，36（5）：959-968.

［66］张雪洁.复合酸化剂替代抗生素和氧化锌对断奶仔猪生长性能及肠道功能的影响［D］.郑州：河南农业大学，2019.

［67］张燕，周常义，苏文金，等.乳酸菌及其代谢物在食品保鲜中的应用研究进展［J］.农产品加工，2012（4）：22-26.

［68］张泽栋.脂肪酶 HL1232 脱除大豆毛油中磷脂的分子机制研究［D］.广州：华南理工大学，2019.

［69］赵男，常曼曼，李颖，等.植物乳杆菌 WD-1 发酵树莓汁的代谢产物分析［J］.科技风，2020（23）：175-178.

［70］甄光明.乳酸及聚乳酸的工业发展及市场前景［J］.生物产业技术，2015（1）：42-52.

［71］甄梦莹.助力猪场防非、替抗、提高生产效率——记广州格拉姆生物科技有限公司［J］.猪业科学，2020，37（8）：74-77.

［72］郑志春.基因大数据组装优化研究［D］.深圳：中国科学院大学（中国科学院深圳先进技术研究院），2019.

［73］朱成龙.产生物胺酒酒球菌及葡萄酒中生物胺的检测［D］.咸阳：西北农林科技大学，2013.

［74］朱文彪.甲酸生产技术及市场现状［J］.小氮肥设计技术，2003，24（3）：59-60.

［75］AL-SHERAJI S H，ISMAIL A，MANAP M Y，et al. Hypocholesterolaemic effect of yoghurt containing *Bifidobacterium pseudocatenulatum* G4 or *Bifidobacterium longum* BB536［J］. Food Chemistry，2012，135（2）：356-361.

［76］ALTMANN S W，DAVIS H R JR，ZHU L J，et al. Niemann-Pick C1 Like 1 protein is critical for intestinal cholesterol absorption [J]. Science, 2004, 303 (5661): 1201–1204.

[77] ANDRADE J M, TOLEDO T T, NOGUEIRA S B, et al. 2D-DIGE analysis of mango (*Mangifera indica* L.) fruit reveals major proteomic changes associated with ripening [J]. Journal of Proteomics, 2012, 75 (11): 3331–3341.

[78] BARDAJI L, ECHEVERRÍA M, RODRÍGUEZ-PALENZUELA P, et al. Fourgenes essential for recombination define GInts, a new type of mobile genomic island widespread in bacteria [J]. Scientific Reports, 2017, 7: 46254.

[79] BASHEARS M M, GILLILAND S E, BUCK L M. Bile salt deconjugation and cholesterol removal from media by *Lactobacillus casei* [J]. Journal of Dairy Science, 1998, 81 (1): 2103–2110.

[80] BOOTH L, ROBERTS J L, POKLEPOVIC A, et al. The levels of mutant K-RAS and mutant N-RAS are rapidly reduced in a Beclin1 / ATG5-dependent fashion by the irreversible ERBB1/2/4 inhibitor neratinib [J]. Cancer Biology & Therapy, 2018, 19 (2): 132–137.

[81] BORK P, DANDEKAR T, DIAZ-LAZCOZ Y, et al. Predicting function from genes to genomes and back [J]. J Mol Biol, 1998, 283 (4): 707–725.

[82] BOZELL J J, PETERSEN G R. Technology development for the production of biobased products from biorefinery carbohydrates—the US Department of Energys "Top 10" revisited [J]. Green Chemistry, 2010, 12 (4): 539–554.

[83] CÁLIX-LARA, THELMA F, RAJENDRAN M, et al. Inhibition of *Escherichia coli* O157: H7 and *Salmonella enterica* on spinach and identification of antimicrobial substances produced by a commercial lactic acid bacteria food safety intervention [J]. Food Microbiology, 2014, 38: 192–200.

[84] COETZEE JN, DATTA N, HEDGES RW. R factors from Proteus rettgeri [J]. Journal of General Microbiology, 1972, 72 (3): 543–552.

[85] DEGIROLAMO C, RAINALDI S, BOVENGA F, et al. Microbiota modification with probiotics induces hepatic bile acid synthesis via down regulation of the fxr-fgf15 axis in mice [J]. Cell Reports, 2014, 7 (1): 12–18.

[86] DEJANA E, HIRSCHI K K, SIMONS M. The molecular basis of endothelial cell plasticity [J]. Nature Communications, 2017, 8: 14361.

[87] DEL RIO B, LADERO V, REDRUELLO B, et al. Lactose-mediated carbon

catabolite repression of putrescine production in dairy *Lactococcus lactis* is strain dependent [J]. Food Microbiology. 2015, 48: 163–170.

[88] DE SMET I, DE BOEVER P, VERSTRAETE W. Cholesterol loweringin pigs through enhanced bacterial bile salt hydrolase activity [J]. Journal of Nutrition Education, 1998, 79 (2): 185–194.

[89] DON D O, KIM S H, GILLILAND S E. Incorporation of cholesterol into the cell membrane of *Lactobacillus acidophilus* ATCC43121 [J]. Dairy Sci, 1997, 80: 3107–3113.

[90] EDWARDS P A, TABOR D, KAST H R, et al. Regulation of gene expression by SREBP and SCAP[J]. Biochimica et Biophysica Acta, 2000, 1529(1–3): 3–113.

[91] GÉRARD P. Metabolism of cholesterol and bile acids by the gut microbiota[J]. Pathogens, 2014, 3 (1): 14–24.

[92] GERONIMUS A T, BOUND J, WAIDMANN T A, et al. Excess mortality among blacks and whites in the United States [J]. The New England journal of medicine, 1996, 335 (21): 1552–1558.

[93] GRIEBELER N, POLLONI A E, REMONATTO D, et al. Isolation and screening of lipase–producing fungi with hydrolytic activity [J]. Food & Bioprocess Technology, 2011, 4 (4): 578–586.

[94] GRILL J, SCHNEIDER F, CROCIANI J, et al. Purification and characterization of conjugated BSH from *Bifidobacterium longum* BB536 [J]. Applied and environmental microbiology, 1995, 61 (7): 2577–2582.

[95] GUARDAMAGNA O, AMARETTI A, PUDDU P E, et al. Bifidobacteria supplementation: Effects on plasma lipid profiles in dyslipidemic children[J]. Nutrition, 2014, 30 (7–8): 831–836.

[96] GUNNESS P, GIDLEY M J. Mechanisms underlying the cholesterol–lowering properties of soluble dietary fibre polysaccharides [J]. Food & function, 2010, 1 (2): 149–155.

[97] HUANG J H, HUANG S L, LI R H, et al. Effects of nutrition and exercise health behaviors on predicted risk of cardiovascular disease among workers with different body mass index levels [J]. International Journal of Environmental Research & Public Health, 2014, 11 (5): 4664–4675.

[98] HUANG Y, ZHENG Y. The probiotic *Lactobacillus acidophilus* reduces cholesterol absorption through the down–regulation of Niemann–PickC1–like 1 in Caco–2 cells [J]. Journal of Nutrition Education, 2010, 103 (4): 473–478.

[99] HUGAS M, MONFVRT J M. Bacterial starter cultures for meat fermentation [J]. Food Chemistry, 1997, 59 (4): 547-554.

[100] JONES M L, MARTONI C J, GANOPOLSKY J G, et al. The human microbiome and bile acid metabolism: dysbiosis, dysmetabolism, disease and intervention [J]. Expert opinion on biological therapy, 2014, 14 (4): 467-482.

[101] JONES M L, MARTONI C J, PARENT M, et al. Cholesterol lowering efficacy of a microencapsulated bile salt hydro-lase-active *Lactobacillus reuteri* NCIMB 30242 yoghurt for mutation in hypercholesterolaemic adults [J]. Journal of Nutrition Education, 2012, 107 (10): 1505-1513.

[102] JONES M L, TOMARO-DUCHESNEAU C, MARTONI C J, et al. Cholesterol lowering with bile salt hydrolase-active probiotic bacteria, mechanism of action, clinical evidence, and future direction for heart health applications [J]. Expert Opinion on Biological Therapy, 2013, 13 (5): 631-642.

[103] KADDURAH-DAOUK R, BAILLIE R A, ZHU H, et al. Enteric microbiome metabolites correlate with response to simvastatin treatment [J]. PLoS One, 2011, 6 (10): e25482.

[104] KARÉN J, RODRIGUEZ A, FRIMAN T, et al. Effects of the histone deacetylase inhibitor valproic acid on human pericytes *in vitro* [J]. Plosone, 2011, 6 (9): 3-29.

[105] LANDETA G, CURIEL J A, CARRASCOSA A V, et al. Technological and safety properties of lactic acid bacteria isolated from Spanish dry-cured sausages [J]. Meat Science, 2013, 95 (2): 272-280.

[106] Lee PC, Lee WG, Lee SY, et al. Fermentative production of succinic acid from glucose and corn steep liquor by *Anaerobiospirillum succiniciproducens* [J]. Biotechnology and Bioprocess Engineering, 2000, 5: 379-381.

[107] LI C, DING Q, NIE S P, et al. Carrot juice fermented with *Lactobacillus plantarum* NCU116 ameliorates type 2 diabetes in rats [J]. Journal of Agricultural and Food Chemistry, 2014, 62 (49): 11884-11891.

[108] LION M T, SHAN N P. Acid and bile tolerance and cholesterol removal ability of *Lactobacilli* strains [J]. Journal of Dairy Science, 2008, 88 (7): 55-66.

[109] LIU S, JING F, YU C, et al. AICAR-Induced activation of AMPK inhibits TSH/SREBP-2/HMGCR pathway in liver [J]. Plos One, 2015, 10 (5): 1-16.

［110］LIU YP, ZHENG P, SUN ZH, et al. Economical succinic acid production from cane molasses by *Actinobacillus succinogenes* ［J］. Bioresource technology, 2008, 99（6）: 1736-1742.

［111］MARTÍNEZ I, PERDICARO D J, Brown A W, et al. Diet-induced alterations of host cholesterol metabolism are likely to affect the gut microbiota composition in hamsters ［J］. Applied and environmental microbiology, 2013, 79（2）: 516-524.

［112］MEGHWANSHIG K, AGARWAL L, DUTT K, et al. Characterization of 1, 3-regiospecific lipases from new *Pseudomonas* and *Bacillus* isolates ［J］. Journal of Molecular Catalysis B Enzymatic, 2006, 40（3-4）: 127-131.

［113］MESSA C, NOTARNICOLA M, RUSSO F, et al. Estrogenic regulation of cholesterol biosynthesis and cell growth in DLD-1 human colon cancer cells ［J］. Scandinavian journal of gastroenterology, 2005, 40（12）: 1454-1461.

［114］M H SILLA SANTOS. Biogenic amines: their importance in foods ［J］. International Journal of Food Microbiology, 1996, 29（2）: 213-232.

［115］MICHAEL S, JONATHAN M, DAMIANOS M, et al. Comparative genomics of completely sequenced *Lactobacillus helveticus* genomes provides insights into strain-specific genes and resolves metagenomics data down to the strain level ［J］. Frontiers in Microbiology, 2018, 9（63）: 1-20.

［116］NAILA A, FLINT S, FLETCHER G, et al. Control of biogenic amines in food-existing and emerging approaches ［J］. Journal of food science. 2010, 75（7）: R139-R150.

［117］OVERTON G C, BAILEY C, CRABTREE J, et al. The GAIA software framework for genome annotation ［J］. Pac Symp Biocomput, 1998（3）: 291-302.

［118］PALMA I, CALDAS A R, PALMA I M, et al. LDL apheresis in the treatment of familial hypercholesterolemia: Experience of Hospital Santo António, Porto ［J］. Revista Portuguesa De Cardiologia, 2015, 34（3）: 163-172.

［119］PAPAMANOLI E, TZANETAKIS N, LITOUPOULOU-TZANETAKI E, et al. Characterization of lactic acid bacteria isolated from a Greek dry fermented sausage in respect of their technological and probiotic properties ［J］. Meat Science, 2003, 65（2）: 859-867.

［120］PATEL V, JOHARAPURKAR A, KSHIRSAGAR S, et al. Coagonist of GLP-1 and glucagon decreases liver inflammation and atherosclerosis in dyslipidemic condition [J] . Chemico-Biological Interactions, 2018, 282: 13-21.

[121] PEREIRADIA D I, GIBSON G R. Cholesterol assimilation by lactic acid bacteria and bifidobacteria isolated from the human gut [J] . Applied and environmental microbiology, 2007, 68 (3): 4689-4693.

[122] QIN J, LI R, RAES J, et al. A human gut microbial gene catalogue established by metagenomic sequencing [J] . Nature, 2010, 464 (7285): 59-65.

[123] RIDAURA, V K, FAITH, J J, REY F E, et al. Gut Microbiota from twins discordant for obesity modulate metabolism in mice [J] . Science, 2013, 341 (6150): 1241214.

[124] SA'AD H, PEPPELENBOSCH M P, ROELOFSEN H, et al. Biological effects of propionic acid in humans; metabolism, potential applications and underlying mechanisms[J]. Biochimica et Biophysica Acta (BBA)-Molecular and Cell Biology of Lipids, 2010, 1801 (11): 1175-1183.

[125] SHIN D J, OSBORNE T F. Thyroid hormone regulation and cholesterol metabolism are connected through Sterol Regulatory Element-Binding Protein-2 (SREBP-2) [J] . Journal of Biological Chemistry, 2003, 278 (36): 34114-34118.

[126] SMET I D, HOORDE L V, SAEYER N D, et al. *In vitro* study of bile salt hydrolase (BSH) activity of BSH isogenic Lactobacillus plantarum 80 strains and estimation of cholesterol lowering through enhanced BSH activity [J] . Microbial Ecology in Health and Disease, 1994, 7 (6): 315-329.

[127]SONG H, LEE S Y. Production of succinic acid by bacterial fermentation[J]. Enzyme and Microbial Technology, 2006, 39 (3): 352-361.

[128] TAHRI K, GRILL J P, SCHNEIDER F. Involvement of trihydroxycon-jugated Bile salts in cholesterol assimilation by bitidobacteria [J] . Current Microbial, 1997, 34 (2): 79-84.

[129] TALEBIAN A, AMIN N A S, MAZAHERI H. A review on novel processes of biodiesel production from waste cooking oil [J] . Applied Energy, 2013, 104: 683-710.

[130] TARANTO M P, SESMA F, DE RUIZ HOLGADO A P, et al. Bile salts hydrolase plays a key role on cholesterol removal by *Lactobacillus reuteri* [J]. Biotechnology Letters, 1997, 19 (9): 845-847.

[131] WANG D Q H. Regulation of intestinal cholesterol absorption [J] . Annu Rev Physiol, 2007, 69 (1): 221-248.

[132] WANG Y, JONES P J H, AUSMAN L M, et al. Soy protein reduces triglyceride levels and triglyceride fatty acid fractional synthesis rate in hypercholesterolemic subjects [J]. Atherosclerosis, 2004, 173 (2): 269-275.

[133] WERPY T, PETERSEN G. Top value added chemicals from biomass: volume I: results of screening for potential candidates from sugars and synthesis gas [R]. Golden, Colorado (US): National Renewable Energy Lab, 2004.

[134] WOO P C Y, CHEUNG E Y L, LEUNG K W, et al. Identification by 16S ribosomal RNA gene sequencing of an Enterobacteriaceae species with ambiguous biochemical profile from a renal transplant recipient [J]. Diagnostic Microbiology & Infectious Disease, 2001, 39: 85-93.

[135] WOO P C Y, CHONG K T K, LEUNG K W, et al. Identification of Arcobacter cryaerophilus isolated from a traffic accident victim with bacteremia by 16S ribosomal RNA gene sequencing [J]. Diagnostic Microbiology & Infectious Disease, 2001, 40: 125-127.

[136] YOON H S, JU J H, LEE J E, et al. The probiotic *Lactobacillus rhamnosus* BFE5264 and *Lactobacillus plantarum* NR74 promote cholesterol efflux and suppress inflammation in THP-1 cells [J]. Journal of the Science of Food & Agriculture, 2013, 93 (4): 781-787.

[137] ZALACAIN I, ZAPELENA M J, ASTIASARAN I, et al. Addition of lipase from Candida cylindracea to a traditional formulation of a dry fermented sausage [J]. Meat Science, 1996, 42 (2): 155-163.

[138] ZEIKUS J G, JAIN M K, ELANKOVAN P. Biotechnology of succinic acid production and markets for derived industrial products [J]. Applied Microbiology and Biotechnology, 1999, 51 (5): 545-552.

第五章

发酵肉制品中优势乳酸菌抗氧化及体内降胆固醇作用

第一节　乳酸菌抗氧化调控与评价体系

人机体内发生氧化反应时会产生自由基，正常情况下自由基的产生和清除处于动态平衡状态，但外界条件的变化会破坏这种平衡导致机体出现氧化应激，机体内的生物大分子被破坏、组织器官的功能下降、老化速度加快，进而引发一系列疾病，包括癌症、动脉粥样硬化、糖尿病和关节炎等（Lin 等，2003）。乳酸菌具有提高机体免疫力、防止人体衰老、维持肠道菌群平衡、抗癌、降血糖和降血脂等生理功能，在多项体内外实验中均已证实乳酸菌有较好的抗氧化活性（Wouters 等，2013；Yang 等，2014），是天然的抗氧化剂来源。

一、乳酸菌抗氧化作用调控体系

1908 年，前俄国病理学家 Metchnikoff 首先在乳酸菌发酵酸乳中发现了乳酸菌的抗氧化作用（Pasteur，1857），其抗氧化作用的机制是清除自由基、螯合金属离子、提高抗氧化酶活力等（Jones 等，2012），如图 5-1 所示。乳酸菌的各种调控机制不是单一作用而是相互关联的（蒋琰洁，2015）。

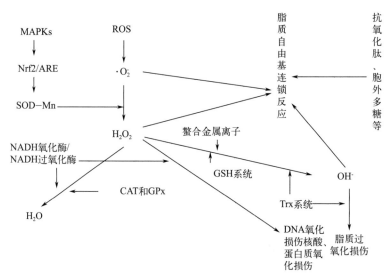

图 5-1　乳酸菌抗氧化作用调控体系

MAPKs，p38 促分裂原活化蛋白激酶（Mitogen activated protein kinases）；Nrf2/ARE，核转录因子 E2 相关因子 / 抗氧化反应元件（NFE2-related factor 2/Antioxidant response element）；SOD-Mn，锰超氧化物歧化酶（Manganese superoxide dismutase）；NADH，烟酰胺腺嘌呤二核苷酸（Nicotinamide adenine dinucleotide）；ROS，活性氧（Reactive oxygen species）；CAT，过氧化氢酶（Catalase）；GPx，谷胱甘肽过氧化物酶（Glutathione peroxidase）；GSH，还原型谷胱甘肽（Glutathione）；Trx，硫氧还蛋白（Thioredoxin）。

（一）乳酸菌氧化还原调控系统

乳酸菌的氧化还原调控系统较多，其中最主要的是硫氧还蛋白系统、还原型谷胱甘肽系统和烟酰胺腺嘌呤二核苷酸氧化酶/烟酰胺腺嘌呤二核苷酸过氧化酶系统，电子转移程度对氧化还原系统具有重要影响。硫氧还蛋白系统由硫氧还蛋白、硫氧还蛋白还原酶（Thioredoxin reductase，TrxR）和还原型辅酶Ⅱ（Nicotinamide adenine dinucleotide phosphate，NADPH）组成，细胞质中的硫氧还蛋白系统如图5-2所示（ArnÉr等，2000）。硫氧还蛋白是分子质量为12ku左右的多肽，调节氧化还原反应的位点是Cys-Gly-Pro-Cys（杨倩倩等，2016）。硫氧还蛋白系统能维持干酪乳酸菌细胞内巯基/二硫键平衡。硫氧还蛋白通过调控细胞凋亡信号调节激酶1（Apoptosis signal regulating kinase 1，ASK1）促进p38促分裂原活化蛋白激酶的表达或调控核因子κB（Nuclear Factor κB，NF-κB）通路等抑制细胞衰亡，参与氧化还原反应（Du等，2013）。

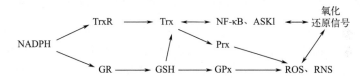

图5-2　细胞质中的硫氧还蛋白系统和还原型谷胱甘肽系统

Prx，过氧化物酶（Peroxiredoxin）；GR，谷胱甘肽还原酶（Glutathi-one reductase）；RNS，活性氮（Active nitrogen species）。

还原型谷胱甘肽系统主要是由还原型谷胱甘肽、谷胱甘肽过氧化物酶、谷胱甘肽还原酶（Glutathi-one reductase，GR）以及谷胱甘肽转硫酶（Glutathi-one-S-telansferase，GST）组成，能直接清除机体自由基，防止细胞损伤（Holmgren A，2000）（图5-2）。还原型谷胱甘肽是一种非蛋白肽（谷氨酸-半胱氨酸-甘氨酸），通过上调抗凋亡基因B细胞淋巴瘤/白血病-2蛋白（B-Cell Lymphoma-2，Bcl-2）、下调促凋亡基因Bcl-2相关X蛋白（Bcl-2 associated X protein，Bax）表达，清除机体内自由基，调节凋亡基因 *Bcl-2* 与 *Bax* 的比例，发挥抗氧化作用，决定细胞的存在状态。还原型谷胱甘肽系统中最重要的抗氧化酶是谷胱甘肽过氧化物酶，研究表明，它的缺失会使体内过氧化氢含量上升，脂质过氧化物含量增多（Felice等，2010）。给自发性高血压小鼠灌胃干酪乳酪杆菌8周后，发现小鼠体内丙二醛（Malondialdehyde，MDA）含量明显下降，还原型谷胱甘肽含量明显升高，说明干酪乳酪杆菌能够调控还原型谷胱甘肽系统，改善高血压（Yap等，2016）。还原型谷胱甘肽系统和硫氧还蛋白系统多数情况下是平行工作的，然而越来越多的研究表明，硫氧还蛋白系统可能诱导还原型谷胱甘肽系统的抗氧化表达，使其发挥抗氧化作用，当硫氧还蛋白的硫氧还蛋白还原酶的电子传递途径受阻时，还原型谷胱甘肽系统可以作为一个备份系统。

还原型谷胱甘肽系统和硫氧还蛋白系统是哺乳动物体内两种主要的巯基依赖性的抗氧化系统。如图 5-2 所示，硫氧还蛋白系统通过硫氧还蛋白还原酶催化还原型辅酶Ⅱ氧化酶供氢，将氧化型硫氧还蛋白转化为还原型，向过氧化物酶提供电子。还原型硫氧还蛋白调节许多氧化敏感的转录因子如 NF-κB、核转录因子 E2 相关因子与细胞凋亡信号调节激酶 1 等参与氧化还原反应，当硫氧还蛋白从硫氧还蛋白还原酶的电子传递途径受阻时，GR 会以还原型辅酶Ⅱ作为电子供体，将氧化型还原型谷胱甘肽还原为还原型谷胱甘肽，还原型谷胱甘肽能激活谷胱甘肽过氧化物酶活性达到清除脂质过氧化物和过氧化氢的目的。此外，还原型谷胱甘肽能在体外将氧化型硫氧还蛋白还原，作为硫氧还蛋白还原酶的备份，为硫氧还蛋白提供电子。

乳酸菌中的烟酰胺腺嘌呤二核苷酸氧化酶作用可以产生过氧化氢，促使烟酰胺腺嘌呤二核苷酸过氧化酶清除过氧化氢，防止细胞损伤。研究发现，嗜酸乳杆菌和双歧杆菌在 0%、5%、10%、15% 和 21% 的氧气中与氧气存在相互作用，通过烟酰胺腺嘌呤二核苷酸氧化酶 / 烟酰胺腺嘌呤二核苷酸过氧化酶系统可以抵抗氧胁迫（微生物耗氧代谢产生的活性氧对自身细胞的不利影响）（Talwalkar 等，2003）。

（二）调控信号通路

研究表明乳酸菌能够调控与氧化应激相关的信号通路以缓解氧化损伤。目前，乳酸菌的主要调控通路是核转录因子 E2 相关因子 / 抗氧化反应元件，它能调节机体超过 1% 的基因，正常状态下，含蛋白 E3 泛素连接酶（Cubiquitin Protein Ligase E3，CUL3-E3）的核转录因子 E2 相关因子与 Kelch 样环氧氯丙烷相关蛋白 -1（Kelch-Like ECH-Associated Protein-1，Keap1）偶联被锁定在细胞质中，当发生氧化应激时通过作用于特异性半胱氨酸残基 Kelch 样环氧氯丙烷相关蛋白 -1 引起 Kelch 样环氧氯丙烷相关蛋白 -1- 蛋白 E3 泛素连接酶的构象变化，核转录因子 E2 相关因子与 Kelch 样环氧氯丙烷相关蛋白 -1 分离，并快速移动到细胞核中，与抗氧化反应元件结合，诱导抗氧化酶 / 蛋白如谷胱甘肽转硫酶、奎宁氧化还原酶（Nicotinamide quinone oxidoreductase 1，NQO1）、血红素加氧酶（Heme oxygenase-1，HO-1）和超氧化物歧化酶、硫氧还蛋白、肿瘤抑制基因 p53 等的表达，以此缓解氧化损伤（Baird 等，2011）。Gao 等（2013）发现服用植物乳植杆菌 FC225 能明显提高高脂血症小鼠的超氧化物歧化酶和谷胱甘肽过氧化物酶活力，提高肝细胞核中核转录因子 E2 相关因子表达量，而植物乳植杆菌 FC225 能够通过调控核转录因子 E2 相关因子 / 抗氧化反应元件通路发挥抗氧化作用。Yang 等（2017）用植物乳植杆菌 JM113 饲喂雏鸡，发现雏鸡肠黏膜内丙二醛含量显著降低，同时激活核转录因子 E2 相关因子信号通路，诱导其下游调控氧化应激的基因 *HO-1* mRNA 的表达，说明分离自雏鸡肠道内的植物乳植杆菌 JM113 能调控核转录因子 E2 相关因子 / 抗氧化反应元件通路，诱导其下游抗氧化基因的表达。抗氧化酶可以通过氧化还原反应将自由基转化为安全无毒的物质，或通过增强自身水溶性促进自由基排除。乳酸菌能够通过提高抗氧化酶活力来防止机体受到损伤。这些酶类物质自由基代谢途径在不同部位发挥着协同作用，如过氧化氢酶和谷胱甘肽过氧化物酶可以将超氧化物歧化酶清除超氧阴离子自由基形成的过氧化氢分解成水和氧气，从而防止羟自由基（·OH）的形成（Song 等，2016）。抗氧化酶活力的高低间接反映菌体清除自由基的能力，而丙二醛作为脂质过氧化的产物，其含量又间接反映自由基损伤机体的严重程度，因此抗氧化酶活力和丙二醛含量通常是同时测定的（Wang 等，2009）。Wang 等（2016）在新疆驼乳酸乳中经过体外实验筛选出 1 株具有较强抗氧化活性的干酪乳酪杆菌 FM-LP4，经过 D- 半乳糖诱导氧化损伤小鼠实验，发现干酪乳酪杆菌 FM-LP4 能显著降低小鼠血清中内的毒素水平，这与其能够提高超氧化物歧化酶、谷胱甘肽过氧化物酶的活力，抑制丙二醛的形成有密不可分的关系。

　　激活核转录因子 E2 相关因子 / 抗氧化反应元件通路需要 3 步：①拥有核转录因子 E2 相关因子稳定蛋白质；②核转录因子 E2 相关因子蛋白质转运到细胞核；③核转录因子 E2 相关因子蛋白质转录激活核转录因子 E2 相关因子靶基因。因此，可以用核转录因子 E2 相关因子靶基因的相对表达衡量核转录因子 E2 相关因子通路被活化的程度（Huang 等，2017）。核转录因子 E2 相关因子 / 抗氧化反应元件通路的活化是由多种信号分子诱导的，Kelch 样环氧氯丙烷相关蛋白 -1 使核转录因子 E2 相关因子阻遏蛋白在非胁迫条件下保持核转录因子 E2 相关因子活性，在发生氧胁迫时，调控核转录因子 E2 相关因子 / 抗氧化反应元件信号通路：蛋白激酶 C（Protein kinase C，PKC）促进核转录因子 E2 相关因子磷酸化，激活核转录因子 E2 相关因子 / 抗氧化反应元件信号通路；磷脂酰肌醇 3 激酶（Phosphatidyl inositol 3-kinase，PI3K）/ 蛋白激酶 B 作为细胞生长、增殖和存活的关键信号轴也参与激活核转录因子 E2 相关因子 / 抗氧化反应元件信号通路。另外，p38 促分裂原活化蛋白激酶信号通路包括细胞外调节激酶（Extracellular signal-regulated kinase，ERK）、c-Jun 氨基末端激酶（c-Jun N terminal kinase，JNK）和 p38 促分裂原活化蛋白激酶，它们也是调节核转录因子 E2 相关因子信号通路的机制之一（Bryan 等，2012）。与其他激酶对核转录因子 E2 相关因子 / 抗氧化反应元件的调控相比，c-Jun 氨基末端激酶发挥着较为主要的作用，乳酸菌可能是通过诱导细胞凋亡信号调节激酶家族的表达从而激活 c-Jun 氨基末端激酶。Kobatake 等（2017）发现加氏乳杆菌（*Lactobacillus gasseri*）SBT2055 通过激活 c-Jun 氨基末端激酶信号促使核转录因子 E2 相关因子蛋白质水平增加，然后上调其靶基因 *Sod1–3*、*Trx1*、*Hmox1* 和 *NQO1* 等的 mRNA 表达，增强抗氧化应激防御系统。

（三）清除活性氧和自由基

自由基主要在线粒体内产生，释放到细胞质中。乳酸菌可以在自由基与机体内的大分子发生链式反应损伤细胞之前将自由基清除。机体中形成的自由基包括超氧自由基（$\cdot O_2^-$）、过氧化氢、羟自由基、单线态氧（$^1O_2$）、氢过氧化物自由基（HOO·）等。1, 1- 二苯基 -2- 三硝基苯肼（1, 1-Diphenyl-2-Picrylhydrazyl，DPPH）自由基通过形成化合物，可以快速、直接地反映乳酸菌的抗氧化能力，是体外实验中常用的一个测定指标。Suo 等（2016）以消除 DPPH 自由基和羟自由基能力为指标来评价乳酸菌 Zhao 的抗氧化能力，分析其不仅具有较强的体外自由基清除活性，而且能有效抵御 H_2O_2 诱导 LLC–PK1 肾细胞的氧化损伤；Hashemi 等（2016）在研究酸乳的氧化稳定性时发现植物乳植杆菌 LS5 的 DPPH 自由基清除率可达 49.6%。

（四）螯合金属离子

过量金属离子会将氢过氧化物分解形成过氧化氢和烷氧自由基，使机体出现氧化损伤。金属离子参与芬顿（Fenton）反应，会生成引起脂质过氧化和 DNA 损伤的羟自由基。乳酸菌通过螯合金属离子，能够防止活性氧生成，减少脂质氧化和 DNA 损伤的概率。Lee 等（2005）研究发现，干酪乳酪杆菌 KCTC 3260 的完整细胞和无细胞提取物抑制脂质过氧化率分别为 46.2% 和 72.9%，在其中并未检测到超氧化物歧化酶，但螯合 Fe^{2+} 和 Cu^{2+} 的能力分别为 1.06×10^{-5}mg/L 和 2.18×10^{-5}mg/L，说明干酪乳酪杆菌 KCTC 3260 抗氧化能力可能是通过螯合金属离子，而不是通过提高超氧化物歧化酶活力产生的。此外，Su 等（2015）认为酒明串珠菌（*Leuconostoc oenos*）能够应对恶劣环境的原因之一是它能够螯合 Fe^{2+}。

（五）产生抗氧化分子

乳酸菌被食用后会停留在肠道内一定时间，通过代谢反应向细胞壁外分泌一些代谢产物，如胞外多糖和生物活性肽，这些物质会发挥抗氧化作用，抑制脂质自由基连锁反应（Kanmani 等，2013）。胞外多糖是乳酸菌在代谢过程中产生的一种附着在细菌表面与细胞结合的多糖，或分泌到细胞壁外的黏液或荚膜多糖，由葡萄糖、甘露糖和半乳糖通过不同的配比组成，胞外多糖的抗氧化活性主要与其高级结构有关，具有一定空间结构的胞外多糖抗氧化作用更强（Bleau 等，2010）。抗氧化肽的活性取决于特定的氨基酸序列，通过以下途径发挥作用：2, 2- 联氮 - 二（3- 乙基 - 苯并噻唑 -6- 磺酸）二铵盐自由基清除剂的作用；抑制活性氧生成；抑制炎性细胞因子的释放，如肿瘤坏死因子 α（Tumour necrosises factor α，TNF-α）和白细胞介素-6（Interleukin 6，IL-6）（Lule 等，2015）。此外，乳酸菌代谢中间产物也具有抗氧化作用。Furumoto 等（2016）发现肠道植物乳植杆菌产生的亚油酸代谢衍生物长链脂肪酸 KetoC 由于具有 α、β 不饱和羰基团，能够激活核转录因子 E2 相关因子通路并诱导抗氧化基因的表达，保护过氧化氢诱导的肝癌细胞 HepG2 免受细胞毒性的损伤。

二、乳酸菌抗氧化作用模型评价体系

乳酸菌抗氧化能力的判定主要是对菌体完整的细胞、发酵上清液和无细胞提取物进行研究，以螯合金属离子、清除自由基、抑制脂质过氧化、耐过氧化氢能力、抑制亚油酸过氧化和还原能力等为测定指标。随着技术的发展，几种新的评价体系被用于乳酸菌抗氧化能力的评定。

（一）细胞模型评价体系

建立细胞模型是近年发展起来的新体外评价体系，其直接以细胞为载体，未脱离机体本身，更能真实地反映氧化还原反应，在实际应用中可以直接检测到菌株的抗氧化能力，为乳酸菌抗氧化机制的研究奠定一定基础。Kuda 等（2014）为了研究分离自寿司的肠膜明串珠菌的抗氧化活性，构建了对小鼠巨噬细胞 RAW264.7 抗炎作用的模型，研究结果表明肠膜明串珠菌 1R3M 能够抑制大肠杆菌脂多糖产生一氧化氮、缓解结肠炎和腹泻，可以作为改善炎症的益生菌使用。Xing 等（2015）分别用清除 DPPH 自由基和建立细胞模型的方法评价了 10 株乳酸杆菌的抗氧化能力，并对两种方法进行比较，结果发现，细胞模型是一种能够更好检测乳酸菌抗氧化活性的方法。Yu 等利用细胞模型评价体系（2016）发现黏膜乳杆菌（*Lactobacillus mucosae*）和植物乳植杆菌能上调人结肠癌细胞 HT-29 和人克隆结肠腺癌细胞 Caco-2 中主抗氧化基因 *MT1*、*MT2* 等的表达，并提高抗氧化酶——超氧化物歧化酶、谷胱甘肽过氧化物酶等的活力。

（二）动物模型评价体系

体外实验只能通过模拟机体内部的环境对乳酸菌的抗氧化特性进行初步评价，不能确定其在机体内部是否能够发挥同样作用，因此需要建立动物模型测定血液或器官中的指标来验证乳酸菌缓解氧化应激的能力，如测定酶类抗氧化物质的变化、抗脂质水平以及丙二醛含量的变化（Pandanaboina 等，2012）。Yadav 等（2006）将乳酸菌发酵食品低脂酸乳达希（Dahi）酸乳饲喂给高果糖诱导的糖尿病小鼠，记录在这一过程中肝脏和胰腺组织中氧化状态的硫代巴比妥酸和还原型谷胱甘肽的含量，结果显示氧化状态的硫代巴比妥酸含量降低，而还原型谷胱甘肽的含量明显升高，说明 Dahi 酸乳能改善大鼠的氧化应激水平。朱光华（2010）发现干酪乳酪杆菌 N2 和植物乳植杆菌 X9 能够提高高脂血症小鼠肝和肾组织中超氧化物歧化酶和谷胱甘肽过氧化物酶的活力，降低丙二醛含量，并诱导抗氧化基因核转录因子 E2 相关因子的表达。Kumar 等（2017）用含有发酵乳杆菌 RS-2 的牛乳喂养糖尿病小鼠，发现小鼠肝脏和血液的血糖水平和脂质参数都有所下降，说明益生菌能缓解糖尿病的症状。

（三）临床实验评价体系

人与动物的身体机能存在一定的差异性，要想确定基于体内外实验筛选的具有抗氧化能力的乳酸菌能否调节人体的氧化应激，需要通过临床实验对乳酸菌发酵制品进行验证，而临床实验可行性差且相对复杂，导致目前对于在临床上的研究主要集中在几株乳酸菌，如乳酸双歧杆菌 Bb12、干酪乳酪杆菌 01 等。Kullisaar 等（2003）研究发现发酵乳杆菌 ME-3 能降低血浆中氧化低密度脂蛋白，提高人体的总抗氧化能力，抑制动脉粥样硬化的产生。Ejtahed 等（2012）将 64 位 Ⅱ 型糖尿病病人分为两组，干预组患者每天服用含有嗜酸乳杆菌 LA5 和双歧杆菌 Bb12 的益生菌酸乳 300g，而对照组每天服用 300g 的常规酸乳，6 周之后，干预组患者红细胞中超氧化物歧化酶和谷胱甘肽过氧化物酶活力增强，血清中丙二醛含量降低，总抗氧化能力增强。Asemi 等（2012）研究了益生菌酸乳对孕妇氧化应激水平的影响，70 名孕妇随机分为两组，以传统酸乳为对照，结果发现益生菌酸乳明显提高了红细胞谷胱甘肽还原酶（GR）水平，但对血浆还原型谷胱甘肽、红细胞谷胱甘肽过氧化物酶等其他氧化应激指标没有显著影响。然而 Vaghef-Mehrabany 等（2017）却有不同发现，他们将 46 位类风湿关节炎患者分为两组，干预组每天服用含有干酪乳酪杆菌 01 的胶囊，对照组每天服用相同剂量麦芽糊精胶囊，8 周之后，对丙二醛含量，超氧化物歧化酶、过氧化氢酶活力等指标进行评估，发现各项指标没有显著性差异，说明益生菌不会影响人体健康。在未来的临床实验中，可以考虑采取较长时间的治疗，并调查不同剂量和不同种类的益生微生物对人体的影响。虽然在现有的一些实验中乳酸菌对于人体具有一定的抗氧化效果，但随着菌株种类、剂量以及作用时间的改变，还需要进行更深层次的研究。

三、乳酸菌抗氧化活性应用现状

抗氧化活性乳酸菌能够通过发酵提高产品的风味、质地、延长产品的保质期等，同时可以利用乳酸菌的生理功能，生产益生制品如抗氧化胶囊和片剂、保健品以及药品等。

Geeta 等（2017）利用植物乳植杆菌对加入葡萄糖和淀粉的鸡肉进行发酵，发现其对羟自由基、超氧阴离子自由基、DPPH 自由基清除能力增强，理化特性相对较好，鸡肉脂质过氧化程度、微生物含量有所降低。Zhao 等（2017）利用酵母菌和乳酸菌对小麦麸皮进行固态发酵，发现水溶性阿拉伯木聚糖含量比原料麸皮提高了 3~4 倍，总膳食纤维和可溶性膳食纤维含量有所增加，超过 20% 的植酸被降解，抗氧化活性有所提高。Li 等（2017）利用分离自内蒙古传统发酵豆腐的植物乳植杆菌 C88 调控核转录因子 E2 相关因子 / 抗氧化反应元件通路，发现其能上调谷胱甘肽硫转移酶的表达以缓解氧化应激，同时下调细胞色素基因 *P4501A2* 和 *CYP3A4* 以防止黄曲霉毒素的形成。Ojekunle 等（2017）在进行利用分离自尼日利亚传统食品中的植物乳植杆菌缓解重金属毒性研究时发现，服用植物乳植杆菌的实验组能抵抗铅和铬造成的肾和肝功能损伤。Freire 等（2017）的实验首次以木薯和大米为原料，使用植物乳植杆菌和酵母对其进行发酵，生产非乳制发酵饮料，发现其矿物质含量丰富、感官性能良好、产品的消化率有所提高。单闯（2016）用瑞士乳杆菌发酵液（NS-fermented milk supernatant，NS-FS）延缓皮肤光衰老，发现 NS-FS 能提高紫外线诱导损伤小鼠的抗氧化酶水平，诱导核转录因子 E2 相关因子蛋白质表达，对紫外线致皮肤衰老有干预作用。Dawood 等（2015）利用鼠李糖乳杆菌、乳酸乳球菌或者两种菌的混合物制品饲喂给真鲷苗种 56d 后，发现与使用单一菌株相比，使用两者的混合物能够显著提高血浆总蛋白含量、过氧化物酶和超氧化物歧化酶的活力，降低总胆固醇和甘油三酯的含量，说明两者的混合物能够有效提高真鲷的免疫力和抗氧化活性。

第二节　乳酸菌体外抗氧化特性

根据乳酸菌形态学特征及生理生化特征，从风干羊肉中筛选出了 24 株过氧化氢酶阴性、革兰阳性、杆状、分解碳水化合物代谢产物以乳酸为主的乳酸菌（张开屏等，2014），以这 24 株菌株作为研究对象进行体外抗氧化特性筛选实验。动物实验用小鼠共 24 只，均为清洁级、6 周昆明种小鼠，雌雄各半。将活化好的乳酸菌在 MRS 液体培养基中 37℃培养 24h，连续传代 3 次，用生理盐水调整菌悬液的浓度统一为 1.0×10^9 CFU/mL，作为供试菌液。通过体外抗氧化能力分析，筛选出抗氧化活性较好的目标菌株，通过喂食目标菌株给用 *d*-半乳糖诱导的氧化衰老小鼠，研究目标菌株对衰老小鼠体内抗氧化酶系统的影响，验证乳酸菌在体内对脂质过度氧化的预防作用。

一、乳酸菌对自由基的清除能力

（一）乳酸菌对 DPPH 自由基清除能力分析

在 TPY 液体培养基中接种 2%（体积分数）的供试菌液，37℃恒温、有氧条件下培养 24h。取乳酸菌发酵液，采用比浊法，根据菌液浓度与吸光度标准曲线，调整菌数为 10^9CFU/mL（A_{600nm} 为 1.1）。将发酵液 10000r/min 离心 15min，收集上清液，经过 0.22μm 的微孔滤膜过滤器过滤，即为发酵上清液。将发酵液 10000r/min 离心 15min，收集菌体，用 PBS 缓冲液（pH 为 7.4）洗涤后 10000r/min 离心 15min，重复三次，洗去培养基。菌体重悬于 PBS 缓冲液并调整菌数为 10^9CFU/mL（A_{600nm} 为 1.1）。菌体分成两部分，一部分即为完整细胞菌悬液；另一部分在冰浴条件下，超声破碎（破碎条件为：功率 400W，工作 5s、间隔 5s，破碎 30min），破碎液于 4℃、10000r/min，离心 15min，收集上清液即为无细胞提取物（陈明，2017）。取制备的各组分样本和 DPPH 无水乙醇溶液（0.02mmol/L）各 1mL 于离心管中均匀混合后避光反应 30min，6500r/min 离心 10min，测定上清液的 A_{517nm}（陈漪汶等，2019；陈明等，2017；刘洋等，2012）。DPPH 清除率计算方法如式（5-1）。

$$\text{DPPH 清除率} = \left[1 - (A_1 - A_2)/A_0 \right] \times 100\% \qquad (5-1)$$

式中　A_1——1mL DPPH 溶液 +1mL 样本的 A_{517nm}；

　　　A_2——1mL 无水乙醇 +1mL 样本的 A_{517nm}；

　　　A_0——1mL DPPH 溶液 +1mL 无水乙醇的 A_{517nm}。

DPPH 是一种人工合成的有机自由基，在 517nm 波长处有特征吸收，其乙醇溶液呈深紫色，当自由基清除剂与 DPPH 自由基单电子发生配对时，DPPH 自由基在 517nm 处的吸收逐渐消失，其溶液褪色，溶液褪色程度与自由基接受的电子数呈定量关系，常被用来评价物质的体外抗氧化能力（王英，2016）。

本实验中乳酸菌不同组分的 DPPH 自由基清除能力如表 5-1 所示，6 株乳酸菌的发酵上清液与完整细胞菌悬液均表现出一定的 DPPH 自由基清除能力，且同一菌株不同组分之间 DPPH 自由基清除率差异显著（$P < 0.05$），各菌株的发酵上清液的 DPPH 自由基清除率显著高于完整细胞菌悬液和无细胞提取物（$P < 0.05$），其中发酵上清液 DPPH 自由基清除率为 91.89% ~ 97.85%，TD4401、TR13 表现出相对较高的清除率，分别为 97.85% 和 96.70%；完整细胞菌悬液清除率较低，大小顺序为 TD4401（72.05%）＞ TR13（48.61%）＞ 2-2B3303-2（33.44%）＞ WE-57（30.66%）＞ TB3302-2（22.58%）＞ X31（12.52%）；而无细胞提取物表现出较弱的清除能力，且部分菌株无 DPPH 自由基清除能力。综上所述，TR13 及 TD4401 具有较强的 DPPH 自由基清除能力，与李默的

（2016）研究结果一致。

表 5-1 乳酸菌 DPPH 自由基清除能力

菌株编号	DPPH 自由基清除率 /%		
	发酵上清液	完整细胞菌悬液	无细胞提取物
2-2B3303-2	92.75 ± 0.05^{Aa}	33.44 ± 0.07^{Bb}	—
TB3302-2	96.12 ± 0.01^{Aa}	22.58 ± 0.19^{Bb}	8.47 ± 0.02^{Ab}
WE-57	91.89 ± 0.09^{Aa}	30.66 ± 0.06^{Bb}	4.07 ± 0.02^{Bc}
TD4401	97.85 ± 0.01^{Aa}	72.05 ± 0.16^{Ab}	7.60 ± 0.05^{ABc}
TR13	96.70 ± 0.02^{Aa}	48.61 ± 0.38^{ABb}	—
X31	92.39 ± 0.04^{Aa}	12.52 ± 0.08^{Bb}	—

注：不同大写字母表示同一组分不同菌株间差异显著（$P < 0.05$）；不同小写字母表示同一菌株不同组分间差异显著（$P < 0.05$）；"—"表示无清除能力。

（二）超氧阴离子自由基清除能力分析

超氧阴离子自由基并不直接参与脂类氧化，但经铁离子催化发生芬顿反应会生成羟自由基，因此通过测定物质对超氧阴离子自由基清除能力，可以分析其抗氧化能力。乳酸菌不同组分超氧阴离子自由基清除能力如表 5-2 所示，6株乳酸菌完整细胞菌悬液、无细胞提取物表现出较弱的超氧阴离子自由基清除能力，清除率分别为 10.20%~23.29% 和 0.94%~9.12%；各菌株发酵上清液的清除率显著高于其余组分（$P < 0.05$），清除率均在 80% 以上，其中 TR13 和 TD4401 的清除率较高，分别为 98.48% 和 95.38%。由此可知，乳酸菌清除超氧阴离子自由基的活性物质可能主要存在于发酵上清液中。

表 5-2 乳酸菌超氧阴离子自由基清除能力

菌株编号	超氧阴离子自由基清除率 /%		
	发酵上清液	完整细胞菌悬液	无细胞提取物
2-2B3303-2	94.20 ± 0.02^{Aa}	14.94 ± 0.06^{ABb}	0.94 ± 0.01^{Bb}
TB3302-2	93.12 ± 0.01^{Aa}	14.15 ± 0.02^{ABb}	1.62 ± 0.00^{Bc}
WE-57	82.19 ± 0.08^{Ba}	17.59 ± 0.03^{ABb}	5.05 ± 0.06^{ABb}
TD4401	95.38 ± 0.04^{Aa}	20.62 ± 0.11^{ABb}	5.51 ± 0.03^{ABb}
TR13	98.48 ± 0.00^{Aa}	23.29 ± 0.07^{Ab}	9.12 ± 0.04^{Ab}
X31	82.29 ± 0.09^{Ba}	10.20 ± 0.01^{Bb}	1.44 ± 0.02^{Bb}

注：不同大写字母表示同一组分不同菌株间差异显著（$P < 0.05$）；不同小写字母表示同一菌株不同组分间差异显著（$P < 0.05$）。

（三）羟自由基清除能力分析

羟自由基虽然是一种存活时间很短的自由基，但是它却是对机体细胞危害最大的自由基。实验测定乳酸菌不同组分羟自由基清除能力结果如表 5-3 所示。同一菌株发酵上清液与完整细胞菌悬液之间羟自由基清除率差异不显著（$P >$ 0.05），清除率分别为 37.35%~67.12% 和 16.14%~76.59%，同一组分不同菌株之间差异显著（$P < 0.05$），其中 TD4401 的完整细胞菌悬液和发酵上清液清除能力最强分别为 76.59%、67.12%；而 6 株菌株的无细胞提取物不具有羟自由基清除能力。由此可知，不同菌株羟自由基清除能力不同，且清除羟自由基的活性物质可能存在于乳酸菌发酵上清液和菌体细胞表面。

表 5-3　　　　　　　　　　乳酸菌羟自由基清除能力

菌株编号	羟自由基清除率 /%		
	发酵上清液	完整细胞菌悬液	无细胞提取物
2-2B3303-2	53.26 ± 0.17[ABa]	44.47 ± 0.08[Da]	—
TB3302-2	37.35 ± 0.27[Ba]	54.62 ± 0.03[Ca]	—
WE-57	56.52 ± 0.05[ABa]	73.56 ± 0.06[ABb]	—
TD4401	67.12 ± 0.09[Aa]	76.59 ± 0.08[ABa]	—
TR13	59.92 ± 0.07[ABa]	64.02 ± 0.04[BCa]	—
X31	42.12 ± 0.09[ABa]	16.14 ± 0.01[Eb]	—

注：不同大写字母表示同一组分不同菌株间差异显著（$P < 0.05$）；不同小写字母表示同一菌株不同组分间差异显著（$P < 0.05$）；"—"表示无清除能力。

通过对 6 株乳酸菌的 3 种自由基清除能力进行综合分析可知，同一株乳酸菌不同组分对自由基的清除能力不同，且不同菌株间自由基清除能力也存在差异。对于 DPPH 自由基与超氧阴离子自由基清除能力，菌株发酵上清液＞完整细胞菌悬液＞无细胞提取物，其中 TR13 及 TD4401 对两种自由基的清除能力均较强，TD4401 的发酵上清液（清除率 97.85%）及完整细胞菌悬液（清除率 72.05%）对 DPPH 自由基清除能力最强，TR13 的发酵上清液（清除率 98.48%）和完整细胞菌悬液（清除率 23.29%）对超氧阴离子自由基的清除能力最强；对于羟自由基清除能力，只有发酵上清液及完整细胞菌悬液有一定的清除能力，且两组分之间差异不显著（$P > 0.05$），其中 TD4401 的完整细胞菌悬液和发酵上清液清除能力最强分别为 76.59%、67.12%，TR13 次之。由此说明，菌株不同组分间清除自由基能力不同，其抗氧化活性物质存在的部位也不同。

二、乳酸菌对亚铁离子的螯合能力

将 1mL 菌液与 0.05mL FeCl$_2$（2mmol/L）混合，室温孵育 5min。向混合物中加入 0.20mL 铁嗪（5mmol/L）及 2.35mL 蒸馏水，摇匀，室温孵育 10min，8000r/min 离心 10min，562nm 波长处测定上清液的吸光度。计算如式（5-2）。

$$亚铁离子螯合率 = \left[1 - (A_s - A_b)/A_c \right] \times 100\% \qquad (5-2)$$

式中　A_s——反应液在 562nm 处的吸光度；

　　　A_b——1mL 样品 +3mL 蒸馏水在 562nm 处的吸光度；

　　　A_c——单独加蒸馏水在 562nm 处的吸光度。

实验对 24 株乳酸菌对亚铁离子的螯合能力测定结果如表 5-4 所示。

表 5-4　　　　　　　　　　　　菌株对亚铁离子的螯合率

菌株编号	螯合率 /%	菌株编号	螯合率 /%
Standard1	49.47 ± 0.00[abcde]	ZF12	59.97 ± 0.02[a]
Standard2	22.20 ± 0.030[h]	1-8XC	46.47 ± 0.05[bcde]
Standard3	37.84 ± 0.12[efg]	TF3201	54.22 ± 0.04[abc]
HT9	50.22 ± 0.12[abcd]	TF2401	40.46 ± 0.06[defg]
TR13	55.85 ± 0.04[ab]	RB4-1-5	46.22 ± 0.07[bcdef]
TF1302	46.47 ± 0.04[bcdef]	RB20-1-5	31.21 ± 0.06[gh]
05.9.8.3	45.34 ± 0.10[bcdef]	05-97	34.58 ± 0.06[fg]
ZF16	45.09 ± 0.02[bcdef]	1-4ET7301	50.09 ± 0.02[abcde]
F16	41.96 ± 0.03[cdefg]	36T	49.22 ± 0.04[abcde]
TF122-1	45.47 ± 0.10[bcdef]	TR1-1-1	42.71 ± 0.04[cdefg]
F42	52.10 ± 0.07[abcd]	RB36-1-3	44.34 ± 0.04[bcdef]
TD4401	56.10 ± 0.04[ab]	TB3303-2	50.59 ± 0.09[abcd]

注：不同字母表示不同菌株之间的差异显著性（$P<0.05$）；相同字母表示不同菌株之间的差异不显著（$P>0.05$）。

由表 5-4 可知，24 株乳酸菌对亚铁离子的螯合率为 22.20%~59.97%，平均螯合率为 45.78%，有 13 株菌株的螯合率在平均能力以上，其中螯合率在55%以上的菌株共有3株，分别为ZF12、TD4401及TR13，螯合率为59.97% ± 0.02%、56.1% ± 0.04%、55.85% ± 0.04%，显著高于其他菌株（$P<0.05$）。过渡金属是指周期表中第三至第十二族的元素离子，它们具有多种氧化态和配位数，因此在化学反应中有很强的催化作用。有研究表明铁离子是导致人体出现动脉粥样硬化和其他脂代谢引起的相关疾病的主要因素，因此抗氧化的一个主要方向是尽量减少过渡金属离子对其他自由基反应的催化作用（Ong等，2004）。Lin等（2000）测定了19株乳酸菌的无细胞上清液对铁离子的螯合能力，从中发现了两株长双歧杆菌B6和15708的无细胞上清液亚铁离子螯合能力最强，螯合量分别为40.7mg/L、26.6mg/L。Zhang等（2015）测试了19株酒类酒球菌对亚铁离子的螯合能力，其最高的螯合量为仅为34.66mg/L。

三、乳酸菌的还原能力

在0.50mL供试菌液加入0.50mL PBS缓冲液（0.20mol/L磷酸二氢钠，pH 6.60）及0.50mL铁氰化钾混匀后于50℃水浴20min，反应后急速冷却，再加入0.50mL三氯乙酸，4000r/min离心10min，取1mL上清液，加入蒸馏水及三氯化铁各1mL，混匀后静置10min，在700nm波长处测定吸光度。

研究表明，有机物的抗氧化能力与其还原电位的高低有关，甚至明确证明了两者之间呈正相关（Truulasu等，2004）。铁氰化钾会与乳酸菌中的抗氧化物质发生化学反应，产生一种蓝色物质，在波长为700nm处有最大吸光度，吸光度越大说明其产生的抗氧化物质越多，即菌株的还原能力越强。实验测定菌株还原能力如表5-5所示。

表5-5　　　　　　　　　　菌株还原能力（用 A_{700nm} 表示）

序号	菌株编号	还原能力
1	HT9	1.128 ± 0.003^{c}
2	F16	1.173 ± 0.030^{bc}
3	TR13	1.345 ± 0.184^{a}
4	BZ1	1.216 ± 0.079^{abc}
5	05-97	1.220 ± 0.041^{abc}
6	TD4401	1.197 ± 0.014^{abc}
7	RB36-1-3	1.146 ± 0.040^{bc}
8	TB3303-2	1.221 ± 0.063^{abc}

续表

序号	菌株编号	还原能力
9	TF1302	1.170 ± 0.014^{bc}
10	TF122-1	1.218 ± 0.044^{abc}
11	TF3201	1.249 ± 0.044^{abc}
12	1-8XC	1.304 ± 0.075^{ab}
13	1-4ET7301	1.207 ± 0.049^{abc}
14	ZF12	1.173 ± 0.020^{bc}
15	TE2401	1.203 ± 0.048^{abc}
16	F42	1.101 ± 0.074^{c}
17	RB4-1-5	1.174 ± 0.009^{bc}
18	TR1-1-1	1.239 ± 0.079^{abc}
19	BZ2	1.172 ± 0.143^{bc}
20	RQ3-1-7	1.203 ± 0.111^{abc}
21	36T	1.149 ± 0.019^{bc}
22	BZ3	1.166 ± 0.082^{bc}
23	RB20-1-5	1.213 ± 0.187^{abc}
24	ZF16	1.178 ± 0.017^{bc}

注：不同字母表示不同菌株之间的差异显著（$P<0.05$）；相同字母表示不同菌株之间的差异不显著（$P>0.05$）。用吸光度反映还原能力，吸光度越高，还原能力越强。

由表5-5可知，所测的24株菌株均具有一定的还原能力，还原能力为1.101~1.345，平均还原能力为1.200，还原能力最强的菌株为TR13，还原能力为1.345 ± 0.184，与其他菌株差异显著（$P<0.05$）；其次为菌株1-8XC，还原能力为1.304 ± 0.075；还原能力最弱的菌株是F42，还原能力仅为1.101 ± 0.074，与最高还原力相差0.244。王帅等（2015）从自然发酵的泡菜中筛选了具有高抗氧化活性的菌株，结果表明最高的完整细胞菌悬液的还原能力高达214.52μmol/L，而破碎细胞菌悬液的还原能力仅为66.34μmol/L，远低于完整细胞菌悬液的还原能力，与李晓军等（2018）的研究结果一致，说明乳酸菌菌株的还原能力与细胞的完整程度密切相关。

四、乳酸菌的抗脂质过氧化能力

用 0.5mL 的 PBS 缓冲液（0.02mol/L 磷酸二氢钠，pH 7.40）与 1mL 亚油酸混合形成乳化液，加入 0.1g/L FeSO₄ 和 1ml H₂O₂ 进行催化氧化反应，再加入 0.5mL 样品，37℃水浴反应 12h。混合液加入 0.2mL 的 TAC、2mL 的 TBA、0.2mL 的 BHT［0.4%（质量分数）］，反应液 100℃反应 30min，冷却后加入 2.5mL 三氯甲烷抽提，测定离心后上清液在 532nm 波长处的吸光度。以 PBS 缓冲液作为空白对照。实验结果按式（5-3）计算样品的抗脂质过氧化能力。

$$抗脂质过氧化率 = （1 - A_{样品}/A_{空白}）\times 100\% \tag{5-3}$$

式中　$A_{样品}$——样品液在 532nm 处的吸光度；

　　　$A_{空白}$——PBS 缓冲液作为空白对照在 532nm 处的吸光度。

实验所测的 24 株乳酸菌菌株的抗脂质过氧化能力测试结果如表 5-6 所示。

表 5-6　　　　　　　　　　　菌株抗脂质过氧化率

序号	菌株编号	抗脂质过氧化率 /%
1	HT9	21.75 ± 0.62[d]
2	F16	30.55 ± 1.29[bc]
3	TR13	39.99 ± 5.34[a]
4	BZ1	17.08 ± 3.40[def]
5	05-97	17.95 ± 1.93[def]
6	TD4401	38.45 ± 5.92[a]
7	RB36-1-3	12.20 ± 4.37[fg]
8	TB3303-2	19.89 ± 2.62[de]
9	TF1302	22.67 ± 1.06[d]
10	TF122-1	36.28 ± 6.73[ab]
11	TF3201	14.15 ± 3.01[efg]
12	1-8XC	29.61 ± 0.52[c]
13	1-4ET	9.51 ± 1.68[g]
14	ZF12	39.30 ± 3.73[a]

续表

序号	菌株编号	抗脂质过氧化率 /%
15	TE2401	33.71 ± 3.38^{abc}
16	F42	29.44 ± 7.43^{c}
17	RB4–1–5	14.32 ± 3.46^{efg}
18	TR1–1–1	21.42 ± 0.80^{d}
19	BZ2	23.26 ± 0.68^{d}
20	RQ3–1–7	34.94 ± 4.94^{abc}
21	36T	18.26 ± 2.79^{def}
22	BZ3	23.07 ± 1.55^{d}
23	RB20–1–5	18.00 ± 2.33^{fg}
24	ZF16	20.90 ± 0.91^{fg}

注：不同字母表示不同菌株之间的差异显著（$P<0.05$）；相同字母表示不同菌株之间的差异不显著（$P>0.05$）。

　　由表 5–6 可知，测试的 24 株菌株均具有一定的抗脂质过氧化能力，抗脂质过氧化率为 9.51%~39.99%，平均为 24.45%，有 9 株菌株的抗脂质过氧化能力在平均能力之上。其中 TR13、TD4401 及 ZF12 的抗脂质过氧化率较高，分别为 39.99% ± 5.34%，38.45% ± 5.92% 及 39.30% ± 3.73%，与其他菌株差异显著（$P<0.05$）；而菌株 1–4ET 的抗脂质过氧化率显著低于其他菌株（$P<0.05$），仅为 9.51% ± 1.68%，为最高抗脂质过氧化率的 23.78%。白明等（2009）也对 41 株乳酸菌无细胞菌悬液体外抗脂质过氧化能力进行过研究，结果发现最高抗脂质过氧化率可达 68.36% 左右，与黄珊珊等（2010）的研究结果相似，说明乳酸菌的胞内物质是抗脂质过氧化的主要作用物质。综合菌株的自由基清除能力、亚铁离子螯合能力、还原能力以及抗脂质过氧化能力分析，TR13 具有较强的体外抗氧化能力，对其进行 16S rRNA 基因分子鉴定，同时可以作为下一步体内实验的饲喂菌。

第三节　乳酸菌的体内抗氧化特性

机体的衰老和一些疾病多与氧化作用有关，随着对抗氧化制剂研究的深入，人工合成抗氧剂的安全性受到质疑，因此寻找天然抗氧化制剂的研究已成为热点。自由基及其引发的脂质过氧化与疾病和衰老密切相关。当血脂水平升高时，机体内自由基的产出平衡会被严重破坏，自由基清除剂的活性会急速降低，自由基将无法正常代谢而过度沉积，使机体出现氧化应激，组织器官的功能下降，老化速度加快，进而引发衰老、癌症、动脉粥样硬化等一系列疾病（Liochev SI，2013）。衰老与许多疾病密切相关，包括高血压、Ⅱ型糖尿病、阿尔茨海默病等，这些疾病均可通过延缓衰老而得以减轻（Aung SM 等，2017；Chard S 等，2017）。

脂质的过度氧化对机体存在极大的威胁，因此实现对脂质氧化的调控一直以来都是科学领域的研究热点。乳酸菌不仅可以阻止活性氧和自由基的生成、清除已经形成的活性氧和自由基、防御活性氧和自由基对细胞的进一步损伤，还具有氧化损伤修复系统，该系统通过调控 DNA 水平上相关蛋白质的表达来修复氧化损伤，可对细胞损伤部分进行直接或间接修复（Kleniewska P 等，2016；Yang J 等，2014）。乳酸菌的抗氧化机制一是自身含有的超氧化物歧化酶（Superoxide dismutase，SOD）、过氧化氢酶（Catalase，CAT）以及还原型辅酶Ⅰ（Nicotinamide adenine dinucleotide，NADH）等协同作用，消除活性氧和自由基；二是乳酸菌中的氧化还原系统，主要包括硫氧还蛋白、谷胱甘肽和 NADH 氧化酶 /NADH 过氧化酶系统（Arnér ESJ 等，2000）。此外，锰离子和巯基化合物等物质是乳酸菌起抗氧化作用的另外两种主要成分（Lee J 等，2005）。乳酸菌产生的超氧化物歧化酶能清除体内超氧阴离子，延缓机体衰老，提高机体的免疫力，还能减轻肿瘤患者在化疗时的痛苦和副作用。

乳酸菌体内抗氧化活性研究对象主要包括发酵上清液、乳酸菌细胞和无细胞提取物。Jeongmin Lee 等（2005）分离出一株具有抗氧化活性的植物乳植杆菌 KCTC3099，其无细胞提取物对脂质过氧化的抑制率为 48.5%，并产生少量 SOD 和具有较高的螯合金属铁离子和铜离子的能力。Ito 等（2003）研究表明，嗜热链球菌 YIT2001 对由亚铁离子引起的脂质过氧化有很好的抑制作用。研究人员通过对 24 株乳酸菌的体外自由基清除能力、亚铁离子螯合能力、还原能力及抗脂质过氧化能力的分析研究，筛选出了一株抗氧化活性较高的 TR13，对其进行 16S rRNA 基因分子鉴定，并通过体外抗氧化能力分析，筛选出抗氧化活性较好的目标菌株；通过给用 D- 半乳糖诱导的氧化衰老小鼠喂食目标菌株，研究目标菌株对衰老小鼠体内抗氧化酶系统的影响，验证乳酸菌在体内对脂质过度氧化的预防作用。

一、抗氧化菌株的鉴定

将活化好的 TR13 在 MRS 液体培养基中 37℃ 培养 24h，连续传代 3 次，用生理盐水调整菌悬液的浓度统一为 10^9CFU/mL，作为供试菌液。根据 DNA 提取试剂盒说明书提取菌株的总 DNA，运用 16S rRNA 基因通用引物进行 PCR 扩增。上游引物 27F：5′-AGAGTTTGATCCTGGCTCAG-3′；下游引物 1492R：5′-CTACGG CTACCTTGTTACGA-3′。PCR 反应体系（25μL）：上、下游引物（10μmol/L）各 1L、DNA 2L、2×EasyTaq Super Mix 12.5L[1]、R/D 水 8.5μL。PCR 反应条件：95℃、5min，95℃、1min，55℃、30s，72℃、1min，30 个循环；72℃、10min。PCR 扩增产物用 1% 琼脂糖凝胶进行电泳分析。

将测定序列在 NCBI BLAST 数据库[2]中进行相似比对，运用 MEGA5.2[3]构建系统发育树，完成鉴定（郭慧芬等，2017）。

在实验室饲养环境下饲喂购买的 24 只昆明种小鼠 1 周，使其适应饲养环境后进行分组，每组 6 只，具体分组方法如表 5-7 所示。

表 5-7　　　　　　　　　　　动物实验分组情况

组别	注射物	注射量 /（mL/g）	灌胃品	灌胃量 /mL
正常组	生理盐水	0.02	蒸馏水	0.5
衰老组	650mg/kg D- 半乳糖溶液	0.02	蒸馏水	0.5
TR13 组	650mg/kg D- 半乳糖溶液	0.02	10^9CFU/mL 菌悬液	0.5
维生素 C 组	650mg/kg D- 半乳糖溶液	0.02	1mmol/L 维生素 C	0.5

在饲喂的前 4 周，自然组和对照组不进行任何灌胃；TR13 组饲喂 0.5mL TR13 菌液，灌胃浓度为 10^9CFU/mL；维生素 C 组饲喂 0.5mL 维生素 C 溶液，

1）　PCR SuperMix 含 DNA 聚合酶、脱氧核糖核苷三磷酸（dNTPs）和优化的反应缓冲液。DNA 扩增时只需加入模板、引物和水。使用 SuperMix 可缩短操作时间，避免多步操作带来的污染。

2）　NCBI 开发有 Genbank 等公共数据库，提供 BLAST、Entrez、OMIM、Taxonomy 等工具，可对国际分子数据库和生物医学文献进行检索和分析，并开发用于分析基因组数据和传播生物医学信息的软件工具。NCBI 还支持与推广多种医学及科技方面的数据库，如三维蛋白质结构的分子模型（MMDB）数据库、孟德尔人类遗传（OMIM）数据库等。

3）　一款生物信息学软件，可以用于研究分子进化的各个方面，包括序列比对、构建进化树、分子时钟分析、种群遗传学、序列分类等。除了一般的序列文件，MEGA 还可以用于处理分子标记数据、SNP 数据、基因组数据等。

灌胃浓度为 1mmol/L。4 周后，对对照组（衰老组）、TR13 组、维生素 C 组进行 D- 半乳糖溶液（浓度为 650mg/kg）注射 6 周。在注射 D- 半乳糖溶液期间，TR13 组及维生素 C 组继续灌胃与之前浓度一致的 TR13 菌液及维生素 C 溶液。之后禁食 24h，以颈椎脱位方法致死，采心脏处血液、肝脏组织及肾脏组织进行后续实验。运用抗氧化酶活性测定试剂盒，对小鼠肝脏组织中的抗氧化酶活性进行测定。

根据细菌 DNA 提取试剂盒中所述方法提取 TR13 的 DNA，其浓度在 100μg/mL 以上，且 A_{260}/A_{280} 为 1.93，可用于下一步实验。运用通用引物进行 PCR 扩增，扩增产物在 1% 的琼脂糖凝胶电泳中的条带位置在 1500bp 左右，与预期结果相符。将 PCR 产物进行序列测定，所得碱基序列在 NCBI 数据库中进行 BLAST 相似性比对并建立系统发育树，结果如图 5-3 所示，菌株 TR13（登录号 MT043813）为瑞士乳杆菌，相似度可达 98% 以上。菌株 TR13 对机体的氧化具有一定的防御作用，研究结果可为乳酸菌抗氧化制剂的研究提供参考依据。

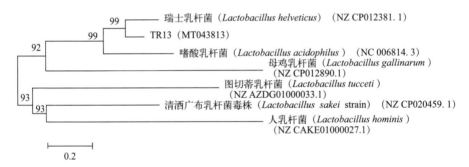

图 5-3　TR13 基于 16S rRNA 基因序列构建的系统发育树

分支上的数字表示构建系统发育树时 1000 次计算形成该节点的百分比；分支的长度代表进化距离，系数为 0.2；括号内的序号为已知菌株的 GenBank 登录号。

二、乳酸菌对小鼠体内谷胱甘肽过氧化物酶活力的影响

谷胱甘肽过氧化物酶（Glutathione Peroxidase，GSH-Px）的作用主要有清除脂质氢过氧化物，清除 H_2O_2，减轻有机氢过氧化物对机体的损伤，参与前列腺素合成的调节等。GSH-Px 的主要作用是清除脂质氢过氧化物。GSH-Px 在过氧化氢酶含量很少或 H_2O_2 产量很低的部位，可代替过氧化氢酶清除 H_2O_2，其清除脂质氢过氧化物的速度决定于 GSH-Px 的浓度；脑与精子中几乎不含过氧化氢酶，而含较多的 GSH-Px，代谢中产生的 H_2O_2 可以被 GSH-Px 清除。即使含过氧化氢酶较多的部位，仍需 GSH-Px 清除 H_2O_2，因为在细胞中过氧化氢酶多

存在于微体中，而在细胞质和线粒体中却很少。组织中较多的 GSH-Px 可及时清除 H_2O_2，如有的病人缺乏产生过氧化氢酶的基因，但 GSH-Px 可清除 H_2O_2，则这些病人的组织 H_2O_2 损伤不明显；在病理生理情况下，活性氧可能诱发脂类过氧化，除了直接造成生物膜损伤外，还可以通过脂类氢过氧化物、蛋白质、核酸反应，使机体发生广泛性损伤，如果 GSH-Px 清除脂质氢过氧化物能力不受影响，病人机体的损伤就可以得到减轻。除了脂质氢过氧化物外，还可能出现其他有机氢过氧化物，如核酸氢过氧化物、胸腺嘧啶氢过氧化物，这两者属于致突变剂，GSH-Px 清除有机氢过氧化物的作用可降低致突变发生率。脂质过氧化也是细胞老化的原因之一，预防脂质过氧化可延缓细胞老化，所以 GSH-Px 在预防衰老方面起到重要作用（马森，2008）。前列腺素在体内分布较广，其合成原料为花生四烯酸。但在环氧酶与脂氧合酶的作用下，花生四烯酸可以氧化成某些氢过氧化物，这些氢过氧化物显著干扰前列腺素的生物合成。在 GSH-Px 的作用下，氢过氧化物可转变为无活性物质，故 GSH-Px 对前列腺素的生物合成起到调节作用。

GSH-Px 家族含有 8 个成员（GPx1、GPx2、GPx3、GPx4、GPx5、GPx6、GPx7、GPx8），其中 GPx1、GPx2、GPx3、GPx4 及 GPx6 属于硒蛋白。硒蛋白 GPxs 与机体抗氧化、疾病预防（癌症、地方病、心血管疾病、神经系统疾病）、细胞凋亡、信号转导、动物繁殖等有关。但是目前研究还不够透彻，如 GPxs 与机体氧化还原密切相关，但各种 GPxs 作用的机制存在差异：GPx1 能分解机体内的过氧化氢和一些氢过氧化物；GPx2 作用的特异性底物还不是很明确，可能与 GPx1 相似，但更倾向于亚油酸氢过氧化物；GPx3 能利用的底物很广泛，包括过氧化氢、脂肪酸氢过氧化物、叔丁基氢过氧化物等；GPx4 是哺乳动物机体内唯一的能直接降解磷脂氢肽过氧化物的 GPx；GPx6 目前只在人类体内发现，其作用机制尚不明确。硒蛋白 GPxs 是否可以通过改变机体氧化还原状态达到预防疾病、调控调细胞凋亡、信号转导及动物繁殖活动可成为今后研究的主要方向（汤小朋等，2019）。

Keays 等（2004）报道，谷胱甘肽具有抑制脂质过氧化和保护细胞膜的作用，分别通过 GSH-Px 还原酶系统和 GSH-Px 路径实现。许多临床研究通过谷胱甘肽清除自由基，抵抗脂质过氧化来治疗一些疾病（Lou M，2000；Giblin F J，2000）。一些植物或微生物来源的多糖具有抗衰老的活性，一方面这类多糖作为免疫调节剂，可以增强机体的免疫功能；另一方面还可以提高机体对自由基的清除能力和抗氧化能力（丁保金等，2004）。另有研究认为多糖类物质具有阻止活性氧损伤细胞的功能，可以降低脂质过氧化物生成，提高超氧化物歧化酶、GSH-Px 的活力（Rajesh 等，2005；冯婷等，2004；唐小江等，1998）。

小鼠灌胃 8 周后，正常组体重从 28.21g 增长至 38.06g，而衰老组体重从实验前的 28.21g 增长至 36.32g，增量显著小于正常组（*P*<0.05），说明 D- 半乳糖诱导衰老模型成功。

各组小鼠在肝脏、肾脏及血清中 GSH-Px 家族酶活力测定结果如图 5-4 所示。

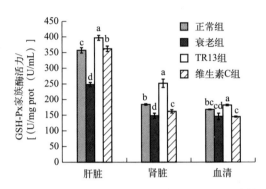

图 5-4　不同组小鼠肝脏、肾脏、血清中 GSH-Px 家族酶活力

不同字母表示同一组织不同组别之间有显著差异（*P*<0.05）；相同字母表示同一组织不同组别之间无显著差异（*P*>0.05）。

TR13 组小鼠 3 个不同组织的 GSH-Px 家族酶活力均显著高于正常组、衰老组、维生素 C 组 3 组（*P*<0.05）。在肝脏中各组小鼠的 GSH-Px 家族酶力活力差异显著，其中 TR13 组的 GSH-Px 家族酶活力最高，且显著高于其他 3 组（*P*<0.05）；衰老组的活性最低，与 TR13 组形成极显著差异（*P*<0.01）。各组小鼠的肾脏中 GSH-Px 家族酶活力与肝脏中的规律一致。在血清中，TR13 组的 GSH-Px 家族酶活力仍显著高于其他组（*P*<0.05），但其他 3 组之间的差异并不显著。同时，3 个组织中 TR13 组的 GSH-Px 家族酶活力均显著高于维生素 C 组（*P*<0.05），足以证明 TR13 对于体内 GSH-Px 家族酶活力具有一定的提升作用。通过给 D- 半乳糖诱导的衰老型小鼠饲喂 TR13 菌液，验证了 TR13 对小鼠的肝脏、肾脏及血清中的 GSH-Px 家族酶、超氧化物歧化酶、过氧化氢酶活力均有显著的提升作用（*P*<0.05），且 TR13 组的 GSH-Px 家族酶活力显著高于维生素 C 组（*P*<0.05）。

三、乳酸菌对小鼠体内超氧化物歧化酶酶活力的影响

超氧化物歧化酶（Superoxide Dismutase，SOD）是生物体内存在的一种抗氧化金属酶，几乎存在于所有生物体内。1938 年，由 Mann 和 Keilin 从牛红细胞的提取物中发现。它能够清除体内的过氧根离子，保护细胞和组织，被誉为氧清除反应过程中首先发挥作用的酶，后续研究认为它能催化超氧阴离子自由基歧化生成氧和过氧化氢，在机体氧化与抗氧化平衡中起到至关重要的作用，

与很多疾病的发生、发展密不可分（潘明等，2012；朱秀敏，2011）。SOD 属于酸性蛋白酶，具有很高的稳定性，是目前发现的稳定性最高的球蛋白之一，此酶在酸碱度、温度和蛋白酶水解等条件下表现出的特性要比一般蛋白酶稳定。SOD 目前已知有 3 种类型：① Cu/Zn-SOD，颜色为蓝绿色，由两条肽链组成，其中铜锌各占一条，铜为核心活性离子，主要存在于真核细胞中，国内已开发的 SOD 几乎全部是 Cu/Zn-SOD，主要是从血液、猪肝和刺梨中提取；② Mn-SOD，由 2 条或者 4 条肽链组成，为紫红色，主要存在于原核细胞与真核细胞的基质中；③ Fe-SOD，颜色为黄褐色，存在于原核细胞细胞质和部分植物细胞中（Liochev SI 等，2011；Zelko 等，2002）。

各组小鼠在肝脏、肾脏及血清中 SOD 活力测定结果如图 5-5 所示。肝脏的 SOD 活力整体高于其他两个组织中的 SOD 活力，这可能与肝脏是机体代谢的主要器官有关。在肝脏中，各组小鼠之间的 SOD 活力差异显著，TR13 组小鼠的 SOD 活力显著高于衰老组（$P<0.05$），但显著低于正常组（$P<0.05$），与 Zhao 等的研究结果一致；同时 TR13 组的 SOD 活力也显著低于维生素 C 组（$P<0.05$），这与 Zhao 等（2019）的研究结果相反，分析原因可能是饲喂菌种及实验所用小鼠品种的差异所致。各组小鼠肾脏中的 SOD 活力规律与肝脏中的一致，TR13 组显著高于衰老组（$P<0.05$），正常组及维生素 C 组要高于 TR13 组。各组小鼠血清中 SOD 活力为 3 个组织中最低的，但规律与前两个组织相同。

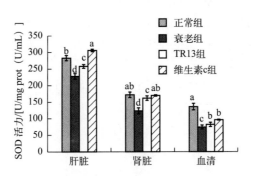

图 5-5　不同组小鼠肝脏、肾脏、血清中 SOD 活力

不同字母表示同一组织不同组别之间有显著差异（$P<0.05$）；相同字母表示同一组织不同组别之间无显著差异（$P>0.05$）。

四、乳酸菌对小鼠体内过氧化氢酶活力的影响

不同组小鼠肝脏、肾脏、血清中过氧化氢酶（CAT）酶活力测定结果如图 5-6 所示。

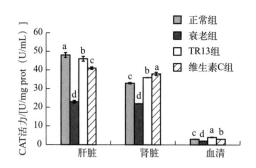

图 5-6 不同组小鼠肝脏、肾脏、血清中 CAT 活力

不同字母表示同一组织不同组别之间有显著差异（$P<0.05$）；相同字母表示同一组织不同组别之间无显著差异（$P>0.05$）。

由图 5-6 可知，各组小鼠肝脏中 CAT 活力测定结果为正常组最高，其次为 TR13 组，TR13 组与维生素 C 组酶活力相当，与衰老组形成极显著差异（$P<0.01$）。在肾脏组织中，维生素 C 组的 CAT 活力最高，TR13 组的酶活力与维生素 C 组相当，显著高于衰老组（$P<0.05$）。血清中的 CAT 活力仍是 3 组中最低的，但 TR13 组的 CAT 活力最强，显著高于衰老组和正常组（$P<0.05$）。3 个组织中的 CAT 活力均与维生素 C 组的活力相当，说明一定剂量的 TR13 可以提升机体内的 CAT 活力且抗氧化能力与维生素 C 的抗氧化能力相当。

由此可知，衰老组小鼠的 GSH-Px 活力、SOD 活力、CAT 活力均显著低于正常组，说明由 D- 半乳糖引起的衰老模型成功，TR13 组的 3 种酶活力均显著高于衰老组（$P<0.05$），直观地表明一定剂量的乳酸菌 TR13 饲喂确实对小鼠体内抗氧化酶活力有提升作用，也间接表明 TR13 在小鼠体内仍能发挥出一定的抗氧化作用。

饲喂一定剂量的 TR13，使小鼠肝脏、肾脏、血清中的 SOD 活力、CAT 活力、GSH-Px 活力与饲喂维生素 C 组小鼠体内的抗氧化酶活力相当，且显著高于衰老模型组（$P<0.05$），表明该菌具有作为抗氧化制剂的潜力（黄珊珊等，2010）。

第四节　乳酸菌的体内降胆固醇特性

胆固醇作为人体细胞膜的重要组成，是人体必不可缺的一种物质，但当其摄入过多时，便会堵塞血管，影响脂质代谢，引起动脉粥样硬化等心血管疾病。乳酸菌能够调节人体对胆固醇的吸收。胆固醇向胆汁酸的转化是胆固醇降解最重要的机制，乳酸菌进入人体后，黏附在肠道内壁，与肠道菌群相互作用，通过影响肠道微生物的代谢作用，将胆固醇转化为胆汁酸，进而排出体外。有研究表明，胆汁盐的种类与浓度、菌株的种类及其所处的不同生长阶段、pH、胆盐水解酶都会影响益生菌降解胆固醇的能力（陈霞等，2020）。丁淑娟（2019）以 SD 大鼠构造高脂模型，得出 JQⅢ-13、15-12 两株菌能有效降低血清中总胆固醇、甘油三酯、低密度脂蛋白胆固醇的水平，但对高密度脂蛋白胆固醇作用不大，且通过对大鼠粪便分析，推测这两株菌的作用机制可能是共沉淀作用，JQⅢ-13、15-12 这两株菌能够显著降低由高脂饮食引起的低密度脂蛋白水平的升高。刘洋从发酵酸肉中分离提取出了两株具有辅助降解胆固醇的消化乳杆菌，同时验证了乳酸菌在降解胆固醇时同化吸收作用（乳酸菌可以将培养基中的胆固醇吸收进入细胞内，从而发挥降胆固醇作用）与共沉淀作用（乳酸菌代谢产生胆盐水解酶，使得结合态胆盐发生分解，释放出氨基酸和溶解度较低的游离态胆盐，后者与胆固醇发生共沉淀并随之排出体外，从而降低血液中胆固醇水平）同时存在，且同化吸收起主要作用（刘洋，2013）。

以实验室前期分离筛选出来具有降胆固醇功能的副干酪乳酪杆菌为实验菌株，通过构建高脂小鼠模型，将乳酸菌作为降胆固醇功能物质灌胃于小鼠，探究副干酪乳酪杆菌在体内降胆固醇的特性。

（1）实验动物模型建立及分组 实验动物 3 只 / 笼（雄性昆明小鼠共 75 只，4 周龄，体重 28.0g ± 2.0g），室温 23~25 ℃，湿度 40%~45%，每日光照 12h，自由进食饮水，定期更换垫料。

实验动物进行 3d 适应性喂养后，通过饲喂高胆固醇饲料诱导建立高脂模型，饲喂 21d 后禁食，自由饮水 12h，通过摘取眼球采血，全血静置后在 4℃ 下 4000r/min 离心 1min，分离血清测定总胆固醇、甘油三酯、低密度脂蛋白胆固醇及高密度脂蛋白胆固醇的含量，确定本实验的高脂模型建立是否成功。

模型构建成功后，将小鼠随机分配成 6 组，每组 10 只：空白组（NC 组）、对照组（HC 组）、乳酸菌低剂量组（LL 组）、乳酸菌高剂量组（HL 组）、灭活细胞组（IL 组）、普伐他汀对照组（PS 组）。除 NC 组饲喂基础饲料外，其他 5 组均喂高胆固醇饲料。小鼠自由摄食饮水，日光照 12h，每日固定时间灌胃 1 次，饲养 30d，每 10d 对小鼠断食 12h，进行采样。分组如表 5-8 所示。

表 5-8　　　　　　　　　　动物实验分组情况

组别	注射物
空白组	基础饲料 + 生理盐水（0.5mL）
对照组	高胆固醇饲料 + 生理盐水（0.5mL）
乳酸菌低剂量组	高胆固醇饲料 +0.5mL 菌悬液（1×10⁶ CFU/mL）

续表

组别	注射物
乳酸菌高剂量组	高胆固醇饲料 +0.5mL 菌悬液（ 1×10^{12} CFU/mL ）
灭活细胞组	高胆固醇饲料 +0.5mL 灭活乳酸菌细胞（ 10^6 CFU/mL ）
普伐他汀对照组	高胆固醇饲料 +0.5mL 普伐他汀溶液

（2）基础饲料配方　麸皮 250g/kg、面粉 200g/kg、玉米 200g/kg、豆料 200g/kg、米粉 100g/kg、鱼粉 30g/kg、骨粉 20g/kg。

（3）高胆固醇饲料配方　基础饲料 815g/kg、胆固醇 30g/kg、胆盐 5g/kg、猪油 100g/kg、蛋黄粉 50g/kg。

一、小鼠小肠 RNA 提取结果

对小鼠小肠总 RNA 进行提取，将得到的 RNA 进行凝胶电泳，结果如图 5-7 所示。提取得到的 RNA 分为三条带，由上到下沉降系数依次为 28S、18S、5S，结果表明所得 RNA 纯度和完整性良好。

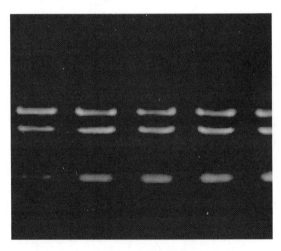

图 5-7　小肠总 RNA 纯度和完整性检验

二、小肠 *ABCG5/G8*、*NPC1L1* 基因熔解曲线

ABCG5/G8、*NPC1L1*、*β-actin* 基因的溶解曲线如图 5-8 所示，可见 *ABCG5/G8*、*NPC1L1*、*β-actin* 基因熔解温度均一，熔解曲线均为单一峰，结果表明扩增产物均一性良好，特异性较好。

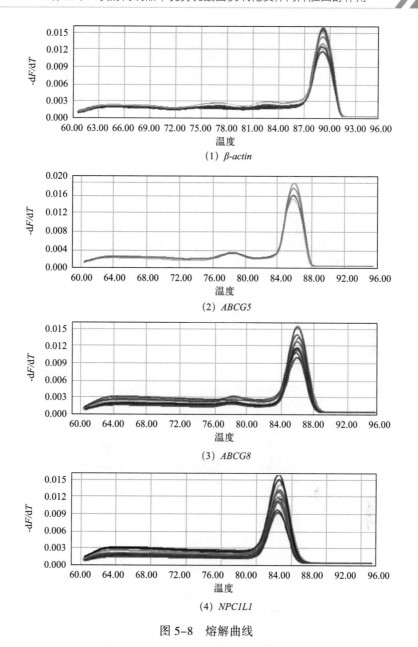

（1）*β-actin*

（2）*ABCG5*

（3）*ABCG8*

（4）*NPC1L1*

图 5-8　熔解曲线

三、小肠 *ABCG5/G8*、*NPC1L1* 基因表达量变化

　　ABCG5/G8 蛋白质于小肠上皮表达，ABCG5/G8 蛋白质可以通过阻止胆固醇吸收和促进胆固醇分泌到胆汁中来介导胆固醇逆向转运（RCT）的最后一步，提高 *ABCG5/G8* mRNA 的表达可以增加胆固醇的排出（Zein 等，2019）。采用

$2^{-\Delta\Delta Ct}$ 计算各组小鼠小肠中 *ABCG5/G8* 基因的相对表达量，经过 $2^{-\Delta\Delta Ct}$ 计算后，将 NC 组的基因相对表达量设为 1，其余各组相对 NC 组的相对表达量即为 $2^{-\Delta\Delta Ct}$。各组小鼠小肠中 *ABCG5/G8* 基因相对表达量如图 5-9、图 5-10 所示。

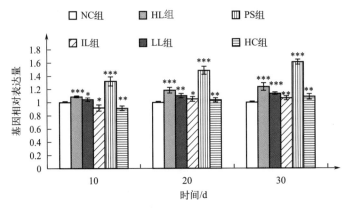

图 5-9　小鼠肠道中 *ABCG5* 基因相对表达量

* 表示与空白组有显著差异，*P<0.05、**P<0.01、***P<0.001。

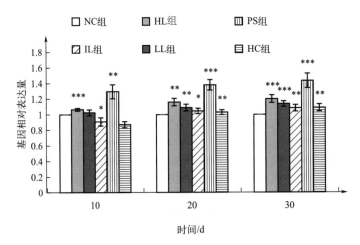

图 5-10　小鼠肠道中 *ABCG8* 基因相对表达量

* 表示与空白组有显著差异，*P<0.05、**P<0.01、***P<0.001。

　　HL 组小鼠小肠的 *ABCG5* 基因相对表达量在灌胃 10d、20d、30d 分别为 1.09±0.01，1.19±0.04，1.24±0.06，HL 组小鼠小肠 *ABCG5* 基因相对表达量显著高于 NC 组（*P*<0.001）。LL 组各阶段 *ABCG5* 基因相对表达量均低于 HL 组，但高于 HC 组；灌胃 10d、20d、30d 时 LL 组小鼠基因相对表达量分别为 1.04±0.03，1.10±0.03，1.13±0.02，且在灌胃 30d 时 LL 组小鼠小肠 *ABCG5* 基因相对表达量显著高于 NC 组（*P*<0.001）。IL 组各阶段 *ABCG5* 基因相对表达量与 HC 组相似。HC 组小鼠小肠 *ABCG5* 基因相对表达量在 10d 时显著低于 NC 组

（$P<0.01$），灌胃20d和30d时，显著高于NC组（$P<0.01$），但其相对表达量始终低于HL和LL组。

HL组的 *ABCG8* 基因相对表达量在灌胃10d、20d、30d分别为 1.06 ± 0.02，1.16 ± 0.05，1.20 ± 0.05，HL组小鼠小肠 *ABCG8* 基因相对表达量显著高于NC组（$P<0.001$）。LL组小鼠小肠中 *ABCG8* 基因相对表达量各阶段均高于HC组，灌胃10d时与NC组不存在显著差异（$P>0.05$），灌胃20d时显著高于NC组（$P<0.01$），灌胃30d时显著高于NC组（$P<0.001$）。HC组小鼠小肠 *ABCG8* 基因相对表达量在灌胃10d时低于NC组，且与NC组不存在显著性差异（$P>0.05$），灌胃20d和30d时显著高于NC组（$P<0.01$），但相对表达量始终低于HL组和LL组。结果表明，乳酸菌CM6能够升高 *ABCG5/G8* 基因的相对表达量，随着灌胃天数的增长，HL组和LL组的 *ABCG5/G8* 基因相对表达量逐渐上升，从而增加了胆固醇的排出，降低了小肠对胆固醇的吸收。

位于小肠上皮细胞的NPC1L1蛋白质在胆固醇的吸收过程中起到重要作用，降胆固醇药物依泽替米贝就是通过抑制 *NPC1L1* 基因表达量，起到降低胆固醇水平的效果（谢琳刚等，2006）。各组小鼠小肠中 *NPC1L1* 基因相对表达量如图5-11，HL组小鼠小肠中 *NPC1L1* 基因相对表达量在灌胃10d、20d、30d时分别为 0.92 ± 0.01，0.84 ± 0.02，0.78 ± 0.04，且在灌胃10d和30d时显著低于NC组（$P<0.001$）。LL组小鼠小肠 *NPC1L1* 基因相对表达量在各阶段均高于HL组，但低于HC组，且各阶段均显著低于NC组（$P<0.05$）。各阶段HC组小鼠小肠中 *NPC1L1* 基因相对表达量分别为 1.20 ± 0.08，1.12 ± 0.06，1.18 ± 0.09，各阶段均显著高于NC组（$P<0.05$）。结果表明副干酪乳酪杆菌CM6可以降低 *NPC1L1* 基因相对表达量，起到调控 *NPC1L1* 基因的作用，降低小肠上皮细胞对胆固醇的吸收，从而影响体内胆固醇含量。

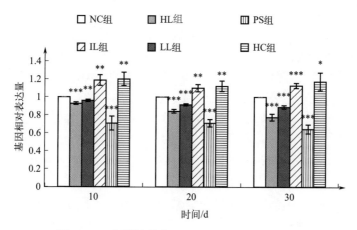

图5-11　小鼠肠道中 *NPC1L1* 基因相对表达量

* 表示与空白组有显著差异；*$P<0.05$、**$P<0.01$、***$P<0.001$。

通过测定 *ABCG5/G8*、*NPC1L1* 的表达量，研究乳酸菌对小肠中胆固醇吸收代谢的调控。结果表明副干酪乳酪杆菌 CM6 可以下调高胆固醇小鼠小肠中 *NPC1L1* 基因的表达、提高 *ABCG5/G8* 基因的表达，灌胃结束时，HL 组 *ABCG5* 和 *ABCG8* 基因相对表达量分别为 1.24 ± 0.06，1.20 ± 0.05，显著高于 NC 组（$P<0.001$），且高于 HC 组，表明相比于 HC 组和 NC 组，HL 组小鼠小肠中胆固醇外排增加，粪便胆固醇含量增加；HL 组 *NPC1L1* 基因相对表达量为 0.78 ± 0.04，低于 NC 组和 HC 组，表明 HL 组小鼠通过 NPC1L1 蛋白质吸收的胆固醇量低于 HC 组和 NC 组，从而降低了小鼠体内胆固醇含量。

参考文献

［1］白明，孟祥晨 . 益生菌抗氧化活性及菌体抗氧化相关成分的分析［J］. 食品与发酵工业，2009，35（5）：6-11.

［2］陈明 . 青藏高原高抗氧化活性乳酸菌的筛选及其抗氧化特性研究［D］. 兰州：兰州大学，2017.

［3］陈漪汶，方若楠，朱剑锋，等 .5 种乳酸菌及其灭活态体外抗氧化能力的比较研究［J］. 食品工业科技，2019，40（11）：85-90，97.

［4］陈霞，熊智强，夏永军，等 . 益生菌体外降解胆固醇的研究进展［J］. 工业微生物，2020，50（4）：52-58.

［5］单闯 . 瑞士乳杆菌发酵液 NS-FS 干预皮肤光衰老的作用及机制研究［D］. 杭州：杭州师范大学，2016.

［6］丁保金，金丽琴，吕建新 . 多糖的生物活性研究进展［J］. 中国药学杂志 2004，39（8）：561-563.

［7］丁淑娟 . 降胆固醇乳酸菌筛选及其在高脂大鼠模型上的应用评价［D］. 广州：华南理工大学，2019.

［8］丁玲，肖波涛，邹晓倩 . 他汀类联合心血管药物治疗心血管疾病的效果［J］. 中国继续医学教育，2020，12（7）：128-130.

［9］郭慧芬，田建军，景智波，等 . 新疆熏马肠中具有较高抗氧化活性乳酸菌的筛选鉴定［J］. 食品科技，2017，42（8）：25-30.

［10］高莹，李可基，唐世英，等 . 几种高脂血症动物模型的比较［J］. 卫生研究，2002，31（2）：97-99.

［11］胡文琴，王恬，孟庆利 . 抗氧化活性肽的研究进展［J］. 中国油脂，2004，29（5）：42-45.

［12］黄珊珊，刘晶，赵征 . 植物乳植杆菌和德氏乳杆菌保加利亚亚种菌体外抗氧化活性的对比研究［J］. 中国乳品工业，2010，38（10）：8-27.

［13］李默.发酵肉制品中抗氧化乳酸菌的筛选及鉴定［D］.长春：吉林农业大学，2016.

［14］李晓军，马跃英，龚虹，等.具高抗氧化能力乳酸菌菌株的筛选与鉴定［J］.中国微生态学杂志，2018，30（6）：663-666.

［15］刘琳琳，王嘉琪，曾剑华，等.云南建水豆腐酸浆中乳酸菌的分离与鉴定［J］.中国食品学报，2019，19（11）：239-245.

［16］刘洋，郭宇星，潘道东，等.4种乳酸菌体外抗氧化能力的比较研究［J］.食品科学，2012，33（11）：25-29.

［17］刘洋.发酵酸肉中降胆固醇乳酸菌的筛选、鉴定及其降胆固醇机制的初步研究［D］.重庆：西南大学，2013.

［18］马森.谷胱甘肽过氧化物酶和谷胱甘肽转硫酶研究进展［J］.动物医学进展，2008（10）：53-56.

［19］潘明，王世宽，谢仁有，等.甘薯叶中SOD的分离纯化研究［J］.食品科技，2012，37（12）：239-242.

［20］孙震，杨静秋.抗氧化乳酸菌的筛选及其发酵条件优化［J］.食品与机械，2009，25（2）：1-19.

［21］史青，李学刚，舒何晶，等.8-烷基小檗碱衍生物对胆固醇代谢及低密度脂蛋白受体表达的影响［J］.中国科技论文，2013，7（12）：935-939.

［22］汤小朋，陈磊，熊康宁，等.硒蛋白-哺乳动物谷胱甘肽过氧化物酶家族研究进展［J］.生命的化学，2019，39（6）：1076-1081.

［23］唐小江，祝寿芬.国内外对高等植物多糖的研究概况［J］.山西医科大学学报，1998，29：95-96.

［24］王英.抗氧化益生乳酸菌的筛选、抗氧化作用机制及应用研究［D］.南京：南京师范大学，2016.

［25］吴均.牦牛酸乳中优良乳酸菌的筛选鉴定及发酵酸乳抗氧化特性研究［D］.重庆：西南大学，2014.

［26］徐梓辉，周世文，黄林清，等.薏苡仁多糖对四氧嘧啶致大鼠胰岛 β 细胞损伤的保护作用［J］.中国药理学通报，2000，22（6）：63935.

［27］谢琳刚，周林，蒋利.NPC1L1在高脂血症和动脉粥样硬化中的表达分析［J］.现代生物医学进展，2006，6（11）：31-33.

［28］杨倩倩，崔建国，张清潭.硫氧还蛋白与动脉粥样硬化性血管疾病的研究进展［J］.医学综述，2016，22（22）：4413-4416.

［29］张开屏，田建军.降胆固醇乳酸菌的筛选及其对小白鼠的不良影响［J］.食品与生物技术学报，2014，33（11）：1222-1227.

［30］朱光华.乳酸菌抗氧化及降血脂效果的研究［D］.秦皇岛：燕山大学，2010.

［31］朱秀敏.超氧化物歧化酶的生理活性［J］.当代医学，2011，17（15）：
　　　26-27.

［32］赵洁，李淑英，张英，等.低密度脂蛋白胆固醇与中青年冠心病患者冠状
　　　动脉病变程度的相关性分析［J］.河北医科大学学报，2021，42（3）：
　　　278-280.

［33］ARNÉR ESJ，HOLMGREN A.Physiological functions of thioredoxin and
　　　thioredoxin reductase［J］.European Journal of Biochemistry，2000，267
　　　（20）：6102-6109.

［34］ASEMI Z，SAMIMI M，TABASI Z，et al.Effect of daily consumption of
　　　probiotic yoghurt on lipid profiles in pregnant women：a randomized controlled
　　　clinical trial［J］.European Journal of Clinical Nutrition，2012，25（9）：
　　　1552-1556.

［35］AUNG SM，GÜLER A，GÜLER Y，et al.Two-dimensional speckle-
　　　tracking echocardiography-based left atrial strain parameters predict masked
　　　hypertension in patients with hypertensive response to exercise［J］.Blood
　　　Pressure Monitoring，2017，22（1）：27-33.

［36］BAIRD L，DINKOVA-KOSTOVA A T.The cytoprotective role of the Keap1-
　　　Nrf2 pathway［J］.Archives of Toxicology，2011，85（4）：241-272.

［37］BLEAU C，MONGES A，RASHIDAN K，et al.Intermediate chains of
　　　exopolysaccharides from *Lactobacillus rhamnosus* RW9595M increase IL-10
　　　production by macrophages［J］.Journal of Applied Microbiology，2010，
　　　108（2）：666-675.

［38］BIDDLE A，STEWART L，BLANCHARD J，et al.Untangling the genetic
　　　basis of fibrolytic specialization by Lachnospiraceae and Ruminococcaceae in
　　　diverse gut communities［J］.Diversity，2013，5（3）：627-640.

［39］BRYAN H K，OLAYANJU A，GOLDRING C E，et al.The Nrf2 cell defence
　　　pathway：Keap1-dependent and-independent mechanisms of regulation［J］.
　　　Biochemical Pharmacology，2013，85（6）：705-717.

［40］CHARD S，HARRIS-WALLACE B，ROTH EG，et al.Successful aging
　　　among African American older adults with type 2 diabetes［J］.The Journals
　　　of Gerontology Series B Psychological Sciences and Social Sciences，2017，
　　　72（2）：319-327.

［41］DAWOOD M A，KOSHIO S，ISHIKAWA M，et al.Effects of dietary
　　　supplementation of *Lactobacillus rhamnosus* or/and *Lactococcus lactis* on the
　　　growth，gut microbiota and immune responses of red sea bream，Pagrus major
　　　［J］.Fish&Shellfish Immunology，2016，49：275-285.

［42］ DING W, SHI C, CHEN M, et al. Screening for lactic acid bacteria in traditional fermented Tibetan yak milk and evaluating their probiotic and cholesterol-lowering potentials in rats fed a high-cholesterol diet［J］. Journal of Functional Foods, 2017, 32: 324-332.

［43］ DU Y T, ZHANG H H, ZHANG X, et al. Thioredoxin 1 is inactivated due to oxidation induced by peroxiredoxin under oxidative stress and reactivated by the glutaredoxin system［J］. Journal of Biological Chemistry, 2013, 288（45）: 32241-32247.

［44］ EJTAHED H S, MOHTADI-NIA J, HOMAYOUNI-RAD A, et al. Probiotic yogurt improves antioxidant status in type 2 diabetic patients［J］. Nutrition, 2012, 28（5）: 539-543.

［45］ FELICE F, LUCCHESI D, DI S R, et al. Oxidative stress in response to high glucose levels in endothelial cells and in endothelial progenitor cells: evidence for differential glutathione peroxidase-1 expression［J］. Microvascular Research, 2010, 80（3）: 332-338.

［46］ FREIRE A L, RAMOS C L, SOUZA P N D, et al. Nondairy beverage produced by controlled fermentation with potential probiotic starter cultures of lactic acid bacteria and yeast［J］. International Journal of Food Microbiology, 2017, 248: 39-46.

［47］ FURUMOTO H, NANTHIRUDJANAR T, KUME T, et al. 10-Oxotrans-11-octadecenoic acid generated from linoleic acid by a gut lactic acid bacterium *Lactobacillus plantarum* is cytoprotective against oxidative stress［J］. Toxicology and Applied Pharmacology, 2016, 296: 1-9.

［48］ GAO DAWEI, GAO ZHENGRONG, ZHU GUANGHUA.Antioxidant effects of *Lactobacillus plantarum* via activation of transcription factor Nrf2［J］. Food and Function, 2013, 4（6）: 982-989.

［49］ GEETA, YADAV A S.Antioxidant and antimicrobial profile of chicken sausages prepared after fermentation of minced chicken meat with *Lactobacillus plantarum*, and with additional dextrose and starch［J］. LWT-Food Science and Technology, 2017, 77: 249-258.

［50］ Giblin F J.Glutathione: avital lens antioxidant［J］. J Oeul Pharmacol Ther, 2000（16）: 121-135.

［51］ HASHEMI S M B, SHAHIDI F, MORTAZAVI S A, et al. Effect of *Lactobacillus plantarum* LS5 on oxidative stability and lipid modifications of Doogh［J］. International Journal of Dairy Technology, 2016, 69（4）: 550-558.

［52］HAN K, JIN W, MAO Z, et al. Microbiome and butyrate production are altered in the gut of rats fed a glycated fish protein diet［J］. Journal of Functional Foods, 2018, 47: 423-433.

［53］HOLMGREN A.Antioxidant function of thioredoxin and glutaredoxin systems ［J］. Antioxidants and Redox Signaling, 2000, 2（4）: 811-820.

［54］HUANG LI, DUAN CUICUI, ZHAO YUJUAN, et al. Reduction of aflatoxin B1 toxicity by *Lactobacillus plantarum* C88: a potential probiotic strain isolated from Chinese traditional fermented food "Tofu"［J］. PLoS ONE, 2017, 12（1）: e0170109.

［55］ITO M, OHISHI K, YOSHIDA Y, et al. Antioxidative effects of lactic acid bacteria on the colonic mucosa of iron-overloaded mice［J］. Agric Food Chem, 2003, 51（15）: 4456-4460.

［56］JONES R M, MERCANTE J W, NEISH A S.Reactive oxygen production induced by the gut microbiota: pharmacotherapeutic implications［J］. Current Medicinal Chemistry, 2012, 19（10）: 1519-1529.

［57］KANMANI P, KUMAR R S, YUVARAJ N, et al. Probiotics and its functionally valuable products-a review［J］. Critical Reviews in Food Science and Nutrition, 2013, 53（6）: 641-658.

［58］KLENIEWSKA P, HOFFMANN A, PNIEWSKA E, et al. The influence of probiotic *Lactobacillus casei* in combination with prebiotic inulin on the antioxidant capacity of human plasma［J］. Oxidative Medicine and Cellular Longevity, 2016, 2016: 1340903.

［59］KOBATAKE E, NAKAGAWA H, SEKI T, et al. Protective effects and functional mechanisms of *Lactobacillus gasseri* SBT2055 against oxidative stress［J］.PLOS ONE, 2017, 12（5）: e0177106.

［60］KUDA T, TOMOMI K, KAWAHARA M, et al. Inhibitory effects of *Leuconostoc mesenteroides* 1RM3 isolated from narezushi, on lipopolysaccharide-induced inflammation in RAW264.7 mouse macrophage cells and dextran sodium sulphate-induced inflammatory bowel disease in mice［J］. Journal of Functional Foods, 2014, 6: 631-636.

［61］KULLISAAR T, SONGISEPP E, MIKELSAAR M, et al. Antioxidative probiotic fermented goats' milk decreases oxidative stress-mediated atherogenicity in human subjects［J］. British Journal of Nutrition, 2003, 90（2）: 449-456.

［62］KUMAR N, TOMAR S K, THAKUR K, et al. The ameliorative effects of probiotic *Lactobacillus fermentum* strain RS-2 on alloxan induced diabetic rats

［J］. Journal of Functional Foods，2017，2：275284.

［63］ LEE J，HWANG K T，CHUNG M Y，et al. Resistance of *Lactobacillus casei* KCTC 3260 to reactive oxygen species（ROS）：role for a metal ion chelating effect［J］. Journal of Food Science，2005，70：m388–m391.

［64］ LEE J，HWANG K T，HEO M S，et al. Resistance of *Lactobacillus plantarum* KCTC 3099 from Kimchi to oxidative stress.［J］. Journal of Medicinal Food，2005，8（3）：299–304.

［65］ LEE J，HWANG KT，CHUNG MY，et al. Resistance of *Lactobacillus casei* KCTC 3260 to reactive oxygen species（ROS）：Role for a metal ion chelating effect［J］. Journal of Food Science，2005，70（8）：M388–M391.

［66］ LIN M T，BEAL M F.The oxidative damage theory of aging［J］. Clinical Neuroscience Research，2003，2（5/6）：305–315.

［67］ LIN MY，CHANG FJ. Antioxidative effect of intestinal bacteria *Bifidobacterium longum* ATCC 15708 and *Lactobacillus acidop* Hilus ATCC 4356［J］. Digestive Diseases and Sciences，2000，45（8）：1617–1622.

［68］ LIOCHEV S I，FRIDOVICH I. Mechanism of the peroxidase activity of Cu，Zn superoxide dismutase［J］. Free Radical Bio Med，2010，48：1565–1569.

［69］ LIOCHEV S I. Reactive oxygen species and the free radical theory of aging［J］. Free Radical Biology & Medicine，2013，60：1–4.

［70］ LOU，MARJORIE F. Thiol regulation in the lens［J］. Jocul Pharmacol Ther，2000，16（2）：137–148.

［71］ LULE V K，GARG S，POPHALY S D，et al. Potential health benefits of lunasin：a multifaceted soy–derived bioactive peptide［J］. Journal of Food Science，2015，80（3）：R485–R494.

［72］ LEIVA A，VERDEJO H，BENÍTEZ M L，et al. Mechanisms regulating hepatic SR–BI expression and their impact on HDL metabolism［J］. Atherosclerosis，2011，217（2）：299‒307.

［73］ MISHRA V，SHAH C，MOKASHE N，et al. Probiotics as potential antioxidants：a systematic review［J］. Journal of Agricultural and Food Chemistry，2015，63（14）：3615–3626.

［74］ MACFARLANE G T，BLACKETT K L，NAKAYAMA T，et al. The gut microbiota in inflammatory bowel disease［J］. Current pharmaceutical design，2009，15（13）：1528–1536.

［75］ MEEHAN C J，BEIKO R G. A phylogenomic view of ecological specialization in the Lachnospiraceae，a family of digestive tract–associated bacteria［J］.

Genome biology and evolution, 2014, 6（3）: 703-713.

［76］OJEKUNLE O, BANWO K, SANNI A I. *In vitro* and *in vivo* evaluation of *Weissella cibaria* and *Lactobacillus plantarum* for their protective effect against cadmium and lead toxicities ［J］. Letters in Applied Microbiology, 2017, 64（5）: 379-385.

［77］ONG W Y, HALLIWELL B. Iron, atherosclerosis, and neurodegeneration: a key role for cholesterol in promoting iron-dependent oxidative damage ［J］. Annals of the New York Academy of Sciences, 2004, 1012: 51-64.

［78］OLBJØRN C, SMÅSTUEN M C, THIIS-EVENSEN E, et al. Fecal microbiota profiles in treatment-naïve pediatric inflammatory bowel disease - associations with disease phenotype, treatment, and outcome ［J］. Clinical and experimental gastroenterology, 2019, 12: 37.

［79］PANDANABOINA S C, KONDETI S R, RAJBANSHI S L, et al. Alterations in antioxidant enzyme activities and oxidative damage in alcoholic rat tissues: protective role of *Thespesia populnea* ［J］. Food Chemistry, 2012, 132（1）: 150-159.

［80］PASTEUR L. Isomorphismus zwischen isomeren Körpern, von welchen die einen activ, die andern inactiv auf das polarisirte Licht sind ［J］. Journal Für Praktische Chemie, 1857, 70（1）: 349-354.

［81］PARK S, CHANG H C, LEE J J. Rice bran fermented with kimchi-derived lactic acid bacteria prevents metabolic complications in mice on a high-fat and cholesterol Diet ［J］. Foods, 2021, 10（7）: 1501.

［82］QU W, YUAN X, ZHAO J, et al. Dietary advanced glycation end products modify gut microbial composition and partially increase colon permeability in rats ［J］. Molecular nutrition & food research, 2017, 61（10）: 1700118.

［83］RAJESH A, DAMODAR G, RAMAN C, et al. Radioprotection by plant products: present status and future prospects ［J］. Phytother Res, 2005, 19（1）: 1-22.

［84］SONG W, SONG C, SHAN Y J, et al. The antioxidative effects of three lactobacilli on high-fat diet induced obese mice ［J］. RSC Advances, 2016, 6（70）: 65808-65815.

［85］SU JING, WANG TAO, LI YINGYING, et al. Antioxidant properties of wine lactic acid bacteria: *Oenococcus oeni* ［J］. Applied Microbiology and Biotechnology, 2015, 99（12）: 5189-5202.

［86］SUO HUAYI, QIAN YU, FENG XIA, et al. Free Radical scavenging activity and cytoprotective effect of soybean milk fermented with *Lactobacillus*

fermentum Zhao［J］. Journal of Food Biochemistry, 2016, 40（3）: 294–303.

［87］TALWALKAR A, KAILASAPATHY K. Metabolic and biochemical responses of probiotic bacteria to oxygen［J］. Journal of Dairy Science, 2003, 86（8）: 2537–2546.

［88］TRUULASU K, NAABER P, KULLISAAR T, et al. The influence of antibacterial and antioxidative probiotic lactobacilli on gut mucosa in a mouse model of *Salmonella* infection［J］. Microbial Ecology in Health and Disease, 2004, 16（4）: 180–187.

［89］VAGHEF–MEHRABANY E, VAGHEF–MEHRABANY L, ASGHARI–JAFARABADI M, et al. Effects of probiotic supplementation on lipid profile of women with rheumatoid arthritis: a randomized placebo–controlled clinical trial［J］. Health Promotion Perspectives, 2017, 7（2）: 95–101.

［90］WANG A N, YI X W, YU H F, et al. Free radical scavenging activity of *Lactobacillus fermentum in vitro* and its antioxidative effect on growing–finishing pigs［J］. Journal of Applied Microbiology, 2009, 107（4）: 1140–1148.

［91］WANG S, HE, HE B. Screening of high antioxidant activity lactic acid bacteria in traditional fermented pickles and its tolerance to simulated gastrointestinal environments［J］. Science and Technology of Food Industry, 2019, 40（22）: 93–97.

［92］WANG YING, ZHOU JIANZHONG, XIA XIUDONG, et al. Probiotic potential of *Lactobacillus paracasei* FM–LP–4 isolated from Xinjiang camel milk yoghurt［J］. International Dairy Journal, 2016, 62: 28–34.

［93］WELLS J M. Immunomodulatory mechanisms of lactobacilli［C］. 10th Symposium on lactic acid bacterium（LAB）, Microbial Cell Factories, 2011, 10（1）: S17.

［94］WOUTERS D, BERNAERT N, ANNO N, et al. Application' and validation of autochthonous lactic acid bacteria starter cultures for controlled leek fermentations and their influence on the antioxidant properties of leek［J］. International Journal of Food Microbiology, 2013, 165（2）: 121–133.

［95］XING JIALI, WANG GANG, GU ZHENNAN, et al. Cellular model to assess the antioxidant activity of lactobacilli［J］. RSC Advances, 2015, 5（47）: 37626–37634.

［96］YADAV H, JAIN S, SINHA P R. Antidiabetic effect of probiotic dahi containing *Lactobacillus acidophilus* and *Lactobacillus casei* in high fructose fed rats [J]. Nutrition, 2007, 23 (1): 62-68.

[97] YANG J, JI Y, PARK H, et al. Selection of functional lactic acid bacteria as starter cultures for the fermentation of Korean leek (*Allium tuberosum* Rottler ex Sprengel) [J]. International Journal of Food Microbiology, 2014, 191: 164-171.

[98] YANG XIN, LI LONG, DUAN YONGLE, et al. Antioxidant activity of JM113 in vitro and its protective effect on broiler chickens challenged with deoxynivalenol [J]. Journal of Animal Science, 2017, 95 (2): 837-846.

[99] YAP W B, AHMAD F M, LIM Y C, et al. *Lactobacillus casei* strain C1 attenuates vascular changes in spontaneously hypertensive rats [J]. Korean Journal of Physiology and Pharmacology, 2016, 20 (6): 621-628.

[100] YU XIAOMIN, LI SHENG JIE, YANG DONG, et al. A novel strain of *Lactobacillus mucosae* isolated from a Gaotian villager improves in vitro and *in vivo* antioxidant as well as biological properties in D-galactose-induced aging mice [J]. Journal of Dairy Science, 2016, 99 (2): 903-914.

[101] ZELKO, IGOR N, MARIANI, et al. Superoxide dismutase multigene family: a comparison of the CuZn-SOD (SOD1), Mn-SOD (SOD2), and EC-SOD (SOD3) gene structures, evolution, and expression [J]. Free Radical Biology and Medicine, 2002, 33 (3): 337.

[102] Zhang S W, Liu L, Su Y L, et al. Antioxidative activity of lactic acid bacteria in yogurt [J]. African Journal of Microbiology Research, 2015, 5 (29): 5194-5201.

[103] ZHAO HUIMIN, GUO XIAONA, ZHU KEXUE. Impact of solid state fermentation on nutritional, physical and flavor properties of wheat bran [J]. Food Chemistry, 2017, 217: 28-36.

[104] ZHAO X, YI RK, ZHOU X R, et al. Preventive effect of *Lactobacillus plantarum* KSFY02 isolated from naturally fermented yogurt from Xinjiang, China, on D-galactose-induced oxidative aging in mice [J]. Journal of Dairy Science, 2019, 102 (7): 5899-5912.

[105] Zein A A, Kaur R, Hussein T O K, et al. *ABCG5/G8*: a structural view to pathophysiology of the hepatobiliary cholesterol secretion [J]. Biochemical society transactions, 2019, 47 (5): 1259-1268.

[106] Zheng Z, Lyu W, Ren Y, et al. Allobaculum Involves in the Modulation of Intestinal ANGPTLT4 Expression in Mice Treated by High-Fat Diet [J]. Frontiers in Nutrition, 2021, 8: 242.

第六章

乳酸菌对发酵肉制品品质特性的影响

发酵肉制品能否受到消费者的喜爱极大程度上取决于其品质特性。自然发酵的肉制品常存在着品质特性不佳，安全性不高等问题。乳酸菌在发酵肉制品的生产加工中起到发酵剂的重要作用，同时能对发酵肉制品的 pH、水分活度、亚硝酸盐含量、蛋白质分解指数、游离脂肪酸、质构、产品得率、色泽、生物胺含量等品质特性产生重要影响。瑞士乳杆菌 TR13、戊糖片球菌、嗜酸乳杆菌和木糖葡萄球菌等乳酸菌均拥有较好的肉制品发酵特性，在生产中单一添加或进行复配添加可以使发酵肉制品具有更加良好的品质，并能使发酵肉制品的安全性更有保障。

第一节　瑞士乳杆菌 TR13 对发酵肉制品 品质特性的影响

内蒙古农业大学肉品科学与技术团队以从内蒙古牧区传统发酵肉制品中分离筛选出的具有优良发酵特性的瑞士乳杆菌 TR13 作为发酵剂，在前期研究的基础上，确定以瑞士乳杆菌 TR13 与木糖葡萄球菌 NCT11043 复配比 1 ∶ 2 为最佳比例调制发酵剂，以单一发酵剂为对照，研究不同发酵剂对肉制品品质特性的影响。本实验共分 3 组，第 1 组为对照组（即不添加发酵剂），第 2 组为瑞士乳杆菌 TR13 单一组，第 3 组为瑞士乳杆菌 TR13 和木糖葡萄球菌复配组（复配比为 1 ∶ 2）。分别于灌肠后（0d）、腌制（0.5d）、发酵结束（3d）、干燥中期（6d）、干燥结束即成熟（9d）、后熟（23d）、37d 时间点测定发酵香肠的理化指标，进而分析发酵剂对发酵香肠品质特性的影响。

一、瑞士乳杆菌 TR13 对发酵肉制品 pH 的影响

pH 是发酵肉制品发酵过程中重要的指示指标，与发酵肉制品的品质优劣密不可分，pH 快速下降可以保证发酵的顺利进行。pH 下降主要是原料肉中微生物及外加乳酸菌分解糖类物质生成乳酸所致。较低的 pH 环境有助于抑制有害病原菌的生长，促进亚硝酸盐的还原，提高发酵肉制品的安全性（Zeng 等，2013；Zhao 等，2016）。此外 pH 的高低也会影响肉颜色、嫩度、感官以及风味。添加乳酸菌和葡萄球菌可以产生脂肪酶与蛋白酶，对原料肉中的脂肪和蛋白质分解并产生游离脂肪酸和氨基酸。但发酵过程也伴随着脱氨等分解反应的进行，因而随着干燥成熟的进行，当产酸速率低于氨等碱性物质的生成速率时，水分含量的下降及蛋白质分解产氨等作用，又会使 pH 逐渐回升（Leroy 等，2006；Virgili 等，2007）。一般当发酵肉制品的 pH 降低为 4.0~5.3，会终止发酵，进入

干燥或烤制阶段。

如图 6-1 所示，发酵香肠在腌制期间（0~0.5d）由于温度（4℃）较低，原料肉中微生物的生命活动被抑制，pH 基本没有变化；腌制结束，将原料肉进行灌肠排气，然后在 25℃、90% 湿度条件下发酵，在发酵过程中 3 个组的 pH 均快速下降；发酵结束时（3d），对照组、单一组、复配组 pH 分别为 5.25，5.1，4.95，对照组 > 单一组 > 复配组，由此可知产酸速率：复配组 > 单一组 > 对照组，说明瑞士乳杆菌与木糖葡萄球菌复配可加速发酵香肠中乳酸含量增加，也可能促使了游离脂肪酸和游离氨基酸生成；在干燥过程中（3~6d），加工环境温度和湿度急剧下降到 15℃、85%，香肠水分含量也不断降低，致使乳酸菌的活性被抑制，蛋白质被分解产生碱性物质的速率可能相对加快，促使整体 pH 出现回升现象，干燥中期（6d），对照组、单一组、复配组 3 组 pH 分别为 5.45，5.46，5.35；在成熟过程中（6~9d），温度降为 13℃，相对湿度降至 75%，此时环境湿度急剧降低，导致香肠水分活度低于 0.85，大部分微生物的生命活动被抑制，酶活力也受到影响，因而氨类物质产生速率下降，成熟过程中 pH 变化也变缓，最后分别升至 5.73，5.56，5.60。

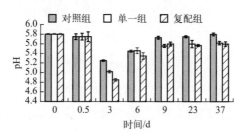

图 6-1　发酵剂对发酵香肠 pH 的影响

二、瑞士乳杆菌 TR13 对发酵肉制品水分活度的影响

水分活度（Water activity，A_w）主要是表征物质中自由水含量的物理量，已经成为衡量食品保质期长短的一个重要指标，可以说 A_w 是控制食品腐败变质的重要因素之一。从微生物与 A_w 的关系来看，当 A_w 大于某个临界值时，特定微生物才能生长繁殖，如绝大多数细菌要求 A_w 大于 0.9，霉菌要求 A_w 大于 0.8，而耐盐菌要求最低 A_w 为 0.75，当 A_w 低于 0.6 时绝大多数微生物无法生长繁殖；从酶与 A_w 的关系来看，A_w 高低影响酶促反应底物流动性以及酶的构象，当食品中 A_w 低于 0.85 时，酶活力大幅下降（王俊等，2004；Johnson 等，1990）。因此 A_w 成为衡量食品品质和保质期的一个重要因素。发酵肉制品的 A_w 取决于下列因素：水的添加量、溶质脱水程度及脂肪添加量等。通常认为 A_w 低于 0.7 的食品有较长的保质期。

由图 6-2 中 3 组 A_w 的变化趋势可知，灌肠后（原料肉）、腌制、发酵结束 3 个阶段 A_w 变化微小，3 组 A_w 均为 0.98 ± 0.5；发酵结束（3d）香肠所处的环境温度和湿度都降低，进入干燥初期；在干燥过程中（3~6d），环境温度和湿度均低于香肠内部，因而形成温度和湿度由内到外降低梯度；干燥初期结束时（6d）对照组、单一组、复配组 A_w 分别降低到 0.91, 0.90, 0.89，与发酵结束时（3d）的 0.98 相比，下降速率：复配组 > 单一组 > 对照组，说明添加乳酸菌发酵剂有助于发酵香肠 A_w 的下降，且添加复配发酵剂可能较单一发酵剂更有助于 A_w 的下降，这一现象与吴满刚等（2014）研究结果相似；6~9d 成熟过程中，各组 A_w 仍急剧下降，在 9d 末对照组、单一组、复配组分别为 0.85, 0.84, 0.83；在 9~37d 过程中，A_w 下降缓慢，在 37d 对照组和单一组的 A_w 均为 0.83，复配组降到组中最低 0.82。

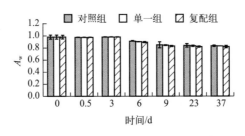

图 6-2　发酵剂对发酵香肠 A_w 影响

三、瑞士乳杆菌 TR13 对发酵肉制品亚硝酸盐含量的影响

发酵肉制品中添加亚硝酸盐的作用有两个：第一，亚硝酸盐是肉制品生产的重要发色剂，因具有固色作用而常在肉制品的生产和加工中使用，是肉制品加工中最重要的添加剂之一；第二，亚硝酸盐还具有抑菌防腐作用，并且可以消除原料肉的不适风味，提高产品质量（Jacob 等，2008）。亚硝酸盐作为强氧化剂可氧化亚铁为高铁，使其失去携带氧气的能力，产生中毒现象；当亚硝酸盐过量时，其会与食品中蛋白质分解产生的中间体二级胺类物质结合生成强致癌物质——亚硝胺（Paik 等，2014）。我国对于发酵肉制品中亚硝酸盐的添加量以及残留量有明确的规定：添加量 <150mg/kg，最后残留量 <30mg/kg。长期食用含有亚硝酸盐残留量超标的产品，会极大危害消费者的健康（杜娟等，2007）。乳酸菌发酵过程中在酸性环境中利用其自身的酶促进亚硝酸盐的分解，极大降低了食品中亚硝酸盐的含量，不仅有效地提升了食品的质量，还提高了食品的安全性（刘艳姿，2010）。另有研究指出，乳酸菌对亚硝酸盐的降解分为酶降解和酸降解两个阶段，在发酵前期，pH4.5 时，乳酸菌对亚硝酸盐的降解以酶降解为主；发酵后期，由于酸的产生，pH 继续下降，当 pH 低于 4.0 后，亚

硝酸盐的降解以酸降解为主（张庆芳等，2002）。

由图6-3可知，原料肉中也含有一定量的亚硝酸盐，但含量符合国家标准规定的安全合格标准，即小于30mg/kg；在腌制结束时（0.5d）相比原料肉，亚硝酸盐含量有所上升，是因为在腌制过程中加入了硝酸盐和亚硝酸盐；发酵结束时（3d），3组亚硝酸盐含量急剧上升，对照组、单一组、复配组含量分别为36.8mg/kg、40.2mg/kg、42.5mg/kg，这一现象可能是由于复配发酵剂产生的硝酸盐还原酶含量高于其他两组，加速亚硝酸盐含量上升；随着香肠进入干燥初期（3~6d），环境温度和湿度降低，A_w下降，硝酸盐还原酶活力可能被抑制或发酵剂对亚硝酸盐分解速率加快，促使整体亚硝酸盐含量急剧下降（许伟，2012）；成熟过程中（6~9d），对照组和复配组亚硝酸盐含量变化差异微小；在成熟结束时（9d）复配组亚硝酸盐含量急剧下降；在37d末，3组的亚硝酸盐含量均下降到整个过程的最低值，对照组、单一组、复配组亚硝酸盐含量分别为24.8mg/kg、22.3mg/kg、11.330mg/kg，均低于国家标准规定的30mg/kg。说明添加乳酸菌发酵剂可有效降低发酵香肠中亚硝酸盐含量，提高产品安全性，且添加复合发酵剂的降低效果更佳。

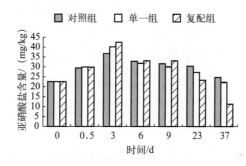

图6-3　发酵剂对发酵香肠中亚硝酸盐含量的影响

四、瑞士乳杆菌TR13对发酵肉制品蛋白质分解指数的影响

蛋白质分解指数（Protein decomposition index，PI）是发酵香肠中非蛋白氮占总氮的比，可以表明蛋白质的水解情况。非蛋白氮（Non-protein nitrgen，NPN）含量是指除蛋白质以外含氮化合物的总含量，包括游离的氨基酸、多肽、氨及铵盐等含氮化合物（余顿，2020）。NPN含量和种类对发酵肉制品的风味至关重要。研究者们发现，接种发酵剂促进了发酵香肠蛋白质的降解，特别是接种复配发酵剂（Candogan等，2009；Aro等，2010）。香肠在发酵成熟期间，PI显著增高，肌浆蛋白和肌原纤维蛋白含量显著降低，硬度与肌原纤维蛋白溶解性呈显著负相关，肌浆蛋白最易被降解（Giovanna等，2013）。当添加含有蛋白酶活性高的发酵剂如微球菌、乳杆菌和片球菌时，发酵肉制品中的NPN含量提

高，NPN 含量增加对发酵香肠风味的形成起着重要作用，但当 PI 高于 29% 时，会产生令人不愉快的滋味，如苦味和金属后味（刘战丽等，2002）。

由图 6-4 可知，原料肉（0d）中 PI 为 20%；腌制结束时（0.5d）PI 降为 16%；在发酵结束时（3d），对照组 PI 仍为 16%，单一组上升至 19%，复配组却下降到 13%，可能是因为复配组较低的 pH 抑制了蛋白质分解酶的活力；随着发酵结束干燥过程开始（3~6d），各组 pH 均急剧上升，表明蛋白质分解酶活力逐渐增强；在干燥中期（6d），3 组 PI 均上升至 25%；在 6~9d 时，复配组 PI 急剧上升；干燥结束时（9d），复配组 PI 高达 33%，高于对照组 30% 和单一组 29%，且对照组 > 单一组，说明蛋白质分解主要依赖于原料肉中的蛋白质分解酶而非乳酸菌，并且加入的木糖葡萄球菌对游离氨基酸等 NPN 的产生也贡献了一定力量；9~23d 的成品贮藏两周过程中 PI 略有上升，但在 23~37d 贮藏过程中各组 PI 基本保持不变。

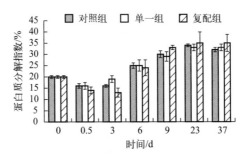

图 6-4　发酵剂对发酵香肠中 PI 的影响

五、瑞士乳杆菌 TR13 对发酵肉制品中游离脂肪酸的影响

游离脂肪酸是由脂肪氧化分解形成的，此过程受到加工工艺温度、发酵 pH、湿度等条件的影响（郇延军等，2004）。乳酸菌可以产生脂肪酶，降解甘油三酯、甘油二酯等产生游离脂肪酸。早在 1998 年就有研究发现在发酵香肠中添加脂肪酶会促进香肠中游离脂肪酸的释放，引起油酸、亚油酸等脂肪酸含量的显著增加（Ansorena 等，1998）。后来，发酵肉制品中通常添加能够产脂肪酶的菌株来增加游离脂肪酸的含量，从而进一步改善肉制品的风味（景智波，2019）。

乳酸菌发酵剂是具有分解有机酸、脂肪酸等物质的酶系，可分解生成有机酸降低肉制品 pH，同时也可将产品中的脂肪分解为短链挥发性脂肪酸、醛、酯等，赋予发酵肉制品特有的风味（游刚等，2015），还可促进饱和脂肪降解，加速单不饱和脂肪酸和多不饱和脂肪酸的释放（沈清武等，2004）。发酵香肠中饱和脂肪酸和不饱和脂肪酸的含量如图 6-5、图 6-6 和图 6-7 所示。

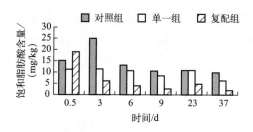

图 6-5 发酵剂对发酵香肠中饱和脂肪酸含量的影响

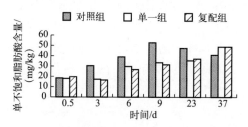

图 6-6 发酵剂对发酵香肠中单不饱和脂肪酸含量的影响

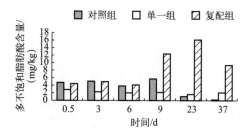

图 6-7 发酵剂对发酵香肠中多不饱和脂肪酸含量的影响

图 6-5 表明，饱和脂肪酸（Saturated fatty acid，SFA）在对照组中含量较高，可能是因为对照组中脂肪酶及微生物数量较少，已生成的 SFA 没有被及时转化或分解；随着发酵开始，接种发酵剂的单一组和复配组 SFA 含量均降低，并且相比单一组，复配组下降幅度较大，由原料肉（0d）中的 18.98mg/kg 降至发酵结束时（3d）的 6.13mg/kg，而对照组的 SFA 含量却大幅上升，发酵结束时（3d）对照组 SFA 含量为 24.97mg/kg，可能是因为添加的瑞士乳杆菌和木糖葡萄球菌发酵剂在发酵期间大量繁殖促使 SFA 转化或分解（Beck 等，2004），导致复配组 SFA 含量快速下降。研究表明，SFA 可以引起高血压、高脂血症和血胆固醇、低密度脂蛋白胆固醇升高等疾病，添加复合发酵剂可以降低这些"富贵病"发生概率。在干燥成熟过程中（3~9d），各组 SFA 含量均有所下降；香肠被贮藏 28d 后与贮藏 14d 后的 SFA 含量相比，复配组有小幅下降，单一组下降量较多。

图 6-6 表明，对照组单不饱和脂肪酸（Monounsaturated fatty acid，MUFA）

含量呈先上升后下降的趋势，在成熟结束时（9d）含量达到最高，为 52.77mg/kg；整个过程中，单一组和复配组 MUFA 含量一直呈上升趋势，与对照组成熟后期贮藏过程中 MUFA 含量变化规律恰好相反；通过比较 3 组 MUFA 含量变化可知，在 0~23d，对照组的 MUFA 含量一直高于单一组和复配组，可能是因为内源脂肪酶促进了 MUFA 的释放，这一现象与沈清武（2004）的研究相一致。

由图 6-7 可知，在 6d 前，多不饱和脂肪酸（Polyunsaturated fatty acid，PUFA）的释放排序为：对照组 > 复配组 > 单一组，说明在干燥前，香肠脂肪的水解主要由内源酶引起；在成熟后期（6~9d），复配组 PUFA 释放速率 > 对照组和单一组，说明木糖葡萄球菌对脂肪水解主要发生在香肠成熟后期。

此外，由图 6-5、图 6-6 和图 6-7 可知，复配组香肠在 23d：单不饱和脂肪酸含量 > 多不饱和脂肪酸含量 > 饱和脂肪酸含量；单一组与对照组：单不饱和脂肪酸含量 > 饱和脂肪酸含量 > 多不饱和脂肪酸含量。

第二节　戊糖片球菌对发酵羊肉干品质特性的影响

羊肉干是在油炸、微波、高温等条件下制作而成的一种水分含量较低、保质期较长、具有特殊肉香味的干肉制品，微生物发酵可以改善肉干质地、色泽及风味，使发酵羊肉干成为了消费者较为喜爱的一种肉干产品（张倩等，2002；张根生等，2006）。有研究将从传统发酵肉制品中分离出的具有优良发酵特性的乳酸菌作为发酵剂，进行发酵羊肉干的生产，证明了这种外源发酵剂的添加可以改善羊肉干的品质特征，有效降低水分活度和 pH，达到抑制有害微生物生长且延长产品保质期的效果。同时，发源发酵剂的添加还可以提高产品的鲜味，降低咸度，对风味物质的产生起到促进作用（杨明阳，2019；王德宝等，2015）。

肉干干燥方式包括自然干燥和热风干燥，其中，热风干燥过程的温度控制更为自动化，制作成本低，但产品干燥速率表现为内慢外快，导致肉干表面结痂较为严重，同时易引起内部霉变，常需添加嫩化剂进行嫩化处理以改善肉干质地和品质（明建等，2008；葛长荣等，2010；谢小雷等，2013）。为了改善热风干燥造成的羊肉干过度硬化，国内外采用了多种嫩化方法，如滚揉、添加外源蛋白酶、添加 $CaCl_2$ 嫩化剂等（Bekhit 等，2014；Morgan 等，1991）。实验通过添加外源木瓜蛋白酶及具有较强抗氧化、清除自由基等特性的戊糖片球菌制作发酵羊肉干，并且以自然发酵组作为对照组，探究木瓜蛋白酶（木瓜蛋白酶组）、戊糖片球菌（单一组）及它们的复配剂（复配组）对羊肉干品质特性的影响。发酵羊肉干工艺条件见表 6-1。

表 6-1　　　　　　　　　　　发酵羊肉干工艺条件

加工阶段	温度 /℃	时间 /d	相对湿度 /%
腌制	4	0.5	90~95
发酵	25	1.5	95~98
干燥第一阶段	13~14	2	75~85
干燥第二阶段	13	3	60~70

一、戊糖片球菌对发酵肉制品 pH 的影响

乳酸菌代谢糖类物质产生乳酸可以降低产品的 pH，蛋白质分解的终产物——氨，可以提高产品的 pH。乳酸、氨、水分含量和蛋白质的缓冲能力是决定产品 pH 的主要因素（褚福娟等，2008）。戊糖片球菌作为发酵剂加入羊肉片中进行发酵，通过代谢作用产生乳酸和乙酸等有机酸类物质可以降低 pH，发酵羊肉片的蛋白质通过水解作用会产生氨类物质从而升高 pH。将 4 组样品绞碎后准确称取 10.00g，加入 90mL 蒸馏水，在锥形瓶中搅拌震荡 30min 后用酸度计测各组样品的 pH，结果如图 6-8 所示。

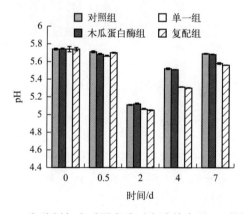

图 6-8　发酵剂与木瓜蛋白酶对发酵羊肉干 pH 的影响

由图 6-8 可知，原料肉 pH 为 5.74，酸度接近排酸后新鲜原料肉酸度值。腌制结束，各组 pH 有小幅降低。0.5~2d 发酵期间，4 组肉干 pH 下降速率显著升高是因为添加发酵剂可以促进原料肉中碳水化合物快速分解为乳酸等小分子有机酸；而对照组与木瓜蛋白酶组及单一组与复配组的组间 pH 变化不大，说明添加戊糖片球菌可快速降低发酵羊肉干 pH。在 2~4d 干燥期间，温度和湿度（RH）低至 14℃和 75%~85%，低温和低湿条件可能影响产酸酶类活性降低产酸速率，也可能由于蛋白质分解产生氨类等碱性物质中和羊肉干中乳酸等酸

性物质，促使羊肉干 pH 在干燥后期呈上升趋势（辜义宏等，2007；Virgili 等，2007）；干燥结束（7d），复配组和单一组 pH 分别上升至 5.56，5.58，其他两组 pH 升至 5.66。

二、戊糖片球菌对发酵肉制品水分活度的影响

每一种微生物的生长繁殖都对 A_w 有一个需求阈值，只要将产品的 A_w 控制在一定数值范围内，就可以抑制其中腐败菌、致病菌的生长繁殖，使产品可以较长时间保存。同时，降低 A_w 还可以延缓酶促反应和非酶促反应，减少营养成分的破坏，稳定食品的质量。发酵剂与木瓜蛋白酶对发酵羊肉干加工过程 A_w 的影响如图 6-9 所示。

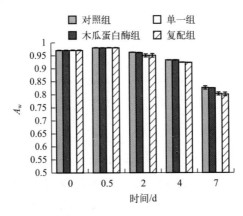

图 6-9　发酵剂与木瓜蛋白酶对发酵羊肉干 A_w 的影响

由图 6-9 可知，羊肉干在制作初期（0~0.5d）A_w 略有上升，可能是因为腌制时添加配料促使腌制时 A_w 略高于原料肉。在发酵期间（0.5 ~ 2d），羊肉干所处环境温度较高，湿度接近95%，环境条件抑制了羊肉干内部水分向外部环境迁移，导致发酵结束（2d）羊肉干 A_w 下降幅度较小。在干燥过程中（2~4d），pH 降低，接近蛋白质等电点，致使蛋白质对水分吸附能力下降。4d 时，复配组、单一组、木瓜蛋白酶组及对照组 A_w 分别为 0.923，0.924，0.933、0.933，说明添加戊糖片球菌有助于羊肉干 A_w 的降低。干燥阶段（4~7d），环境温度和相对湿度分别降至 13℃、65%，由于温度和湿度急剧降低，环境较为干燥，羊肉干内部水分大幅向外迁移，成熟结束时（7d）各组 A_w 显著低于干燥结束时（4d），且复配组降到所有组中最低（0.801）。

三、戊糖片球菌对发酵肉制品产品得率的影响

从原料肉开始，测定每一阶段结束时的羊肉质量，直到发酵成熟，利用式

（6-1）计算得率：

$$X=M/M_0 \qquad (6-1)$$

式中　　M——原料、腌制、发酵、干燥、成熟结束等阶段羊肉干质量，g；

　　　　M_0——起始羊肉原料的质量，g。

图 6-10 所示为发酵剂及木瓜蛋白酶对发酵羊肉干产品得率的影响。

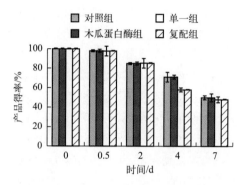

图 6-10　发酵剂及木瓜蛋白酶对发酵羊肉干产品得率的影响

羊肉中的水分可分为自由水和结合水，环境条件改变有助于羊肉干中的自由水向环境中迁移，结合水由于氢键、范德瓦耳斯力（又称范德华力）束缚而较难丢失。因为在制作初期（0~0.5d）及腌制（0.5~2d）和发酵期（2~4d），环境湿度接近 95%，此时羊肉干水分丢失较少；随着环境温度和湿度急剧下降，环境与羊肉干内部形成一定湿度梯度，羊肉干内部水分不断向环境中迁移，水分含量急剧下降。由于发酵剂添加使得单一组和复配组水分下降速率快于其他两组，对照组和木瓜蛋白酶组产品得率高于其他发酵组；在成熟过程中（4~7d），环境相对湿度最低降到 60%，使羊肉干水分含量下降达到最大，且添加了发酵剂的单一组和复配组产品得率降到 4 组中的最低。由此可知，添加外源发酵剂有利于羊肉干水分含量下降，并降低了产品得率。

四、戊糖片球菌对发酵肉制品质构的影响

肉干硬度与嫩度呈线性负相关，硬度指质构分析（TPA）曲线中第一个压缩周期中的第二个峰处的力值，表示使食品变形所需要的力值，是食品越过其屈服点，外界继续施加一定程度的压力时，用食品所受力的大小表明食品抵抗变形的能力，越大则表示咀嚼时所需力越大，嫩度越差。弹性用 TPA 曲线种两次下压时间比（t_2/t_1）表示，表明食品受到外力作用时发生形变，当撤去外力后，恢复原来状态的能力 . 咀嚼性表明把固态食品咀嚼成能够吞咽状态所需要的能量，即日常所说的咬劲，反映了食品对咀嚼的持续抵抗性。固体食品咀嚼到可吞咽时所需功，数值上等于弹性、硬度与内聚性的乘积。内聚性表示食品咀

嚼时的抵抗性。回复性是 TPA 曲线中第一个压缩周期中回弹曲线和横轴包围的面积之比，反映了食品以弹性变形保存的能量，是食品受压后快速回复变形的能力。（张馨木，2012；李里特，1998）。

如表 6-2 所示，木瓜蛋白酶组和对照组硬度分别为 3902.399N、6729.667N，说明添加木瓜蛋白酶可显著改善羊肉干嫩度（$P<0.05$），单一组和复配组硬度分别为 2418.78N、4650.91N，再次说明添加木瓜蛋白酶可以促进肌原纤维蛋白降解，进而改善羊肉干嫩度。比较 4 组的弹性可知，木瓜蛋白酶组与单一发酵剂组的弹性显著低于对照组和复配组（$P<0.05$），说明单一添加木瓜蛋白酶或发酵剂有助于促进蛋白质降解，使羊肉干弹性下降，而复配组弹性高于其他 3 组，说明复合添加酶与发酵剂可整体提高羊肉干的弹性；单一组和木瓜蛋白酶组内聚性显著低于对照组和复配组（$P<0.05$），且对照组内聚性低于复配组；复配组与木瓜蛋白酶组咀嚼性差异不显著（$P>0.05$），但显著低于其他两组（$P<0.05$）；复配组回复性显著高于其他 3 组（$P<0.05$），说明添加发酵剂能够改善肉干的硬度、弹性和咀嚼性。

表 6-2　　　　　　　发酵剂及木瓜蛋白酶对发酵羊肉干质构的影响

实验组	质构指标				
	硬度 /N	弹性 /mm	内聚性	咀嚼性	回复性
空白组	6729.67 ± 639.72^{d}	0.84 ± 0.02^{b}	0.75 ± 0.02^{b}	4257.27 ± 410.14^{c}	0.27 ± 0.01^{ab}
木瓜蛋白酶组	3902.40 ± 375.67^{b}	0.59 ± 0.00^{a}	0.60 ± 0.03^{a}	1298.52 ± 113.30^{a}	0.23 ± 0.01^{a}
单一组	4650.91 ± 157.19^{c}	0.83 ± 0.02^{b}	0.65 ± 0.02^{a}	2514.48 ± 211.64^{b}	0.25 ± 0.01^{a}
复配组	2418.78 ± 405.83^{a}	0.75 ± 0.12^{b}	0.80 ± 0.06^{b}	1425.43 ± 137.72^{a}	0.33 ± 0.07^{b}

注：同列不同字母表示差异显著（$P<0.05$）；同列相同字母表示差异不显著（$P>0.05$）。

五、戊糖片球菌对发酵肉制品脂质过氧化产物的影响

脂质氧化是肉制品发酵成熟过程中主要的生化反应，脂质的适度氧化可以产生风味物质，赋予发酵肉制品独特的香味特征，过度氧化会导致肉制品在加工贮藏过程中出现品质劣变，产生不良的风味，因此控制脂质的过氧化是非常重要的（黄露等，2016）。

发酵肉制品因含有较多的脂肪和具有较长的贮藏期，因此容易氧化。不饱和脂肪酸氧化产物的醛类物质可与硫代巴比妥酸（Thiobar-bituric acid，TBA）生成有色化合物，如丙二醛（Malon dialde hyde，MDA）与 TBA 生成的有色物在 530nm 处有最大吸光度，故可以在 530nm 波长处测定有色物的吸光度，以

此来衡量脂质的氧化程度。TBA反应产物（The thiobar-bituric acid reactive substances，TBARS）实为一种脂质过氧化产物，大量积累不利于产品安全。研究报道，TBARS含量越高代表脂质被氧化的程度越高，TBARS含量处于6~2mg/kg时（Marco等，2006），产品仍为正常，若超过2mg/kg说明产品发生脂质氧化，TBARS过度积累，可能给产品造成极大的危害。

近来的研究表明，在发酵肉制品中使用具有抗氧化性的发酵剂在一定程度上有助于抑制脂质的过氧化。研究人员对传统腊肉中分离出的乳酸菌进行抗氧化能力的分析，发现其具有较强的抗氧化能力，同时满足肉类发酵剂的要求，有望开发成为功能性发酵剂（田圆圆等，2018）。此外，也有研究表明，发酵酸肉中分离鉴定的乳酸菌具有较强的自由基清除能力和脂质过氧化抑制能力（Zhang等，2017）。这些都为抗氧化性发酵剂在发酵肉制品中的应用研究提供了参考。发酵剂与木瓜蛋白酶对发酵羊肉干中TBARS含量的影响见图6-11。

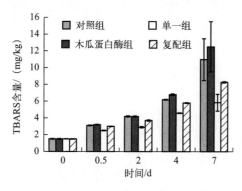

图6-11　发酵剂与木瓜蛋白酶对发酵羊肉干中TBARS含量的影响

由图6-11可知，原料肉（0d）中的TBARS含量为1.5mg/kg；腌制结束时（0.5d），测得4组的TBARS含量均上升，说明在原料肉在腌制过程中（0~0.5d）存在脂质微量氧化；发酵过程中（0.5~2d），TBARS含量仍呈上升趋势；但单一组TBARS（2.5g/kg）显著低于（$P<0.05$）其他3组；在干燥过程（2~4d）中，木瓜蛋白酶组TBARS含量（6.8mg/g）最高，而单一组最低（4.6mg/g），说明添加木瓜蛋白酶可能会促使脂质过氧化；干燥第二阶段（4~7d），4组TBARS含量仍上升，并且木瓜蛋白酶组TBARS含量最高（12.51mg/kg），而单一发酵剂组为最低（5.85mg/kg），复配组的TBARS含量也较高（8.27mg/kg），说明添加木瓜蛋白酶可能加速了脂质的氧化。综上可知，添加戊糖片球菌可有效抑制脂质过氧化，保证产品质量和安全性。

第三节　嗜酸乳杆菌和木糖葡萄球菌对发酵香肠理化品质及有害生物胺含量的影响

内蒙古农业大学肉品科学与技术团队以自然发酵香肠为对照组，以嗜酸乳杆菌与木糖葡萄球菌最优复配比 1 ∶ 2 做发酵剂为实验组，通过如下工艺：

原料修整 → 斩拌 → 腌制 → 灌肠 → 发酵（0d） → 干燥（3d） →

成熟（3d） → 成品

对比添加嗜酸乳杆菌与木糖葡萄球菌对发酵香肠 pH、水分活度、得率、质构及生物胺含量的影响。

一、嗜酸乳杆菌和木糖葡萄球菌对发酵香肠 pH 的影响

发酵香肠必须在规定时间内发酵完成，也就是必须在规定时间内将 pH 降至某一规定值以下否则产品会变质并带有潜在食品安全风险。美国农业部下属食品安全和检验局要求货架稳定的干香肠需进行亚硝酸盐腌制、发酵、熏制，最终达到 pH5.0 或更低，并且水分和蛋白质的比率为 1.9 ∶ 1 以下。半干香肠 pH 应达到 5.3 或更低，然后干燥去除 15% 的水分，以符合水分和蛋白质的标准比率 3.1 ∶ 1。发酵香肠在发酵过程中约有 50% 的葡萄糖发生分解代谢，其中约 74% 生成以乳酸为主的有机酸，但同时也有少量的中间产物丙酮酸。而在制馅过程中添加的葡萄糖大约有 18% 在干燥过程中被分解，其中 83% 转化为有机酸乳酸（葛长荣等，2002）。发酵香肠中酸度的上升主要依靠乳酸的产生，并且乳酸的生成和酸度的上升对发酵香肠的感官具有重要意义，乳酸虽没有典型的风味，但是它的酸味可以掩盖其他不良风味。优势乳酸菌也可以提高香肠的咸味，降低盐的用量。此外较高的酸度也可以降低蛋白酶和脂肪酶的活性。将样品绞碎后准确称取 10.00g，加入 90mL 蒸馏水，于锥形瓶中搅拌震荡 30min 后用酸度计测定 pH。复合发酵剂对发酵香肠 pH 的影响如图 6-12 所示。

由图 6-12 可知，在发酵过程中，可能由于碳水化合物被分解生成乳酸等有机小分子酸，两组香肠 pH 均迅速下降，且在发酵结束（3d）时，对照组和实验组 pH 分别降低到 5.32，5.13，且实验组的 pH 小于对照组，且实验组 pH 下降速率大于对照组，说明添加复合发酵剂有助于香肠快速产酸和酸度的上升，因而加入微生物发酵剂也可以在一定程度上缩短香肠发酵周期（Hughes 等，2002；

Hierro 等，1999；Bello，1995 ）。由于低酸环境对氨基酸脱羧酶有较强抑制作用，因而低酸香肠可抑制有害生物胺的增加（Ruiz 等，2004 ）。在干燥成熟过程中（6~9d ），香肠可能分解产生了一些含氮碱性物质，使 pH 缓慢上升（Bozkurt 等，2007；仝其根等，2008 ）。

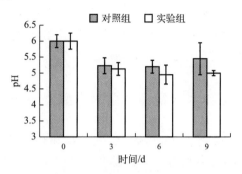

图 6-12　复合发酵剂对发酵香肠 pH 的影响

二、嗜酸乳杆菌和木糖葡萄球菌对发酵香肠水分活度的影响

对于发酵食品来说，其 A_w 需要控制在利于有益乳酸菌生长、繁殖、代谢的范围内。

香肠进入发酵过程就开始失去水分，干燥期间继续失水，当 A_w 降至约 0.95，一些致病细菌（沙门氏菌、芽孢杆菌）停止了繁殖。大多数微生物在 A_w 低于 0.91 时停止生长，少数例外，尤其是金黄色葡萄球菌，其可以保持活性直到 A_w <0.86。霉菌对低 A_w 有很强的抵抗力。通常当 A_w 达到 0.89 时，大多数腐败菌和致病菌都失活。

降低 A_w 可以使微生物的生长、繁殖速度降低，进而降低香肠的腐败速度、生物毒性以及微生物代谢活性，进一步提高发酵香肠的安全性。不同发酵香肠 A_w 的变化如图 6-13 所示。

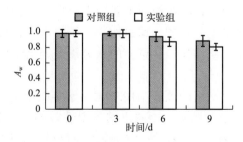

图 6-13　复合发酵剂对发酵香肠 A_w 的影响

由图 6-13 可知，原料肉（0d ）和发酵结束（3d ）时，发酵香肠 A_w 均为

0.97 左右，与原料肉（0d）相比，发酵结束（3d）时香肠 A_w 变化甚微，这可能由于发酵期间（0~3d）香肠所处恒温恒湿培养箱湿度较高（95%），香肠内部水分向外部的扩散受阻，致使两个阶段 A_w 差异不明显；香肠发酵结束进入干燥初期时（6d），实验组 A_w 为 0.868，低于对照组 A_w 0.932；在成熟结束时（9d），实验组 A_w 降低到整个过程最低 0.802，说明复合发酵剂可能有助于香肠 A_w 的降低。并且一般部分腐败菌在 A_w 为 0.89 以下时生长受到抑制，因而较低 A_w 可抑制香肠中部分腐败菌正常的生长（王俊等，2004）。

三、嗜酸乳杆菌和木糖葡萄球菌对发酵香肠产品得率的影响

由图 6-14 可知，成熟结束时（9d），实验组和对照组香肠失重率分别达到 59.5% 和 54.4%，产品得率相对降低，说明相同时间里实验组香肠水分失去较多。因此，添加复合发酵剂可以在一定程度上缩短发酵香肠干燥时间。

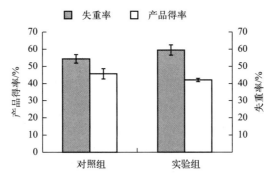

图 6-14　发酵羊肉香肠产品得率和失重率的变化

四、嗜酸乳杆菌和木糖葡萄球菌对发酵香肠质构的影响

在肉制品的质构研究中，硬度、弹性、黏聚性、咀嚼性为主要的研究指标（孙彩玲等，2007）。影响香肠质构的主要因素有保水性、蛋白质溶解度和香肠的微观结构。香肠的加工过程中，通过切碎、斩拌作用，肌球蛋白头部和尾部发生聚集，形成凝胶网络结构，使更多的水分渗透到组织中，提高了香肠的保水性。

由表 6-3 可知，对照组的硬度（105N）小于实验组（107N），这可能是因为实验组水分含量小于对照组。而两组的黏聚性差异不显著（$P>0.05$），实验组和对照组分别为 0.91 和 0.93。由于实验组硬度较大，因此实验组咀嚼性较低（110.87N）；对照组咀嚼性较高为 121.09N。两组发酵香肠弹性无显著差异（$P>0.05$），实验组和对照组弹性分别为 1.14 和 1.24。

表 6-3　　　　　　　　　复合发酵剂对发酵羊肉香肠质构的影响

组别	硬度 /N	黏聚性	咀嚼性 /N	弹性
对照组	105.00 ± 0.47[a]	0.93 ± 0.01[a]	121.09 ± 1.76[a]	1.24 ± 0.01[a]
实验组	107.00 ± 1.41[b]	0.91 ± 0.01[a]	110.87 ± 0.85[b]	1.14 ± 0.02[a]

注：同列不同字母表示有显著差异（$P<0.05$）；同列相同字母表示无显著差异（$P>0.05$）。

五、嗜酸乳杆菌和木糖葡萄球菌对发酵香肠生物胺含量的影响

影响发酵香肠的安全研究中，生物胺是最常被关注的物质之一。几乎所有食品中都有多种生物胺，并且含量和种类差异较大。食品中存在的生物胺主要来自相关前体氨基酸，这些氨基酸在微生物代谢生成的相应氨基酸脱羧酶作用下脱去羧基，产生对应的胺类及二氧化碳（Pegg，2013）。

发酵剂是影响发酵肉制品中生物胺含量和种类的重要因素，研究发现一些发酵剂可以降低生物胺的形成。①氨基脱羧酶对生物胺的阻断：运用不产生氨基脱羧酶的发酵剂菌种，可以降低发酵肉中氨基脱羧酶的含量，从而使生物胺形成的概率下降；②胺氧化酶对生物胺的降解：一些微生物发酵剂可以产生胺氧化酶来分解发酵肉制品中的生物胺，通过接种具有生物胺降解功能的菌株，利用其产生的胺氧化酶将生物胺降解成醛、氨和过氧化氢等低毒性物质，再进行细胞代谢从而实现生物胺的降解；③代谢产物代对产胺微生物生长代谢的抑制：发酵剂可以通过产生具有抑菌作用的有机酸、细菌素等代谢产物，抑制产胺微生物的生长繁殖以及通过干扰其代谢来抑制生物胺的形成（Tittarelli 等，2019；Garcí a-Ruiz 等，2011；Lee 等，2016；Kongkiattikajorn 等，2015）。

苯乙胺（Phenethylamine，$C_8H_{11}N$）为无色透明液体，易溶于醇、醚，溶于水，呈强碱性，能从空气中吸收二氧化碳，有鱼腥臭味。复合发酵剂对发酵香肠中苯乙胺含量的影响如图 6-15 所示。

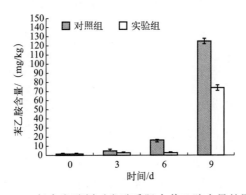

图 6-15　复合发酵剂对发酵香肠中苯乙胺含量的影响

图 6-15 表明，从原料肉（0d）至干燥结束（6d）苯乙胺含量不断增加，干燥结束（6d）时，对照组中的苯乙胺含量为 16.5mg/kg，实验组中的苯乙胺含量为 2.64mg/kg；而在成熟过程中（6~9d），两组的苯乙胺含量急剧增加，说明成熟过程中蛋白质的分解对苯乙胺的生成有一定促进作用。

尸胺（Cadaverine，$C_5H_{14}N_2$）为浆状液体，易溶于水、乙醇，难溶于乙醚，有六氢吡啶的臭味，在空气中发烟，能形成二水化合物。遇明火可燃，遇高热分解产生氮氧化物气体。尸胺又称为戊二胺，与腐胺都是生物体腐败分解产物。在新鲜或经加工的肉类产品中，尸胺被认为可作为监控肉质鲜度的指标（Vinci 等，2002）。复合发酵剂对发酵香肠中尸胺含量的影响如图 6-16 所示。

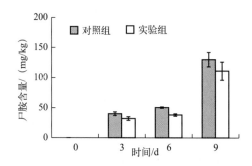

图 6-16　复合发酵剂对发酵香肠中尸胺含量的影响

图 6-16 表明尸胺含量在香肠的加工过程中不断增加，在成熟结束（9d）时，两组的尸胺含量均达到 110mg/kg 以上，说明原料肉蛋白质分解并部分转变为尸胺。在成熟结束时（9d），实验组的尸胺含量小于对照组。

组胺（Histamine，$C_5H_9N_3$）为无色针状结晶，易溶于水，在日光下易变质，需 -20℃保存。组胺是食品中毒性最强的胺，毒性效果取决于组胺的吸收浓度及其他胺的存在情况、胺氧化酶的酶活力以及个人肠道内的生理状况。复合发酵剂对发酵香肠中组胺含量的影响如图 6-17 所示。

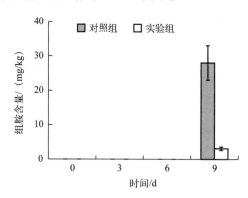

图 6-17　复合发酵剂对发酵香肠中组胺含量的影响

如图 6-17 所示，在 0~6d 均未检出毒性最强的组胺，在原料肉成熟期间（6~9d），组胺逐渐产生，在成熟结束时，对照组的组胺含量为 27.99mg/kg，实验组的组胺含量为 3.04mg/kg。

酪胺（Tyramine，$C_8H_{11}NO$）为浅褐色至褐色结晶粉末，溶于水，溶解度为 10.5g/L（15℃），较稳定，易与强酸强氧化剂反应。酪胺在发酵肉制品中含量较多并对人体健康影响较大，口服酪胺超过 100mg 会引起偏头痛，超过 1080mg 会引起中毒性肿胀。复合发酵剂对发酵香肠中酪胺含量的影响如图 6-18 所示。

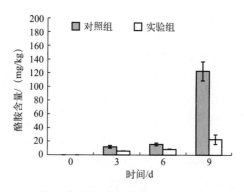

图 6-18　复合发酵剂对发酵香肠中酪胺含量的影响

图 6-18 表明，酪胺在 0~6d 含量变化甚微，6d 末干燥初期结束，对照组中的酪胺含量升高为 15.48mg/kg，实验组为 8.07mg/kg；待成熟结束时（9d），对照组酪胺含量急剧上升，远高于实验组 22.54mg/kg，说明复合发酵剂有利于降低发酵香肠中酪胺含量。

综合 4 组实验数据可知，实验组生物胺含量增加幅度较缓，增加量低于对照组，不添加任何发酵剂的对照组在发酵成熟期间 4 种生物胺的含量均显著高于实验组，说明添加嗜酸乳杆菌与木糖葡萄球菌可抑制 4 种生物胺含量的上升。

第四节　乳酸菌对发酵肉制品中氨基酸和脂肪酸的影响

肉制品经微生物发酵释放出的游离氨基酸是发酵肉制品特有香气及风味的重要来源，将实验乳酸菌作为发酵剂应用于肉制品的发酵过程中，可改善发酵肉制品的风味及品质，同时也可改善其营养价值。蛋白质和脂肪是发酵香肠的主要成分，在发酵香肠加工中两类物质的变化主要表现在蛋白质与脂肪的水解和氧化。研究发现，添加发酵剂有助于发酵香肠产生小肽和氨基酸以及不饱和脂肪酸的释放和饱和脂肪酸的降解（王德宝等，2018）。

发酵剂的接种有助于发酵肉制品酸度的升高，高酸度改变了纤维蛋白的凝胶机制和保水能力，以及蛋白质的结构。pH 的下降也激活了某些蛋白酶和肽酶，当 pH 小于 5.0 时，内源性的蛋白酶活力较高，蛋白质水解程度较大；另一方面，发酵剂本身分泌的蛋白酶也会促进蛋白质的分解，它主要体现在成熟后期，会产生大量长度不同的肽和游离的氨基酸（王德宝等，2019）。

脂质主要以甘油酯和磷脂的形式存在，经酯酶水解产生游离脂肪酸。发酵肉制品中的脂肪酸主要有油酸、亚油酸、亚麻酸以及硬脂酸等。对于脂质分解产生游离脂肪酸而言：发酵剂可以产生分解甘油酯和磷脂的酶，促进游离脂肪酸的产生。发酵完成后，在成熟阶段，发酵肉制品中的磷脂会发生降解，随着成熟时间的增加，发酵肉制品中的脂肪酸含量会增加（Navarro 等，1997）。

由于微生物酶的存在，蛋白质被分解为氨基酸、核苷酸和寡肽等，这些小分子物质在改善发酵香肠的滋味方面发挥着重要作用。氨基酸还可以通过美拉德反应和斯特雷克尔降解（Berdague 等，1993）等反应进一步降解，生成具有挥发性的小分子化合物，这些物质也是香肠风味的构成成分。脂肪水解为游离脂肪酸以后，经过酶和非酶氧化产生直链脂肪烃类、醛类、酮类和羧酸等，这些是形成风味的重要物质（乔发东等，2005）。

内蒙古农业大学肉品科学与技术团队研究了自然风干肉中分离筛选出的功能特性良好的瑞士乳杆菌 TR13、TD4401 对发酵肉制品氨基酸和脂肪酸的影响。分别用瑞士乳杆菌 TR13、TD4401 调制发酵剂制备发酵香肠，以自然发酵 ZR组、添加脂肪酶 M 组、添加产脂肪酶能力弱的菌株 TR14 组和商业发酵剂 302组为对照，共 6 组样品，分别在腌制（0d）、发酵（2d）、干燥（4d）、成熟（6d）、4℃低温保藏（12d）、4℃低温保藏后期（24d）取样分析不同发酵阶段发酵香肠中氨基酸及脂肪酸的组成变化。实验分组情况如表 6-4 所示。

表 6-4　　　　　　　　　　实验分组说明及代号

分组说明	字母代号
自然发酵 ZR 组	ZR
添加脂肪酶 M 组	M
高脂肪酶活性发酵剂 TR13 组	TR13
高脂肪酶活性发酵剂 TD4401 组	TD4401
低脂肪酶活性发酵剂 TR14 组	TR14
商业发酵剂 302 组	302

一、乳酸菌对发酵肉制品氨基酸含量的影响

氨基酸是蛋白质的组成部分，在人体营养和生理健康上占有重要地位。氨基酸的作用主要表现在以下 5 个方面：①合成或修补组织蛋白，补充人体新陈代谢中被分解掉的同类蛋白质；②合成或转变为其他氨基酸，如苯丙氨酸可转变为酪氨酸，甲硫氨酸可合成为半胱氨酸等；③进入氨基酸的分解代谢过程；④被合成蛋白质以外的含氮化合物，如嘌呤、肌酸等；⑤作为生热营养素，在代谢过程之中释放能量，供机体需要（王小生，2005）。氨基酸构成了发酵肉制品的鲜味、甜味、酸味、咸味和苦味等。谷氨酸和天冬氨酸产生鲜味，甘氨酸和丙氨酸具有甜味，精氨酸、亮氨酸、赖氨酸、缬氨酸和苯丙氨酸等氨基酸则会给香肠造成一定苦味（Stefano 等，2001；Garcia 等，1998；Virgili 等，1998）。部分引起苦味的氨基酸，如亮氨酸、缬氨酸等可作为影响香肠风味的前体氨基酸，在相应转氨酶及脱羧酶存在的条件下可以生成 2- 甲基丁醛和 3- 甲基丁醛及 3- 甲基丁醇，且 3- 甲基丁醛与含硫化合物反应可产生类似培根香味的物质（Schmidt 等，1998；Stahnke，1999）。将苦味氨基酸转换为 2- 甲基丁醛、3- 甲基丁醛及 3- 甲基丁醇等特征风味物质的发酵剂及其代谢途径，有待于进一步研究。研究发现，乳酸菌通常不具有强烈的蛋白质水解特性，然而，一些清酒乳杆菌、干酪乳酪杆菌、植物乳植杆菌、弯曲乳杆菌和戊酸乳杆菌能促进肌肉蛋白质的水解（Castellano 等，2012；Sriphochanar 等，2010 和 Fadda 等，2002）。实际上，在发酵的过程中，肌肉蛋白质水解与肉中乳酸菌产蛋白质水解酶活力和乳酸菌产酸等因素都具有相关性。研究发现，将显示出高酸化率、蛋白质水解和肽酶活性的植物乳植杆菌 CRL681 运用在发酵肉制品中，pH 为 4.0 时，酸性肉内源蛋白酶、乳酸菌蛋白水解酶和乳酸菌发酵代谢产生的酸协同促进了可溶性蛋白质的水解（Fadda 等，2010）。

（一）乳酸菌对氨基酸含量的总体影响

由表 6-5 可知，除色氨酸因水解没有测定外，不同发酵阶段的香肠制品中共含有 16 种氨基酸，其中有苏氨酸、赖氨酸、亮氨酸等 7 种必需氨基酸和天冬氨酸、丝氨酸、谷氨酸等 9 种非必需氨基酸。原料肉（0d）腌制结束未开始发酵时，16 种氨基酸总量为 187.03mg/g，平均含量为 11.69mg/g，其中有 7 种氨基酸的含量高于平均值，含量最高的为谷氨酸，含量为 27.94mg/g，占比为 14.94%。其次分别为赖氨酸、天冬氨酸、精氨酸、亮氨酸、甘氨酸和丙氨酸，含量分别为 19.49mg/g、19.21mg/g、17.10mg/g、14.95mg/g、13.30mg/g、12.10mg/g。16 种氨基酸中半胱氨酸的含量最低，为 2.93mg/g，占比仅为氨基酸总量的 1.57%。

表 6-5　　　　　　　　　　乳酸菌对氨基酸含量的总体影响　　　　　　单位：mg/g

氨基酸	时间	ZR	302	M	TR13	TR14	TD4401
丝氨酸	0d	8.07 ± 1.98^{c}	8.07 ± 1.99^{c}	8.07 ± 1.99^{c}	8.07 ± 1.99^{c}	8.07 ± 1.99^{b}	8.07 ± 1.99^{c}
	2d	10.85 ± 3.28^{cA}	8.57 ± 2.40^{cA}	11.66 ± 3.75^{cA}	14.97 ± 6.85^{bcA}	16.66 ± 7.40^{bA}	17.23 ± 9.01^{bcA}
	4d	$12.09\pm3.22b^{cA}$	7.74 ± 3.27^{A}	12.31 ± 2.76^{cA}	12.34 ± 7.54^{bcA}	11.45 ± 8.36^{bA}	16.34 ± 4.45^{bcA}
	6d	18.88 ± 11.00^{bA}	18.82 ± 1.95^{bA}	14.15 ± 5.37^{bcA}	11.06 ± 5.65^{cA}	16.56 ± 2.80^{bA}	16.94 ± 5.26^{bcA}
	12d	14.38 ± 4.46^{bcB}	20.03 ± 3.71^{bAB}	20.51 ± 4.88^{bAB}	21.88 ± 4.81^{abAB}	16.49 ± 7.69^{bB}	26.79 ± 5.10^{abA}
	24d	29.72 ± 4.35^{aA}	33.13 ± 7.14^{aA}	32.59 ± 3.34^{aA}	26.28 ± 4.67^{aA}	33.04 ± 9.42^{aA}	31.65 ± 11.33^{aA}
谷氨酸	0d	27.94 ± 7.38^{c}	27.94 ± 7.39^{c}	27.94 ± 7.39^{c}	27.94 ± 7.39^{c}	27.94 ± 7.39^{b}	27.94 ± 7.39^{c}
	2d	36.68 ± 11.45^{bcA}	29.91 ± 9.73^{cA}	39.93 ± 13.12^{cA}	55.63 ± 26.5^{abcA}	57.99 ± 27.15^{bA}	58.43 ± 29.27^{bcA}
	4d	46.61 ± 11.91^{bcA}	29.18 ± 12.46^{cA}	48.72 ± 10.86^{cA}	44.34 ± 27.04^{bcA}	39.19 ± 28.99^{bA}	59.73 ± 16.63^{bcA}
	6d	71.38 ± 42.20^{bA}	70.66 ± 9.42^{bA}	48.35 ± 15.52^{cA}	39.34 ± 20.25^{bcA}	58.17 ± 10.03^{bA}	59.07 ± 20.89^{bcA}
	12d	53.76 ± 16.89^{bcB}	73.19 ± 13.49^{bAB}	78.94 ± 19.03^{bAB}	77.43 ± 19.41^{abAB}	58.37 ± 26.32^{bB}	97.20 ± 19.00^{bA}
	24d	111.71 ± 15.74^{aA}	136.19 ± 28.29^{aA}	128.94 ± 13.23^{aA}	92.01 ± 17.97^{aA}	121.83 ± 36.12^{aA}	116.23 ± 42.92^{aA}
甘氨酸	0d	13.30 ± 6.63^{b}	13.30 ± 6.64^{bcd}	13.30 ± 6.64^{b}	13.30 ± 6.64^{c}	13.30 ± 6.64^{b}	13.30 ± 6.64^{a}
	2d	15.33 ± 6.45^{bA}	11.23 ± 4.00^{cdA}	14.66 ± 6.00^{bA}	19.46 ± 10.17^{bcA}	22.59 ± 12.25^{bA}	33.45 ± 29.57^{aA}
	4d	15.82 ± 6.89^{bAB}	8.91 ± 3.14^{dB}	15.19 ± 3.96^{bAB}	15.01 ± 10.61^{cAB}	15.07 ± 11.63^{bAB}	27.89 ± 11.37^{aA}
	6d	22.70 ± 13.76^{bA}	22.11 ± 1.37^{bcA}	16.31 ± 5.64^{bA}	15.11 ± 7.52^{cA}	23.23 ± 4.49^{bA}	21.05 ± 7.37^{aA}
	12d	18.15 ± 7.21^{bB}	23.45 ± 5.78^{bAB}	23.66 ± 5.06^{bAB}	31.5 ± 7.68^{abAB}	24.14 ± 12.31^{bAB}	39.98 ± 13.2^{aA}
	24d	40.35 ± 5.75^{aA}	42.84 ± 10.65^{aA}	38.37 ± 4.15^{aA}	36.87 ± 7.58^{aA}	49.16 ± 15.56^{aA}	45.21 ± 21.16^{aA}
丙氨酸	0d	12.10 ± 4.26^{b}	12.11 ± 4.27^{c}	12.11 ± 4.27^{c}	12.11 ± 4.27^{c}	12.11 ± 4.27^{b}	12.11 ± 4.27^{c}
	2d	16.57 ± 6.11^{bA}	12.58 ± 4.41^{cA}	16.42 ± 5.91^{cA}	24.07 ± 12.25^{bcA}	25.28 ± 12.15^{bA}	28.38 ± 18.22^{bcA}
	4d	18.27 ± 5.98^{bA}	10.77 ± 4.21^{cA}	19.40 ± 4.43^{bcA}	18.64 ± 12.77^{bcA}	17.49 ± 13.35^{bA}	27.98 ± 7.72^{bcA}
	6d	27.68 ± 16.40^{bA}	27.42 ± 1.90^{bA}	20.49 ± 8.64^{bcA}	17.26 ± 9.38^{bcA}	26.74 ± 4.40^{bA}	26.68 ± 9.03^{bcA}
	12d	21.63 ± 7.61^{bB}	29.69 ± 6.36^{bAB}	31.07 ± 7.59^{bAB}	34.33 ± 7.57^{abAB}	26.34 ± 12.66^{bAB}	43.27 ± 9.31^{abA}
	24d	46.21 ± 6.22^{aA}	51.76 ± 11.01^{aA}	49.24 ± 6.09^{aA}	41.85 ± 7.22^{aA}	57.02 ± 17.26^{aA}	53.88 ± 19.93^{aA}
半胱氨酸	0d	2.93 ± 1.08^{c}	2.93 ± 1.08^{c}	2.93 ± 1.08^{c}	2.93 ± 1.08^{c}	2.93 ± 1.08^{c}	2.93 ± 1.08^{c}
	2d	3.41 ± 1.13^{bcAB}	3.22 ± 0.51^{cAB}	2.89 ± 1.14^{cB}	5.74 ± 1.98^{abA}	5.41 ± 1.56^{bcAB}	4.35 ± 1.63^{bcAB}
	4d	4.36 ± 0.87^{bcAB}	3.36 ± 0.59^{cB}	3.28 ± 0.57^{cB}	4.42 ± 1.63^{bcAB}	4.54 ± 0.52^{bcAB}	6.17 ± 2.09^{abA}
	6d	5.26 ± 1.64^{bA}	5.25 ± 0.32^{bA}	4.04 ± 0.69^{bcA}	4.96 ± 1.52^{bcA}	5.86 ± 0.58^{bA}	5.10 ± 1.58^{abcA}
	12d	5.01 ± 0.77^{bcB}	5.47 ± 0.85^{bB}	5.44 ± 0.52^{bB}	6.64 ± 0.80^{abAB}	5.42 ± 1.36^{bcB}	7.86 ± 1.31^{aA}
	24d	9.07 ± 1.19^{aA}	8.06 ± 1.41^{aA}	8.23 ± 1.04^{aA}	7.66 ± 0.31^{aA}	10.34 ± 2.37^{aA}	8.07 ± 2.09^{aA}

续表

氨基酸	时间	ZR	302	M	TR13	TR14	TD4401
酪氨酸	0d	4.20±2.08^c	4.21±2.09^c	4.21±2.09^c	4.21±2.09^c	4.21±2.09^b	4.21±2.09^c
	2d	5.85±2.49^bcA	5.94±1.80^cA	7.07±3.35^cA	11.46±7.16^bcA	13.59±7.02^hA	11.74±5.28^bcA
	4d	9.19±3.74^bcA	5.71±2.09^bA	8.90±4.25^cA	9.31±6.47^bcA	12.72±1.95^bA	14.74±7.20^abcA
	6d	14.19±8.78^bA	16.41±0.54^bA	11.86±6.07^bcA	7.62±5.91^bcA	14.84±1.82^hA	14.66±4.43^abcA
	12d	11.56±3.22^bcB	17.92±5.03^bAB	18.91±3.84^bAB	15.76±1.42^abAB	12.44±6.73^bAB	22.20±4.61^abA
	24d	24.85±3.71^aA	27.50±5.59^aA	26.83±4.61^aA	21.62±1.41^aA	29.71±8.94^aA	24.70±7.54^aA
组氨酸	0d	6.75±2.21^b	6.76±2.21^d	6.76±2.21^b	6.76±2.21^b	6.76±2.21^b	6.76±2.21^c
	2d	10.76±4.03^bA	8.15±1.92^cdA	9.15±3.25^bA	13.35±6.90^bA	16.16±5.82^bA	13.98±5.97^bcA
	4d	9.61±2.83^bA	5.39±2.21^dA	9.47±2.05^bA	10.12±7.16^bA	10.18±7.56^bA	13.27±4.10^bcA
	6d	13.62±7.86^bA	12.90±0.89^bcA	13.16±8.88^bA	8.80±5.01^bA	13.37±1.92^bA	15.81±2.73^bcA
	12d	11.22±3.78^bB	14.98±2.74^bAB	15.63±3.09^bAB	15.59±3.38^abAB	11.84±5.41^bB	19.89±3.18^abA
	24d	23.93±3.18^aA	24.91±5.33^aA	24.95±4.31^aA	20.07±3.56^aA	28.34±7.20^aA	28.11±9.49^aA
精氨酸	0d	17.10±3.42^b	17.10±3.42^c	17.10±3.42^c	17.10±3.42^c	17.10±3.42^b	17.10±3.42^c
	2d	19.21±4.70^bA	17.88±3.37^A	20.28±5.54^cA	25.01±11.62^abcA	26.3±13.19^bA	30.72±15.06^abcA
	4d	21.40±5.25^bA	13.68±4.36^cA	21.69±4.27^cA	19.86±11.60^bcA	20.15±14.02^bA	27.83±6.60^bcA
	6d	31.84±17.31^bA	31.83±3.36^bA	22.80±8.00^cA	18.23±8.61^bcA	26.63±4.12^bA	26.32±8.63^bcA
	12d	24.51±6.34^bB	32.51±5.92^bAB	33.26±6.80^bAB	34.34±7.73^abAB	26.58±10.56^bB	43.01±9.24^ab A
	24d	27.09±13.15^aA	57.27±10.9^aA	52.71±4.27^aA	40.28±6.03^aA	52.30±14.19^aA	49.84±17.62^aA
天冬氨酸	0d	19.21±6.62^b	19.21±6.63^c	19.21±6.63^c	19.21±6.63^b	19.21±6.63^b	19.21±6.63^c
	2d	26.09±9.89^bA	19.42±6.92^cA	27.60±9.72^bcA	39.65±19.40^abA	43.15±21.88^bA	41.93±20.70^bcA
	4d	26.62±7.09^bA	16.92±8.74^cA	24.44±5.9^cA	29.99±20.58^bA	26.27±20.08^bA	39.85±12.25^bcA
	6d	39.73±23.9^bA	37.73±3.66^bA	28.22±8.21^bcA	26.16±13.90^bA	39.26±7.21^bA	38.94±13.27^bcA
	12d	31.45±10.54^bB	42.41±6.96^bAB	43.19±9.68^bAB	47.12±12.58^abAB	37.62±18.97^bB	62.23±11.60^abA
	24d	70.21±11.59^aA	72.54±15.35^aA	71.92±11.32^aA	59.7±12.48^aA	82.52±20.44^aA	83.43±31.47^aA
苏氨酸*	0d	9.64±2.11^b	9.64±2.12^c	9.64±2.12^c	9.64±2.12^c	9.64±2.12^b	9.64±2.12^c
	2d	13.11±3.89^bA	10.52±3.27^cA	14.6±4.65^cA	19.01±8.82^abcA	20.20±9.22^bA	20.05±9.91^bcA
	4d	13.96±3.59^bA	8.88±3.94^cA	15.21±3.51^bcA	15.10±9.69^bcA	14.14±10.66^bA	19.73±5.65^bcA
	6d	21.28±12.43^bA	20.98±2.17^bA	16.39±6.89^bcA	13.16±7.10^bcA	19.85±3.19^bA	20.38±6.45^bcA
	12d	16.66±5.13^bB	23.19±4.24^bAB	24.39±6.40^bAB	25.83±5.27^abAB	19.24±9.30^bB	31.33±5.05^abA
	24d	35.22±5.44^aA	38.23±8.17^aA	38.02±4.76^aA	31.83±6.42^aA	40.80±11.42^aA	39.9±13.83^aA

续表

氨基酸	时间	ZR	302	M	TR13	TR14	TD4401
赖氨酸*	0d	19.49 ± 6.59^{b}	19.49 ± 6.60^{c}	19.49 ± 6.6^{c}	19.49 ± 6.60^{c}	19.49 ± 6.60^{b}	19.49 ± 6.60^{c}
	2d	25.93 ± 8.99^{bA}	20.32 ± 5.90^{cA}	26.27 ± 9.92^{cA}	35.98 ± 18.67^{bcA}	42.64 ± 20.36^{bA}	41.19 ± 17.73^{bcA}
	4d	27.71 ± 7.92^{bA}	16.01 ± 7.03^{bA}	24.46 ± 5.93^{cA}	28.96 ± 20.5^{bcA}	25.54 ± 19.44^{bA}	38.61 ± 12.37^{bcA}
	6d	41.22 ± 24.81^{bA}	39.15 ± 1.83^{bA}	28.52 ± 10.04^{cA}	25.38 ± 15.07^{bcA}	38.08 ± 5.01^{bA}	36.98 ± 13.20^{bcA}
	12d	33.06 ± 9.89^{bB}	44.65 ± 9.57^{bAB}	47.23 ± 9.88^{bAB}	47.94 ± 8.49^{abAB}	35.28 ± 16.40^{bB}	58.33 ± 9.63^{abA}
	24d	65.96 ± 9.24^{aA}	73.87 ± 15.55^{aA}	71.96 ± 10.68^{aA}	60.05 ± 7.66^{aA}	78.55 ± 21.56^{aA}	74.93 ± 26.49^{aA}
亮氨酸*	0d	14.95 ± 4.75^{c}	14.95 ± 4.75^{c}	14.95 ± 4.75^{c}	14.95 ± 4.75^{c}	14.95 ± 4.75^{b}	14.95 ± 4.75^{c}
	2d	21.21 ± 7.85^{bcA}	16.12 ± 5.77^{cA}	21.81 ± 8.58^{cA}	33.71 ± 18.02^{bcA}	35.28 ± 17.17^{bA}	34.16 ± 16.58^{bcA}
	4d	24.87 ± 7.54^{bcA}	14.59 ± 6.34^{bA}	24.83 ± 7.26^{cA}	26.15 ± 18.3^{bcA}	23.5 ± 18.07^{bA}	35.34 ± 12.23^{bcA}
	6d	38.86 ± 23.53^{bA}	36.95 ± 2.9^{bA}	27.18 ± 11.85^{bcA}	23.34 ± 13.54^{bcA}	34.95 ± 5.89^{bA}	35.15 ± 12.41^{bcA}
	12d	29.99 ± 10.33^{bcB}	40.74 ± 8.95^{bAB}	43.45 ± 10.69^{bAB}	45.28 ± 9.66^{abAB}	33.23 ± 16.86^{bB}	56.88 ± 11.38^{abA}
	24d	65.67 ± 9.88^{aA}	72.49 ± 15.81^{aA}	70.48 ± 10.78^{aA}	56.42 ± 9.78^{aA}	75.82 ± 21.56^{aA}	72.45 ± 26.77^{aA}
异亮氨酸*	0d	8.95 ± 2.80^{b}	8.95 ± 2.80^{c}	8.95 ± 2.80^{c}	8.95 ± 2.80^{c}	8.95 ± 2.80^{b}	8.95 ± 2.80^{b}
	2d	12.25 ± 4.47^{bA}	9.6 ± 3.03^{cA}	12.65 ± 4.8^{cA}	19.15 ± 10.1^{bcA}	20.53 ± 10.15^{bA}	19.46 ± 8.66^{bA}
	4d	13.47 ± 3.87^{bA}	8.05 ± 3.44^{bA}	13.05 ± 3.54^{cA}	14.47 ± 10.13^{bcA}	12.92 ± 9.98^{bA}	19.77 ± 6.76^{bA}
	6d	20.07 ± 11.94^{bA}	19.08 ± 1.55^{bA}	13.68 ± 5.2^{cA}	12.67 ± 7.28^{bcA}	18.75 ± 3.17^{bA}	18.24 ± 6.71^{bA}
	12d	16.37 ± 5.68^{bB}	21.15 ± 4.48^{bAB}	23.01 ± 5.14^{bAB}	23.57 ± 5.26^{abB}	17.84 ± 8.95^{bAB}	30.59 ± 6.07^{aA}
	24d	35.70 ± 5.75^{aA}	39.56 ± 8.35^{aA}	37.79 ± 5.8^{aA}	29.37 ± 5.23^{aA}	41.12 ± 11.07^{aA}	40.52 ± 14.91^{aA}
甲硫氨酸*	0d	3.54 ± 2.14^{c}	3.54 ± 2.15^{c}	3.54 ± 2.15^{c}	3.54 ± 2.15^{c}	3.54 ± 2.15^{b}	3.54 ± 2.15^{a}
	2d	4.93 ± 2.38^{bcA}	4.77 ± 1.18^{cA}	5.37 ± 2.68^{cA}	9.20 ± 5.59^{abcA}	10.58 ± 4.8^{bA}	9.99 ± 4.62^{abcA}
	4d	7.50 ± 1.84^{bcA}	4.45 ± 2.49^{bA}	7.31 ± 1.38^{bcA}	6.09 ± 3.68^{bcA}	6.65 ± 5.55^{bA}	10.88 ± 4.37^{abcA}
	6d	11.17 ± 6.01^{bA}	11.44 ± 0.93^{bA}	6.91 ± 2.17^{bcA}	7.15 ± 4.03^{bcA}	9.29 ± 2.56^{bA}	9.53 ± 3.75^{abA}
	12d	9.01 ± 3.53^{bcB}	11.43 ± 2.53^{bAB}	11.69 ± 3.28^{bAB}	13.56 ± 2.94^{abAB}	10.01 ± 5.22^{bAB}	16.74 ± 4.03^{bcA}
	24d	20.39 ± 3.51^{aA}	21.82 ± 5.25^{aA}	11.69 ± 3.28^{aA}	16.4 ± 4.37^{aA}	21.95 ± 6.68^{aA}	17.45 ± 4.5^{c}
苯丙氨酸*	0d	9.13 ± 3.15^{c}	9.13 ± 3.52^{c}	9.13 ± 3.52^{b}	9.13 ± 3.52^{c}	9.13 ± 3.52^{b}	9.13 ± 3.52^{c}
	2d	12.42 ± 2.36^{bcA}	10.89 ± 3.32^{cA}	13.48 ± 4.30^{bA}	18.69 ± 9.60^{bcA}	19.43 ± 9.03^{bA}	19.89 ± 8.46^{bcA}
	4d	18.51 ± 6.67^{bcA}	10.41 ± 2.89^{bA}	17.85 ± 9.16^{bA}	20.42 ± 15.32^{bcA}	12.69 ± 10.21^{bA}	23.91 ± 10.01^{abcA}
	6d	25.17 ± 13.89^{bA}	28.26 ± 1.94^{bA}	20.36 ± 9.88^{bA}	16.2 ± 10.59^{bcA}	23.47 ± 0.15^{bA}	20.77 ± 6.76^{abcA}
	12d	22.25 ± 6.38^{bcAB}	31.01 ± 9.05^{bAB}	34.89 ± 6.86^{aA}	32.63 ± 4.67^{abAB}	19.35 ± 8.78^{bB}	32.75 ± 5.7^{abAB}
	24d	36.66 ± 5.02^{aA}	42.43 ± 8.83^{aA}	40.74 ± 4.72^{aA}	37.02 ± 0.44^{aA}	43.6 ± 12.38^{aA}	39.50 ± 12.88^{aA}

续表

氨基酸	时间	ZR	302	M	TR13	TR14	TD4401
缬氨酸*	0d	9.70±2.93^c	9.70±2.94^c	9.70±2.94^c	9.70±2.94^c	9.70±2.94^b	9.70±2.94^c
	2d	12.73±3.83^bcA	9.89±2.73^cA	12.98±4.74^cA	19.53±9.08^abcA	19.79±9.13^bA	19.75±8.93^bcA
	4d	16.15±4.11^bcA	9.55±3.99^cA	15.25±3.85^cA	15.03±9.82^bcA	13.06±9.19^bA	20.19±6.08^bcA
	6d	23.69±13.34^bA	23.74±2.63^bA	15.29±4.93^cA	13.09±6.82^bcA	19.31±2.53^bA	18.42±6.82^bcA
	12d	18.53±6.16^bcB	24.53±4.75^bAB	26.71±6.74^bAB	25.27±5.83^abAB	19.15±7.94^bB	32.65±7.37^abA
	24d	38.16±5.52^aA	46.39±9.2^aA	43.18±3.64^aA	29.83±4.70^aA	40.31±10.65^aA	38.80±13.01^aA

注：* 为必需氨基酸；不同大写字母表示同一阶段不同组间有显著差异（$P<0.05$）；不同小写字母表示同一组不同阶段间有显著差异（$P<0.05$）。

　　如表 6-6 所示，随着发酵的进行，氨基酸的含量整体表现为上升趋势，原料肉未开始发酵时，即 0d 时样品中氨基酸的总量为 187.03mg/g。2d、4d、6d、12d、24d 氨基酸平均含量分别上升到 311.35mg/g、326.94mg/g、354.59mg/g、466.25mg/g、687.96mg/g，分别是原料肉中氨基酸含量的 1.66，1.74，1.90，2.49，3.68 倍。发酵到第 4d 添加乳酸菌 TR13、TR14、TD4401 组的氨基酸总量与 0d 相比差异显著（$P<0.05$），ZR、302 和 M 组氨基酸的总量与 0d 相比差异不显著（$P>0.05$）。12d 时，除自然发酵组 ZR 外，其他组氨基酸总量与 0d 相比均差异显著（$P<0.05$）。24d 时，6 组实验中发酵肉制品中的氨基酸含量全部与 0d 差异显著（$P<0.05$），氨基酸总量平均增加到 3.68 倍。

表 6-6　　　　　　发酵对氨基酸总量的影响　　　　　单位：mg/g

时间	ZR	302	M	TR13	TR14	TD4401	平均总量（倍数）
0d	187.03±59.38^Ab	187.03±59.39^Ac	187.03±59.40^Ac	187.03±59.41^Ac	187.03±59.42^Ad	187.03±59.43^Ac	187.03（1.00）
2d	247.39±81.99^Ab	199.02±58.83^Ac	256.83±90.37^Ac	364.61±182.64^Aabc	395.57±187.89^Ab	404.69±209.36^Abc	311.35（1.66）
4d	287.05±82.28^BCb	173.61±70.58^Cc	281.37±71.26^BCc	389.42±86.23^ABb	366.84±65.47^ABbc	463.39±61.17^Ab	326.94（1.74）
6d	570.18±2.49^Aa	422.73±32.62^Bb	246.75±48.38^DEc	182.36±47.57^Ec	388.37±59.6^BCbc	317.16±50.15^CDc	354.59（1.90）
12d	337.55±108.42^Bb	456.35±94.09^ABb	481.97±106.96^ABb	498.67±102.13^ABab	470.48±49.17^ABb	552.45±32.37^Aab	466.25（2.49）
24d	702.34±102.23^Aa	694.1±9.24^Aa	757.74±95.18^Aa	607.25±95.51^Aa	736.85±105.7^Aa	629.48±138.51^Aa	687.9（3.68）

注：不同大写字母表示同一阶段不同组间有显著差异（$P<0.05$）；不同小写字母表示同一组不同阶段间有显著差异（$P<0.05$）。

可以发现，肉制品在发酵过程中，氨基酸总量呈上升趋势，不同的实验组氨基酸上升的快慢存在一定差异。添加乳酸菌的 TR13、TR14、TD4401 3 组氨基酸的上升速率快于自然发酵 ZR 组。在肉制品于 4℃ 低温保藏阶段（12~24d），氨基酸总量仍然呈上升趋势，24d 氨基酸的总量趋于一致，组间无显著差异。可见添加发酵剂能够改变肉制品发酵过程中氨基酸总量变化的速率，但对实验终点的氨基酸总量无影响。

（二）乳酸菌对必需氨基酸含量的影响

必需氨基酸包括亮氨酸、异亮氨酸、缬氨酸、苯丙氨酸、苏氨酸、色氨酸、甲硫氨酸、赖氨酸。对于婴幼儿，组氨酸也是必需氨基酸。它们不仅是蛋白质的组成单元，还是调节多种生物过程的信号分子（Xiao 等，2021）。食品中任何一种必需氨基酸的量过多或者过少，都会造成人体所需氨基酸之间出现不平衡，甚至会产生体内负氮平衡，长期下去，可能影响到机体的生理功能，导致代谢紊乱，机体抵抗力下降等。研究发现，发酵肉制品中添加外源发酵剂可以增加苏氨酸、缬氨酸、亮氨酸、异亮氨酸、苯丙氨酸、赖氨酸、甲硫氨酸以及组氨酸的含量（王畏畏，2008）。此外，研究发现，缬氨酸、亮氨酸、异亮氨酸、苯丙氨酸、苏氨酸、甲硫氨酸及赖氨酸等氨基酸含量的增加有助于提升发酵产品的甜味和苦味。其中，苯丙氨酸能够通过微生物转化成苯甲醛，为风味做贡献；亮氨酸和缬氨酸等苦味氨基酸是一些风味化合物重要的前体支链氨基酸，在相应转氨酶及脱羧酶的作用下，生成 2- 甲基丁醛和 3- 甲基丁醛及 3- 甲基丁醇等风味物质，这些物质都是发酵肉制品典型风味成分的主要组成（王德宝，2019）。

如表 6-7 所示，实验共测定了苏氨酸、赖氨酸、亮氨酸、异亮氨酸、甲硫氨酸、苯丙氨酸和缬氨酸 7 种必需氨基酸。0d 时样品中必需氨基酸的平均含量为 75.39mg/g，发酵（2d）、干燥（4d）、成熟（6d）、4℃ 12d 低温保藏阶段、24d 低温保藏阶段必需氨基酸的平均含量为 130.01mg/g、119.22mg/g、153.93mg/g、196.89mg/g、313.86mg/g。由此可以看出样品在发酵、干燥、后熟和 4℃ 低温保藏阶段必需氨基酸的含量在持续增加。

表 6-7　　　　　乳酸菌对发酵肉制品中必需氨基酸含量的影响　　　　　单位：mg/g

氨基酸	时间	ZR	302	M	TR13	TR14	TD4401
总氨基酸	0d	187.03 ± 59.38[Ab]	187.03 ± 59.38[Ac]	187.03 ± 59.38[Ac]	187.03 ± 59.38[Ac]	187.03 ± 59.38[Ab]	187.03 ± 59.38[Ac]
	2d	247.39 ± 81.99[Ab]	199.02 ± 58.83[Ac]	256.83 ± 90.37[Ac]	364.61 ± 182.64[Aabc]	395.57 ± 187.89[Ab]	404.69 ± 209.36[Abc]
	4d	287.05 ± 82.28[Ab]	173.61 ± 70.58[Ac]	281.37 ± 71.26[Ac]	290.25 ± 192.21[Abc]	265.57 ± 187.21[Ab]	402.22 ± 122.34[Abc]

续表

氨基酸	时间	ZR	302	M	TR13	TR14	TD4401
总氨基酸	6d	426.79 ± 248.37^{Ab}	422.73 ± 32.62^{Ab}	307.69 ± 116.11^{Ac}	259.55 ± 141.91^{Abc}	388.37 ± 59.60^{Ab}	384.05 ± 126.25^{Abc}
	12d	337.55 ± 108.42^{Bb}	456.35 ± 94.09^{ABb}	481.97 ± 106.96^{ABb}	498.67 ± 102.13^{ABab}	373.35 ± 175.27^{Bb}	621.69 ± 124.23^{Aab}
	24d	702.34 ± 102.23^{Aa}	789.00 ± 164.63^{Aa}	757.74 ± 95.18^{Aa}	607.25 ± 95.51^{Aa}	806.41 ± 226.07^{Aa}	764.68 ± 272.07^{Aa}
必需氨基酸	0d	75.39 ± 24.76^{Ab}	75.39 ± 24.76^{Ac}	75.39 ± 24.76^{Ac}	75.39 ± 24.76^{Ac}	75.39 ± 24.76^{Ab}	75.39 ± 24.76^{Ac}
	2d	102.61 ± 33.66^{Ab}	82.12 ± 24.68^{Ac}	107.16 ± 39.39^{Ac}	155.26 ± 79.85^{Aabc}	168.45 ± 79.79^{Ab}	164.48 ± 74.77^{Abc}
	4d	122.30 ± d35.10^{Ab}	71.94 ± 30.01^{Ac}	117.97 ± 33.50^{Ac}	126.21 ± 87.15^{Abc}	108.50 ± 82.96^{Ab}	168.42 ± 57.38^{Abc}
	6d	181.48 ± 105.74^{Ab}	179.60 ± 10.81^{Ab}	128.33 ± 50.50^{Ac}	111.01 ± 64.35^{Abc}	163.70 ± 22.43^{Ab}	159.47 ± 56.04^{Abc}
	12d	145.84 ± 47.05^{Bb}	196.70 ± 43.48^{ABb}	211.36 ± 47.55^{ABb}	214.09 ± 38.43^{ABab}	154.10 ± 73.43^{Bb}	259.25 ± 48.97^{Aab}
	24d	297.79 ± 44.34^{Aa}	334.79 ± 71.02^{Aa}	323.95 ± 43.96^{Aa}	260.92 ± 37.69^{Aa}	342.15 ± 94.84^{Aa}	323.55 ± 111.08^{Aa}
必需氨基酸 / 总氨基酸	0d	40.18 ± 2.58^{Ab}	40.18 ± 2.58^{Ab}	40.18 ± 2.58^{Ab}	40.18 ± 2.58^{Aa}	40.18 ± 2.58^{Aa}	40.18 ± 2.58^{Aa}
	2d	41.54 ± 1.28^{Aab}	41.23 ± 0.29^{Aab}	41.53 ± 1.25^{Aab}	42.31 ± 0.82^{Aa}	42.59 ± 0.24^{Aa}	41.45 ± 2.33^{Aa}
	4d	42.58 ± 1.17^{Aab}	41.34 ± 0.52^{Aab}	41.67 ± 1.89^{Aab}	42.29 ± 3.04^{Aa}	38.01 ± 6.19^{Aa}	41.68 ± 2.49^{Aa}
	6d	42.50 ± 0.07^{Aab}	42.52 ± 0.79^{Aab}	41.50 ± 1.04^{Aab}	42.28 ± 1.40^{Aa}	42.23 ± 0.77^{Aa}	41.30 ± 1.07^{Aa}
	12d	43.19 ± 0.18^{ABa}	43.01 ± 0.82^{ABa}	43.82 ± 0.97^{Aa}	43.11 ± 1.55^{ABa}	41.17 ± 0.46^{Ca}	41.76 ± 0.43^{BCa}
	24d	42.38 ± 0.20^{Aab}	42.41 ± 0.82^{Aab}	42.72 ± 0.43^{Aab}	43.04 ± 0.93^{Aa}	42.45 ± 0.28^{Aa}	42.44 ± 0.57^{Aa}
必需氨基酸 / 非必需氨基酸	0d	67.37 ± 7.28^{Ab}	67.37 ± 7.28^{Ab}	67.37 ± 7.28^{Ab}	67.37 ± 7.28^{Aa}	67.37 ± 7.28^{Aa}	67.37 ± 7.28^{Aa}
	2d	71.13 ± 3.72^{Aab}	70.15 ± 0.83^{Aab}	71.07 ± 3.69^{Aab}	73.37 ± 2.44^{Aa}	74.19 ± 0.72^{Aa}	70.96 ± 6.67^{Aa}

续表

氨基酸	时间	ZR	302	M	TR13	TR14	TD4401
必需氨基酸 / 非必需氨基酸	4d	74.19 ± 3.61[Aab]	70.48 ± 1.52[Aab]	71.56 ± 5.58[Aab]	73.58 ± 8.86[Aa]	62.34 ± 15.42[Aa]	71.66 ± 7.28[Aa]
	6d	73.9 ± 0.23[Aab]	74.01 ± 2.4[Aab]	70.97 ± 3.01[Aab]	73.31 ± 4.26[Aa]	73.11 ± 2.31[Aa]	70.4 ± 3.08[Aa]
	12d	76.02 ± 0.56[ABa]	75.48 ± 2.54[ABa]	78.04 ± 3.1[Aa]	75.85 ± 4.73[ABa]	70 ± 1.33[Ca]	71.7 ± 1.28B[Ca]
	24d	73.57 ± 0.62[Aab]	73.68 ± 2.48[Aab]	74.58 ± 1.33[Aab]	75.59 ± 2.86[Aa]	73.77 ± 0.84[Aa]	73.75 ± 1.72[Aa]

注：不同大写字母表示同一阶段不同组间有显著差异（$P<0.05$）；不同小写字母表示同一组不同阶段间有显著差异（$P<0.05$）。

按照联合国粮食及农业组织和世界卫生组织提出的理想蛋白质氨基酸模式，必需氨基酸 / 总氨基酸比值应达到 40% 左右，必需氨基酸 / 非必需氨基酸比值应在 60% 以上（吴莹莹等，2018）。供试香业肠样品的必需氨基酸 / 总氨基酸比值为 40.18%~43.04%，均大于联合国粮食及农业组织和世界卫生组织提出的理想蛋白质衡量值（>40%），必需氨基酸 / 非必需氨基酸比值为 67.37%~75.59%，也都符合理想蛋白质标准（>60%），说明发酵香肠是一种优良的蛋白营养来源。

由表 6-5 可知，7 种必需氨基酸在 0d 时平均含量最高的是赖氨酸，含量为 19.49mg/g，其次分别为亮氨酸、缬氨酸、苏氨酸、苯丙氨酸、异亮氨酸，含量分别为 14.95mg/g、9.69mg/g、9.64mg/g、9.13mg/g、8.95mg/g，含量最少的为甲硫氨酸含量为 3.54mg/g。

与 0d 相比 ZR、302、M、TR13、TR14、TD4401 组 24d 时，赖氨酸的含量分别为 65.96mg/g、73.87mg/g、71.96mg/g、60.05mg/g、78.55mg/g、74.93mg/g，分别是 0d 的 3.38、3.79、3.69、3.08、4.03、3.84 倍；亮氨酸的含量分别为 65.67mg/g、72.49mg/g、70.48mg/g、56.42mg/g、75.82mg/g、72.45mg/g，分别是 0d 的 4.39、4.84、4.71、3.77、5.07、4.85 倍；缬氨酸的含量分别为 38.16mg/g、46.39mg/g、43.18mg/g、29.83mg/g、40.31mg/g、38.8mg/g，分别是 0d 的 3.94、4.79、4.46、3.08、4.16、4.00 倍；苏氨酸的含量分别为 35.22mg/g、38.23mg/g、38.02mg/g、31.83mg/g、40.8mg/g、39.9mg/g，分别是 0d 的 3.65、3.97、3.94、3.30、4.23、4.14 倍；苯丙氨酸的含量分别为 36.66mg/g、42.43mg/g、40.74mg/g、37.02mg/g、43.6mg/g、39.5mg/g，分别是 0d 的 4.02、4.65、4.46、4.05、4.78、4.33 倍；异亮氨酸的含量分别为 35.70mg/g、39.56mg/g、37.79mg/g、29.37mg/g、41.12mg/g、40.52mg/g，分别是 0d 的 3.99、4.42、4.22、3.28、4.59、4.53 倍；甲硫氨酸的含量分别为 20.39mg/g、21.82mg/g、11.69mg/g、16.4mg/g、21.95mg/g、

17.45mg/g，分别是 0d 的 5.76、6.16、3.30、4.63、6.20、4.93 倍。7 种必需氨基酸的含量为 0d 的 3.08~6.20，6 个实验组组间亮氨酸含量增加的幅度均高于赖氨酸含量增加幅度，24d 时除 TR13 组外其他实验组甲硫氨酸的增加倍数较高，增加到 3.30~6.20 倍。

实验组 7 种必需氨基酸含量与 0d 相比，在发酵（2d）、干燥（4d）、成熟（6d）、4℃低温保藏（12~24d）阶段均呈上升趋势。其中 302 组第 6d 开始，M、TR13 和 TD4401 组第 12d 开始，ZR 和 TR14 组第 24d 时，7 种必需氨基酸变化表现为差异显著（$P<0.05$）。从 7 种必需氨基酸变化出现显著差异的时间点来看，添加商业发酵剂 302 组的氨基酸的变化最快，其次为添加脂肪分解酶的 M 组和高产脂肪分解酶的 TR13 组和 TD4401 组，自然组 ZR 和产脂肪酶活性低的 TR14，可见脂肪酶对必需氨基酸的产生速度具有促进作用。

（三）乳酸菌对非必需氨基酸的影响

由表 6-5 可知，0d 时样品中非必需氨基酸的平均含量为 111.64mg/g，2d、4d、6d、12d、24d 时非必需氨基酸的平均含量为 176.34mg/g、164.12mg/g、210.93mg/g、264.71mg/g、424.05mg/g，可见样品在发酵（2d）、干燥（4d）、成熟（6d）和 4℃低温保藏（12~24d）阶段非必需氨基酸的含量在持续增加。

9 种非必需氨基酸在 0d 时含量最高的是谷氨酸，含量为 27.94mg/g，其次分别为天冬氨酸、精氨酸、甘氨酸、丙氨酸、丝氨酸、组氨酸，含量分别为 19.21mg/g、17.10mg/g、13.30mg/g、12.10mg/g、8.07mg/g、6.75mg/g、4.20mg/g，含量最少的为半胱氨酸，含量为 2.93mg/g。302 组在 6d 时，除甘氨酸外，其他组的非必需氨基酸含量均有显著增加（$P<0.05$）；M、TR13 和 TD4401 组在 12d 时，除甘氨酸和组氨酸外，其他 7 种非必需氨基酸含量均上升差异显著（$P<0.05$）；ZR 和 TR14 所有非必需氨基酸在 24d 的测量值变化差异显著（$P<0.05$）。非必需氨基酸受添加物的影响与必需氨基酸相似，添加商业发酵剂 302 组非必需氨基酸含量增加最快，其次为添加脂肪酶的 M 组和添加产脂肪酶活性高的 TR13 和 TD4401 组。非必需氨基酸变化最慢的为自然组 ZR 组和产脂肪酶活性低的 TR14 组。可见脂肪酶对非必需氨基酸生成速度也具有促进作用。

二、乳酸菌对发酵肉制品脂肪酸含量的影响

脂肪酸是肌肉中的脂肪在内源酶以及微生物酶作用下产生的，包括饱和脂肪酸、单不饱和脂肪酸以及多不饱和脂肪酸，以肉豆蔻酸（$C_{14:0}$）、硬脂酸（$C_{18:0}$）、棕榈油酸（$C_{16:1}$）、油酸（$C_{18:1}$）、亚油酸（$C_{18:2}$）、花生四

烯酸（$C_{20:4}$）等为主。游离脂肪酸是风味的前体物质，经氧化为风味的产生做出贡献。研究表明，微生物发酵剂所带有的能够分解脂肪酸的酶系可以与肉中内源酶协同作用，使肉中的脂肪酸更加充分地分解为短链脂肪酸，短链脂肪酸具有较强的挥发性，并且可以参与产生风味物质对发酵肉制品的风味品质有一定的贡献作用（Falowo 等，2014）。乳酸菌对于脂肪的调控主要集中于脂肪水解和氧化两个方面。一方面乳酸菌通过自身产生的脂肪酶以及代谢产生的脂肪酶，促进甘油三酯的水解，增加脂肪酸的含量；另一方面又通过自身的自由基清除能力以及抗氧化酶类以及其他代谢产物对脂肪的氧化通路进行干预，防止脂肪的过度氧化，产生不利于产品品质的风味物质。众多研究表明，在肉制品发酵的初始阶段，肉中的脂质主要以甘油酯以及磷脂等的形式存在，只含有少量的游离脂肪酸，但随着发酵的进行，甘油酯以及磷脂的含量会显著减少，游离脂肪酸的含量显著增加，其中不饱和脂肪酸中的单不饱和脂肪酸的含量显著高于未使用发酵剂的肉制品，不饱和脂肪酸与饱和脂肪酸含量之比也显著提高，验证了在发酵前期是内源酶起主要作用，成熟时期是发酵剂起主要作用（Visessanguan 等，2006；Xiao 等，2020；Du 等，2019）。发酵肉制品在成熟过程中一定程度上甘油三酯的水解和一定量游离脂肪酸的释放对发酵肉制品独特良好风味的形成具有非常重要的作用，另外游离的脂肪酸还可以作为生物学信号分子在维持人体健康中发挥重要的作用。

　　实验在每一种发酵香肠中均检测出 34 种脂肪酸，分为饱和脂肪酸、单不饱和脂肪酸和多不饱和脂肪酸。发酵过程不同时间段样品中脂肪酸的含量及其在全部脂肪酸中所占比例如表 6-8 所示。

表 6-8　　　　　　　　　　　脂肪酸的含量及其占比

脂肪酸	时间	ZR		302		M		TR13		TD4401		TR14	
		含量/（mg/g）	占比/%	含量/（mg/g）	占比/%	含量/（mg/g）	占比/%	含量/（mg/g）	占比/%	含量/（mg/g）	占比/%	含量/（mg/g）	占比/%
饱和脂肪酸	0d	2.39	56.7	2.39	56.7	2.39	56.7	2.39	56.7	2.39	56.7	2.39	56.7
	2d	2.90	55.2	3.33	57.0	3.03	58.6	4.79	55.0	4.20	52.6	2.55	53.1
	4d	5.81	46.2	2.98	57.5	3.78	56.8	4.83	49.7	5.10	56.1	3.82	56.2
	6d	4.22	58.3	4.56	57.9	4.04	57.4	6.93	52.2	3.98	56.6	4.39	58.4
	12d	4.63	40.8	5.36	56.7	4.69	56.4	6.66	45.8	4.32	45.7	4.22	46.3
	24d	5.36	46.6	4.98	54.4	5.00	68.0	6.32	46.7	4.84	56.2	4.92	57.7

续表

脂肪酸	时间	ZR		302		M		TR13		TD4401		TR14	
		含量/（mg/g）	占比/%	含量/（mg/g）	占比/%	含量/（mg/g）	占比/%	含量/（mg/g）	占比/%	含量/（mg/g）	占比/%	含量/（mg/g）	占比/%
单不饱和脂肪酸	0d	0.87	20.5	0.87	20.5	0.87	20.5	0.87	20.5	0.87	20.5	0.87	20.5
	2d	1.34	25.5	1.59	27.2	1.20	23.3	2.71	31.1	2.74	34.4	1.10	22.9
	4d	5.62	44.7	1.30	25.0	1.91	28.7	3.66	37.7	2.76	30.4	1.88	27.7
	6d	2.08	28.7	2.33	29.6	2.09	29.7	5.05	38.1	2.08	29.5	2.16	28.7
	12d	5.28	46.4	3.02	31.9	2.63	31.7	6.42	44.1	3.80	40.1	3.64	39.9
	24d	4.29	37.3	2.88	31.4	1.19	16.2	5.70	42.1	2.56	29.7	2.36	27.7
多不饱和脂肪酸	0d	0.96	22.8	0.96	22.8	0.96	22.8	0.96	22.8	0.96	22.8	0.96	22.8
	2d	1.01	19.3	0.93	15.9	0.94	18.1	1.21	13.9	1.04	13.0	1.15	24.0
	4d	1.14	9.0	0.91	17.5	0.97	14.5	1.22	12.6	1.23	13.5	1.09	16.0
	6d	0.94	13.0	0.99	12.5	0.91	12.9	1.29	9.7	0.98	13.9	0.97	12.9
	12d	1.45	12.8	1.09	11.5	0.99	11.9	1.48	10.2	1.34	14.2	1.26	13.8
	24d	1.85	16.1	1.29	14.2	1.16	15.8	1.52	11.2	1.21	14.0	1.24	14.6
脂肪酸总量	0d	4.22	100%	4.22	100%	4.22	100%	4.22	100%	4.22	100%	4.22	100%
	2d	5.25	100%	5.85	100%	5.16	100%	8.71	100%	7.98	100%	4.79	100%
	4d	12.57	100%	5.19	100%	6.66	100%	9.71	100%	9.09	100%	6.79	100%
	6d	7.24	100%	7.88	100%	7.04	100%	13.27	100%	7.04	100%	7.51	100%
	12d	11.37	100%	9.46	100%	8.31	100%	14.56	100%	9.46	100%	9.12	100%
	24d	11.51	100%	9.14	100%	7.36	100%	13.55	100%	8.60	100%	8.52	100%

由表6-8可知，香肠在发酵（2d）和4℃低温保藏（12~24d）阶段，饱和脂肪酸、单不饱和脂肪酸和多不饱和脂肪酸的含量均有所增加。其中24d时，ZR和TR13组中饱和脂肪酸的含量增加，但是在脂肪酸中所占比例却有所下降，分别从0d的56.7%下降到24d的46.6%和46.7%，而M组饱和脂肪酸在脂肪酸中所占比例从0d的56.7%上升到了68.0%。24d时ZR、302、TR13、

TD4401 和 TR14 组中单不饱和脂肪酸的含量和占比均有所增加，且 TR13 组增幅最大，仅 M 组的单不饱和脂肪酸的占比表现为下降。所有实验组的多不饱和脂肪酸的占比均表现为下降。

（一）乳酸菌对饱和脂肪酸含量的影响

由表 6-9 可知，实验组检测到的饱和脂肪酸有 16 种，碳原子数小于 6 的短链脂肪酸没有被检测到，碳原子数为 6~12 的中链脂肪酸检测到 5 种，分别为己酸（C_6）、辛酸（C_8）、癸酸（C_{10}）、十一碳酸（C_{11}）和月桂酸（C_{12}），碳原子数大于 12 的长链脂肪酸检测到 11 种。饱和脂肪酸中含量较高的是 $C_{14:0}$、$C_{16:0}$ 和 $C_{18:0}$，并且 $C_{18:0}$ 的含量最高。ZR、302、M、TR13、TD4401、TR14 组在 0d 时的饱和脂肪酸的含量为 2.392mg/g，其中硬脂酸（$C_{18:0}$）含量为 0.329mg/g，占比为 13.80%。

发酵 2d 后与 0d 相比，ZR 和 TR14 组中饱和脂肪酸的含量变化差异均不显著（$P>0.05$），其他处理组饱和脂肪酸均显著增加（$P<0.05$），增长最快的组为 TR13 和 TD4401 组且与其他实验组差异显著（$P<0.05$），其含量分别上升到 4.789mg/g 和 4.196mg/g，分别增加了 100.20% 和 75.42%。发酵 4d 后与 0d 相比，所有实验组的饱和脂肪酸的含量均显著增加（$P<0.05$）。在 4d 到 6d 的后熟阶段，饱和脂肪酸继续增加，平均值由 4d 的 0.400mg/g 上升到 6d 的 4.640mg/g。在 6~24d 的 4℃ 低温冷藏阶段，饱和脂肪酸总体含量继续增加。

12d 与 0d 相比，ZR、302、M、TR13、TD4401、TR14 组中饱和脂肪酸的含量分别为 4.634mg/g、5.361mg/g、4.691mg/g、6.663mg/g、4.321mg/g、4.224mg/g，分别增加了 93.72%、124.27%、96.23%、178.66%、80.75%、76.57%。其中硬脂酸（$C_{18:0}$）含量分别为 1.578mg/g、1.223mg/g、1.174mg/g、1.982mg/g、1.514mg/g、1.426mg/g，分别增加了 378.78%、269.70%、254.55%、500.00%、357.58%、330.30%。24d 与 12d 时相比，除 ZR 组外，所有实验组饱和脂肪酸含量变化组内无明显差异。

由以上数据可以看出，6 组实验在 6 个观察的时间点，饱和脂肪酸总体表现为含量增加，12d 时含量达到最高。TR13 和 TD4401 组在发酵的 0~2d，饱和脂肪酸含量增加速度最快，且与 ZR、302、M 和 TR14 组相比差异显著（$P<0.05$）。在 4℃ 低温保藏的 12d 和 24d，TR13 组饱和脂肪酸含量与 ZR 组和其他处理组在统计学上差异显著（$P<0.05$）。16 种饱和脂肪酸中硬脂酸的占比最高且在发酵、干燥、成熟和 4℃ 低温保藏阶段含量变化最大，ZR 组在 12d 时硬脂酸的含量增长了 378.78%，TR13 在 12d 时硬脂酸的含量增长了 500.00%。

| 表 6–9 | | 乳酸菌对饱和脂肪酸含量的影响（每 10g 肉样） | | | | 单位：mg | |

脂肪酸	时间	ZR	302	M	TR13	TD4401	TR14
饱和脂肪酸总量	0d	23.92 ± 2.61^{d}	23.92 ± 2.61^{d}	23.92 ± 2.61^{d}	23.92 ± 2.61^{c}	23.92 ± 2.61^{c}	23.92 ± 2.61^{c}
	2d	29.01 ± 2.85^{DEd}	33.29 ± 3.86^{CDc}	30.25 ± 3.25^{CDEc}	47.89 ± 3.95^{Ab}	41.96 ± 5.32^{ABb}	25.45 ± 0.96^{Ec}
	4d	58.08 ± 1.34^{Aa}	29.82 ± 6.19^{Dcd}	37.82 ± 4.55^{Bb}	48.28 ± 3.40^{Bb}	51.04 ± 7.14^{Aa}	38.18 ± 4.67^{Bb}
	6d	42.21 ± 11.75^{Bc}	45.57 ± 1.72^{Bb}	40.42 ± 2.92^{Bb}	69.34 ± 3.26^{Aa}	39.82 ± 5.95^{Bb}	43.86 ± 2.38^{Bab}
	12d	46.34 ± 2.4^{CDbc}	53.61 ± 2.09^{Ca}	46.91 ± 4.31^{CDa}	66.63 ± 10.78^{Aa}	43.21 ± 0.33^{Dab}	42.24 ± 3.98^{Dab}
	24d	53.57 ± 4.97^{ab}	49.75 ± 1.38^{Bab}	50.00 ± 2.39^{Ba}	63.20 ± 8.92^{Aa}	48.35 ± 3.22^{Bab}	49.20 ± 7.35^{Ba}
$C_{6:0}$	0d	1.65 ± 0.02^{a}	1.65 ± 0.02^{a}	1.65 ± 0.02^{a}	1.65 ± 0.02^{a}	1.65 ± 0.02^{a}	1.65 ± 0.02^{a}
	2d	1.58 ± 0.02^{Bbc}	1.66 ± 0.01^{Aa}	1.58 ± 0.04^{Bab}	1.58 ± 0.01^{Ba}	1.61 ± 0.01^{Bb}	1.67 ± 0.01^{Aa}
	4d	1.58 ± 0.04^{Bb}	1.49 ± 0.06^{Cc}	1.53 ± 0.06^{BCbc}	1.48 ± 0.09^{Cb}	1.61 ± 0.02^{ABb}	1.67 ± 0.01^{Aa}
	6d	1.53 ± 0.04^{Ac}	1.55 ± 0.07^{Abc}	1.52 ± 0.05^{Abc}	1.62 ± 0.02^{Aa}	1.60 ± 0.01^{Ab}	1.57 ± 0.06^{Ab}
	12d	1.56 ± 0.02^{Bbc}	1.54 ± 0.03^{Bbc}	1.47 ± 0.02^{Cc}	1.62 ± 0.01^{Aa}	1.61 ± 0.01^{Ab}	1.64 ± 0.02^{Aa}
	24d	1.60 ± 0.02^{BCDb}	1.60 ± 0.01^{BCDab}	1.52 ± 0.02^{Ebc}	1.57 ± 0.04^{Da}	1.62 ± 0.03^{BCab}	1.67 ± 0.02^{Aa}
$C_{8:0}$	0d	1.66 ± 0.02^{a}	1.66 ± 0.02^{a}	1.66 ± 0.02^{a}	1.66 ± 0.02^{a}	1.66 ± 0.02^{a}	1.66 ± 0.02^{a}
	2d	1.59 ± 0.02^{Bbc}	1.67 ± 0.00^{Aa}	1.59 ± 0.04^{Bab}	1.60 ± 0.01^{Ba}	1.62 ± 0.02^{Ba}	1.67 ± 0.01^{Aa}
	4d	1.61 ± 0.03^{ABab}	1.51 ± 0.05^{Cc}	1.54 ± 0.06^{BCbc}	1.49 ± 0.10^{Cb}	1.62 ± 0.02^{ABa}	1.68 ± 0.01^{Aa}
	6d	1.54 ± 0.04^{Ac}	1.57 ± 0.07^{Abc}	1.53 ± 0.05^{Abc}	1.63 ± 0.02^{Aa}	1.62 ± 0.01^{Aa}	1.58 ± 0.06^{Ab}
	12d	1.58 ± 0.02^{Bbc}	1.55 ± 0.03^{Bbc}	1.48 ± 0.02^{Cc}	1.64 ± 0.01^{Aa}	1.63 ± 0.01^{Aa}	1.66 ± 0.02^{Aa}
	24d	1.63 ± 0.02^{BCab}	1.62 ± 0.02^{BCab}	1.54 ± 0.02^{Dbc}	1.59 ± 0.04^{Ca}	1.64 ± 0.03^{BCa}	1.69 ± 0.02^{Aa}
$C_{10:0}$	0d	1.66 ± 0.04^{c}	1.66 ± 0.04^{bc}	1.66 ± 0.04^{ab}	1.66 ± 0.04^{c}	1.66 ± 0.04^{c}	1.66 ± 0.04^{b}
	2d	1.61 ± 0.01^{Bc}	1.70 ± 0.02^{Ab}	1.62 ± 0.04^{Bb}	1.70 ± 0.02^{Bbc}	1.70 ± 0.08^{Abc}	1.69 ± 0.01^{Ab}
	4d	1.82 ± 0.05^{Ab}	1.58 ± 0.07^{Bc}	1.61 ± 0.04^{Bb}	1.57 ± 0.14^{Bc}	1.76 ± 0.04^{Aab}	1.73 ± 0.01^{Ab}
	6d	1.62 ± 0.08^{Bc}	1.67 ± 0.07^{Bbc}	1.60 ± 0.06^{Bb}	1.81 ± 0.03^{Aab}	1.69 ± 0.04^{ABbc}	1.67 ± 0.07^{Bb}
	12d	1.86 ± 0.03^{Ab}	1.7 ± 0.01^{Db}	1.61 ± 0.04^{Eb}	1.87 ± 0.03^{Aa}	1.84 ± 0.03^{ABa}	1.84 ± 0.03^{Aa}
	24d	2.05 ± 0.05^{Aa}	1.84 ± 0.03^{BCDa}	1.73 ± 0.03^{Da}	1.92 ± 0.10^{Ba}	1.76 ± 0.04^{CDab}	1.87 ± 0.11^{BCa}

续表

脂肪酸	时间	ZR	302	M	TR13	TD4401	TR14
$C_{11:0}$	0d	0.81 ± 0.01^a	0.81 ± 0.01^a	0.81 ± 0.01^a	0.81 ± 0.01^a	0.81 ± 0.01^a	0.81 ± 0.01^a
	2d	0.78 ± 0.01^{Bbc}	0.82 ± 0.00^{Aa}	0.78 ± 0.02^{Bab}	0.79 ± 0.01^{Ba}	0.80 ± 0.01^{Ba}	0.84 ± 0.03^{Aa}
	4d	0.79 ± 0.02^{ABab}	0.74 ± 0.02^{Cc}	0.76 ± 0.03^{BCbc}	0.75 ± 0.04^{Cb}	0.80 ± 0.02^{Aa}	0.82 ± 0.01^{Aa}
	6d	0.76 ± 0.02^{Ac}	0.77 ± 0.04^{Abc}	0.75 ± 0.03^{Ac}	0.80 ± 0.01^{Aa}	0.79 ± 0.01^{Aa}	0.78 ± 0.03^{Aba}
	12d	0.78 ± 0.01^{BCb}	0.76 ± 0.01^{Cbc}	0.73 ± 0.01^{Dc}	0.81 ± 0.01^{Aa}	0.80 ± 0.01^{Aa}	0.82 ± 0.01^{Aa}
	24d	0.80 ± 0.01^{BCab}	0.80 ± 0.01^{BCab}	0.76 ± 0.01^{Dbc}	0.79 ± 0.02^{Ca}	0.80 ± 0.02^{BCa}	0.83 ± 0.01^{Aa}
$C_{12:0}$	0d	1.64 ± 0.02^c	1.64 ± 0.02^b	1.64 ± 0.02^{ab}	1.64 ± 0.02^c	1.64 ± 0.02^c	1.64 ± 0.02^b
	2d	1.61 ± 0.02^{Cc}	1.70 ± 0.02^{ABb}	1.61 ± 0.04^{Cb}	1.74 ± 0.02^{Ac}	1.68 ± 0.07^{ABbc}	1.68 ± 0.02^{Bb}
	4d	1.79 ± 0.06^{Ab}	1.56 ± 0.05^{Dc}	1.60 ± 0.04^{CDb}	1.68 ± 0.11^{BCc}	1.74 ± 0.03^{ABab}	1.73 ± 0.01^{ABb}
	6d	1.60 ± 0.08^{Bc}	1.64 ± 0.07^{Bb}	1.59 ± 0.06^{Bb}	1.91 ± 0.04^{Ab}	1.68 ± 0.03^{Bbc}	1.66 ± 0.07^{Bb}
	12d	1.80 ± 0.04^{Bb}	1.67 ± 0.02^{Eb}	1.59 ± 0.04^{Fb}	1.97 ± 0.05^{Aab}	1.80 ± 0.02^{Ba}	1.83 ± 0.02^{Ba}
	24d	1.98 ± 0.05^{ABa}	1.80 ± 0.03^{CDa}	1.71 ± 0.03^{Da}	2.08 ± 0.16^{Aa}	1.74 ± 0.04^{CDab}	1.85 ± 0.1^{BCDa}
$C_{13:0}$	0d	0.82 ± 0.01^b	0.82 ± 0.01^a	0.82 ± 0.01^a	0.82 ± 0.01^a	0.82 ± 0.01^{ab}	0.82 ± 0.01^{bc}
	2d	0.79 ± 0.01^{Bc}	0.84 ± 0.00^{Aa}	0.80 ± 0.02^{Bab}	0.81 ± 0.00^{Ba}	0.81 ± 0.00^{Bb}	0.83 ± 0.00^{Aab}
	4d	0.83 ± 0.02^{Ab}	0.76 ± 0.02^{Bb}	0.77 ± 0.03^{Bbc}	0.77 ± 0.05^{Bb}	0.83 ± 0.01^{Aa}	0.84 ± 0.00^{Aab}
	6d	0.78 ± 0.02^{Bc}	0.79 ± 0.03^{ABb}	0.77 ± 0.02^{Bbc}	0.84 ± 0.01^{Aa}	0.81 ± 0.01^{ABab}	0.80 ± 0.03^{ABc}
	12d	0.83 ± 0.00^{Bb}	0.79 ± 0.02^{Cb}	0.75 ± 0.01^{Dc}	0.85 ± 0.00^{Aa}	0.83 ± 0.01^{ABa}	0.85 ± 0.01^{ABab}
	24d	0.86 ± 0.01^{Aa}	0.83 ± 0.01^{Aa}	0.79 ± 0.01^{Cabc}	0.84 ± 0.03^{Aa}	0.83 ± 0.02^{Aa}	0.86 ± 0.01^{Aa}
$C_{14:0}$	0d	1.67 ± 0.02^d	1.67 ± 0.02^d	1.67 ± 0.02^{de}	1.67 ± 0.02^d	1.67 ± 0.02^e	1.67 ± 0.02^c
	2d	2.17 ± 0.20^{Bcd}	2.42 ± 0.25^{Bcd}	2.23 ± 0.21^{Bd}	3.77 ± 0.38^{Ac}	2.50 ± 0.92^{Bde}	1.93 ± 0.14^{Bbc}
	4d	5.28 ± 1.06^{Ab}	2.81 ± 1.45^{Bcd}	2.77 ± 0.32^{Bc}	4.04 ± 0.29^{ABc}	3.94 ± 0.46^{ABb}	2.77 ± 0.33^{Bbc}
	6d	3.05 ± 0.85^{Bc}	3.33 ± 0.04^{Bbc}	2.93 ± 0.23^{Bc}	5.72 ± 0.35^{Ab}	2.96 ± 0.49^{Bcd}	3.13 ± 0.14^{Bb}
	12d	6.25 ± 0.67^{Ab}	4.09 ± 0.25^{CDb}	3.55 ± 0.32^{Db}	6.37 ± 0.70^{Ab}	5.05 ± 0.34^{Ba}	4.76 ± 0.23^{BCa}
	24d	8.41 ± 0.48^{Aa}	5.26 ± 0.30^{Ca}	4.74 ± 0.39^{Ca}	7.81 ± 1.28^{Aa}	3.70 ± 0.24^{Cbc}	4.75 ± 1.60^{Ca}
$C_{15:0}$	0d	0.83 ± 0.01^d	0.83 ± 0.01^d	0.83 ± 0.01^e	0.83 ± 0.01^d	0.83 ± 0.01^e	0.83 ± 0.01^c
	2d	0.95 ± 0.06^{Bcd}	1.03 ± 0.07^{Bcd}	0.96 ± 0.06^{Bde}	1.28 ± 0.08^{Ac}	1.05 ± 0.22^{Bde}	0.90 ± 0.04^{Bbc}
	4d	1.85 ± 0.31^{Ab}	1.13 ± 0.42^{Bcd}	1.10 ± 0.1^{Bcd}	1.35 ± 0.07^{Bc}	1.45 ± 0.13^{Bb}	1.13 ± 0.08^{Bbc}
	6d	1.20 ± 0.25^{Bc}	1.3 ± 0.01^{Bbc}	1.13 ± 0.07^{Bc}	1.71 ± 0.07^{Ab}	1.17 ± 0.13^{Bcd}	1.22 ± 0.05^{Bb}
	12d	2.14 ± 0.13^{Ab}	1.46 ± 0.03^{DEb}	1.32 ± 0.11^{Eb}	1.87 ± 0.15^{Bab}	1.73 ± 0.10^{BCa}	1.66 ± 0.06^{CDa}
	24d	2.79 ± 0.15^{Aa}	1.84 ± 0.11^{BCa}	1.63 ± 0.09^{CDa}	2.09 ± 0.26^{Ba}	1.35 ± 0.07^{Dbc}	1.68 ± 0.46^{BCDa}

续表

脂肪酸	时间	ZR	302	M	TR13	TD4401	TR14
$C_{16:0}$	0d	2.48 ± 0.05^b	2.48 ± 0.05^e	2.48 ± 0.05^d	2.48 ± 0.05^b	2.48 ± 0.05^c	2.48 ± 0.05^c
	2d	6.24 ± 1.40^{BCb}	7.69 ± 1.76^{BCc}	6.73 ± 1.51^{BCc}	15.13 ± 2.07^{Aab}	9.72 ± 6.32^{Bb}	3.61 ± 0.18^{Cc}
	4d	16.18 ± 3.05^{Aa}	5.16 ± 1.31^{Cd}	10.58 ± 2.35^{BCb}	13.21 ± 1.18^{ABab}	16.77 ± 3.24^{Aa}	10.04 ± 2.26^{BCb}
	6d	12.77 ± 5.53^{Ba}	14.4 ± 0.87^{Bb}	11.79 ± 1.23^{Bb}	25.14 ± 1.26^{Aa}	11.17 ± 2.86^{Bab}	13.11 ± 0.75^{Ba}
	12d	2.30 ± 0.02^{Bb}	18.45 ± 0.39^{Aa}	14.03 ± 3.29^{Aab}	18.56 ± 14.06^{Aa}	2.34 ± 0.07^{Bc}	2.52 ± 0.13^{Bc}
	24d	2.29 ± 0.03^{Cb}	14.98 ± 1.06^{Bb}	15.92 ± 1.57^{Ba}	15.64 ± 11.47^{Bab}	15.21 ± 1.31^{Bab}	12.20 ± 0.95^{Ba}
$C_{17:0}$	0d	0.86 ± 0.01^d	0.86 ± 0.01^d	0.86 ± 0.01^{de}	0.86 ± 0.01^d	0.86 ± 0.01^c	0.86 ± 0.01^c
	2d	1.28 ± 0.19^{BCcd}	1.57 ± 0.25^{BCcd}	1.37 ± 0.20^{BCd}	2.58 ± 0.30^{Ac}	1.89 ± 0.93^{Bb}	1.05 ± 0.11^{Cc}
	4d	4.11 ± 1.08^{Ab}	1.92 ± 1.34^{Bcd}	1.9 ± 0.37^{Bc}	2.97 ± 0.19^{ABc}	2.73 ± 0.46^{Bb}	1.88 ± 0.31^{Bbc}
	6d	2.19 ± 0.77^{Bc}	2.37 ± 0.13^{Bbc}	2.06 ± 0.17^{Bc}	4.00 ± 0.16^{Ab}	2.00 ± 0.41^{Bb}	2.29 ± 0.14^{Bb}
	12d	5.03 ± 0.61^{Ab}	3.12 ± 0.20^{CDab}	2.69 ± 0.30^{Db}	4.66 ± 0.52^{Aab}	3.86 ± 0.39^{Ba}	3.71 ± 0.19^{BCa}
	24d	6.91 ± 0.34^{Aa}	4.02 ± 0.37^{BCa}	3.65 ± 0.19^{CDa}	5.14 ± 0.83^{Ba}	2.51 ± 0.23^{Db}	3.68 ± 1.45^{CDa}
$C_{18:0}$	0d	3.29 ± 2.47^c	3.29 ± 2.47^d	3.29 ± 2.47^d	3.29 ± 2.47^c	3.29 ± 2.47^c	3.29 ± 2.47^c
	2d	4.14 ± 0.97^{Cbc}	5.55 ± 1.46^{Ccd}	4.68 ± 1.14^{Ccd}	10.55 ± 1.19^{Ab}	12.14 ± 3.26^{Aab}	2.96 ± 0.53^{Cc}
	4d	15.73 ± 2.21^{Aa}	5.16 ± 3.05^{Ccd}	7.53 ± 1.79^{Abc}	12.93 ± 1.3^{Ab}	11.31 ± 2.73^{ABab}	7.20 ± 1.70^{BCbc}
	6d	9.02 ± 3.98^{Bb}	9.92 ± 0.83^{Bab}	8.66 ± 0.88^{Bab}	17.64 ± 1.28^{Aa}	7.92 ± 1.90^{Bb}	9.75 ± 0.73^{Bab}
	12d	15.78 ± 3.37^{ABa}	12.23 ± 1.93^{Ba}	11.74 ± 1.35^{Ba}	19.82 ± 2.65^{Aa}	15.14 ± 0.80^{Ba}	14.26 ± 4.41^{Ba}
	24d	17.52 ± 3.95^{Aa}	8.64 ± 0.24^{Bbc}	9.81 ± 2.29^{Bab}	17.37 ± 2.45^{Aa}	10.68 ± 1.13^{Bb}	11.29 ± 3.26^{Bab}
$C_{20:0}$	0d	1.64 ± 0.02^c	1.64 ± 0.02^b	1.64 ± 0.02^{ab}	1.64 ± 0.02^{bc}	1.64 ± 0.02^b	1.64 ± 0.02^c
	2d	1.59 ± 0.02^{Bc}	1.69 ± 0.02^{Ab}	1.60 ± 0.04^{Bab}	1.65 ± 0.00^{Abc}	1.67 ± 0.04^{Ab}	1.67 ± 0.00^{Ac}
	4d	1.77 ± 0.06^{Ab}	1.54 ± 0.04^{Cc}	1.58 ± 0.03^{Cb}	1.60 ± 0.08^{Cc}	1.69 ± 0.04^{Bb}	1.72 ± 0.01^{ABbc}
	6d	1.60 ± 0.08^{Ac}	1.64 ± 0.07^{Ab}	1.58 ± 0.07^{Ab}	1.72 ± 0.03^{Aab}	1.65 ± 0.03^{Ab}	1.65 ± 0.07^{Ac}
	12d	1.79 ± 0.05^{ABb}	1.67 ± 0.01^{Db}	1.58 ± 0.04^{Eb}	1.75 ± 0.01^{BCa}	1.77 ± 0.03^{ABa}	1.81 ± 0.02^{Aab}
	24d	1.95 ± 0.05^{Aa}	1.77 ± 0.04^{BCa}	1.67 ± 0.02^{Ca}	1.69 ± 0.06^{Cab}	1.69 ± 0.04^{Cb}	1.83 ± 0.09^{Ba}
$C_{21:0}$	0d	0.82 ± 0.01^a	0.82 ± 0.01^a	0.82 ± 0.01^a	0.82 ± 0.01^a	0.82 ± 0.01^a	0.82 ± 0.01^a
	2d	0.79 ± 0.01^{Bbc}	0.83 ± 0.00^{Aa}	0.79 ± 0.02^{Bb}	0.79 ± 0.01^{Ba}	0.80 ± 0.01^{Bb}	0.83 ± 0.01^{Aa}
	4d	0.79 ± 0.02^{Bb}	0.75 ± 0.03^{Cc}	0.76 ± 0.03^{bc}	0.74 ± 0.04^{Cb}	0.80 ± 0.01^{ABb}	0.83 ± 0.01^{Aa}
	6d	0.76 ± 0.02^{Ac}	0.77 ± 0.04^{Abc}	0.76 ± 0.03^{Abc}	0.81 ± 0.01^{Aa}	0.80 ± 0.00^{Ab}	0.78 ± 0.03^{Aa}
	12d	0.78 ± 0.01^{Cbc}	0.77 ± 0.02^{Cbc}	0.74 ± 0.01^{Dc}	0.82 ± 0.00^{ABa}	0.80 ± 0.01^{Bb}	0.82 ± 0.01^{Aa}
	24d	0.80 ± 0.00^{BCab}	0.80 ± 0.01^{BCab}	0.76 ± 0.01^{Dbc}	0.79 ± 0.02^{Ca}	0.81 ± 0.01^{BCb}	0.83 ± 0.01^{Aa}

续表

脂肪酸	时间	ZR	302	M	TR13	TD4401	TR14
$C_{22:0}$	0d	1.63 ± 0.02^{a}	1.63 ± 0.02^{a}	1.63 ± 0.02^{a}	1.63 ± 0.02^{a}	1.63 ± 0.02^{a}	1.63 ± 0.02^{a}
	2d	1.56 ± 0.02^{Cbc}	1.65 ± 0.01^{Aa}	1.56 ± 0.04^{BC}	1.57 ± 0.01^{BCab}	1.59 ± 0.01^{Bab}	1.65 ± 0.01^{Aa}
	4d	1.58 ± 0.03^{ABab}	1.48 ± 0.05^{Cc}	1.52 ± 0.05^{BC}	1.48 ± 0.10^{Cb}	1.59 ± 0.01^{ABb}	1.66 ± 0.01^{Aa}
	6d	1.52 ± 0.04^{Ac}	1.54 ± 0.08^{Abc}	1.51 ± 0.05^{A}	1.60 ± 0.01^{Aa}	1.58 ± 0.01^{Ab}	1.56 ± 0.06^{Ab}
	12d	1.56 ± 0.02^{Bbc}	1.53 ± 0.03^{Bbc}	1.46 ± 0.02^{C}	1.60 ± 0.02^{Aa}	1.60 ± 0.01^{Aab}	1.63 ± 0.02^{Aa}
	24d	1.59 ± 0.04^{BCab}	1.59 ± 0.02^{BCab}	1.51 ± 0.02^{D}	1.56 ± 0.05^{CDab}	1.60 ± 0.03^{BCab}	1.67 ± 0.02^{Aa}
$C_{23:0}$	0d	0.81 ± 0.01^{a}	0.81 ± 0.01^{a}	0.81 ± 0.01^{a}	0.81 ± 0.01^{a}	0.81 ± 0.01^{a}	0.81 ± 0.01^{a}
	2d	0.77 ± 0.01^{Bbc}	0.82 ± 0.00^{Aa}	0.78 ± 0.02^{Bb}	0.78 ± 0.01^{Bab}	0.79 ± 0.01^{Ab}	0.83 ± 0.01^{Aa}
	4d	0.78 ± 0.02^{ABb}	0.74 ± 0.03^{Cc}	0.75 ± 0.03^{BCbc}	0.74 ± 0.05^{BCb}	0.80 ± 0.00^{Ab}	0.82 ± 0.00^{Aa}
	6d	0.75 ± 0.02^{Ac}	0.76 ± 0.04^{Abc}	0.75 ± 0.03^{Abc}	0.79 ± 0.01^{Aa}	0.79 ± 0.00^{Ab}	0.77 ± 0.03^{Ab}
	12d	0.77 ± 0.01^{Bbc}	0.76 ± 0.02^{Bbc}	0.72 ± 0.01^{Dc}	0.80 ± 0.01^{Aa}	0.80 ± 0.01^{Ab}	0.81 ± 0.01^{Aa}
	24d	0.79 ± 0.01^{BCDb}	0.79 ± 0.01^{BCDab}	0.75 ± 0.01^{Ebc}	0.77 ± 0.02^{Dab}	0.80 ± 0.01^{BCab}	0.82 ± 0.01^{Aa}
$C_{24:0}$	0d	1.64 ± 0.02^{a}	1.64 ± 0.02^{a}	1.64 ± 0.02^{a}	1.64 ± 0.02^{a}	1.64 ± 0.02^{a}	1.64 ± 0.02^{a}
	2d	1.56 ± 0.02^{Bb}	1.65 ± 0.00^{Aa}	1.57 ± 0.04^{Bb}	1.57 ± 0.01^{Bab}	1.59 ± 0.01^{Bb}	1.64 ± 0.02^{Aa}
	4d	1.57 ± 0.03^{ABb}	1.48 ± 0.05^{Cc}	1.52 ± 0.05^{BCbc}	1.47 ± 0.09^{Cc}	1.59 ± 0.02^{ABb}	1.66 ± 0.01^{Aa}
	6d	1.51 ± 0.03^{Ac}	1.54 ± 0.07^{Abc}	1.50 ± 0.05^{Abc}	1.60 ± 0.02^{Aab}	1.59 ± 0.01^{ABb}	1.56 ± 0.07^{Ab}
	12d	1.55 ± 0.02^{Bc}	1.52 ± 0.03^{Bbc}	1.46 ± 0.02^{Cc}	1.61 ± 0.01^{Aab}	1.60 ± 0.01^{Ab}	1.63 ± 0.02^{Aa}
	24d	1.58 ± 0.02^{BCDb}	1.58 ± 0.02^{BCDab}	1.51 ± 0.02^{Ebc}	1.55 ± 0.03^{Db}	1.60 ± 0.03^{BCab}	1.66 ± 0.02^{Aa}

　　注：不同大写字母表示同一阶段不同组间有显著差异（$P<0.05$）；不同小写字母表示同一组不同阶段间有显著差异（$P<0.05$）。

（二）乳酸菌对单不饱和脂肪酸含量的影响

　　在发酵肉制品中，随着发酵和成熟干燥过程的进行，产品中不饱和脂肪酸的含量占比在不断增加，说明外源发酵剂有利于发酵肉制品中不饱和脂肪酸的释放，并且在不饱和脂肪酸中含量占比较高的是单不饱和脂肪酸（Visessanguan等；2006）。因此接种发酵剂可以促进发酵肉制品中不饱和脂肪酸的释放，尤其是单不饱和脂肪酸的含量显著增加。

由表6-10可知，实验组检测到的单不饱和脂肪酸有9种，分别为肉豆蔻烯酸（$C_{14:1}$）、顺-十五碳烯酸（$C_{15:1}$）、棕榈油酸（$C_{16:1}$）、十七碳烯酸（$C_{17:1}$）、反油酸（$C_{18:1}T_9$）、油酸（$C_{18:1}C_9$）、二十碳烯酸（$C_{20:1}$）、二十二碳烯酸（$C_{22:1}$）和神经酸（$C_{24:1}$）。实验组观察阶段含量较高的主要是油酸（$C_{18:1}C_9$）、棕榈油酸（$C_{16:1}$）、十七碳烯酸（$C_{17:1}$）、肉豆蔻烯酸（$C_{14:1}$），其中油酸（$C_{18:1}C_9$）含量最高。

ZR、302、M、TR13、TD4401、TR14组0d时单不饱和脂肪酸的含量为0.867mg/g，其中油酸（$C_{18:1}C_9$）含量为0.180mg/g，占比为20.76%。

发酵2d后与0d相比，只有TR13和TD4401组的单不饱和脂肪酸的含量显著增加（$P<0.05$），其含量分别增加到2.709mg/g和2.741mg/g，分别增加了212%和216%。ZR、302、M、TR14组变化差异均不显著（$P>0.05$）。

发酵4d后与0d相比，单不饱和脂肪酸的含量，除了ZR和302组外其他实验组均发生了明显变化，其中TR13组单不饱和脂肪酸的含量上升到了3.657mg/g，增加了321.80%，增长幅度最高。在4~6d的成熟阶段单不饱和脂肪酸的变化趋势无显著差异（$P>0.05$）。在6~24d的4℃低温保藏阶段，单不饱和脂肪酸含量增加，且12d时6个实验组的含量均达到最高，其含量分别为5.278mg/g、3.015mg/g、2.634mg/g、6.419mg/g、3.798mg/g、3.636mg/g，分别增长了508.77%、247.75%、203.81%、640.37%、338.06%、319.38%。TR13组增长比例最高，且与对照组ZR组和302以及M组差异显著（$P<0.05$）。在4℃低温保藏的12~24d的过程中，实验组均表现为单不饱和脂肪酸的含量有所下降，组内不同时间变化差异显著（$P<0.05$）。

ZR、302、M、TR13、TD4401、TR14组在12d时油酸（$C_{18:1}C_9$）含量分别为3.900mg/g、1.731mg/g、1.794mg/g、4.930mg/g、2.709mg/g、2.586mg/g，与0d相比分别增长了2066%、861%、896%、2638%、1505%、1336%，且在12d时含量达到最高，其中TR13组变化最大，与对照组和其他实验组相比均差异显著（$P<0.05$）。

由以上数据可以看出，6组实验在6个观察的时间点，单不饱和脂肪酸总体表现为含量增加，12d时含量达到最高。TR13和TD4401组在发酵的0~2d时，单不饱和脂肪酸含量增加速度最快与ZR、302、M和TR14组相比差异显著（$P<0.05$）。在4℃低温保藏的12~24d，TR13对单不饱和脂肪酸含量的影响与对照组ZR和其他处理组差异显著（$P<0.05$）。9种单不饱和脂肪酸中油酸（$C_{18:1}C_9$）的占比最高且在发酵、干燥、成熟和冷藏阶段含量变化最大。ZR组和TR13组在12d时单不饱和脂肪酸的含量增长多于其他实验组，分别增长了508.77%、640.37%，且TR13与其他实验组相比均差异显著（$P<0.05$）。

表 6-10　　　　乳酸菌对单不饱和脂肪酸含量的影响（每 10g 肉样）　　　单位：mg

脂肪酸	时间	ZR	302	M	TR13	TD4401	TR14
单不饱和脂肪酸总量	0d	8.67 ± 0.25^{b}	8.67 ± 0.25^{c}	8.67 ± 0.25^{c}	8.67 ± 0.25^{d}	8.67 ± 0.25^{c}	8.67 ± 0.25^{d}
	2d	13.37 ± 3.00^{Bb}	15.89 ± 2.07^{Bbc}	12.03 ± 2.87^{Bc}	27.09 ± 10.80^{Ac}	27.41 ± 9.16^{Ab}	10.99 ± 1.39^{Bd}
	4d	56.21 ± 11.69^{Aa}	12.95 ± 3.05^{Dbc}	19.09 ± 2.86^{CDb}	36.57 ± 2.07^{Bc}	27.61 ± 5.25^{BCb}	18.83 ± 2.77^{CDc}
	6d	20.8 ± 17.94^{Bb}	23.30 ± 2.33^{Bab}	20.91 ± 1.51^{Bb}	50.5 ± 2.57^{Ab}	20.78 ± 4.09^{Bb}	21.58 ± 1.11^{Bbc}
	12d	52.78 ± 2.69^{Ba}	30.15 ± 10.73^{CDa}	26.34 ± 3.63^{Da}	64.19 ± 7.51^{Aa}	37.98 ± 1.72^{Ca}	36.36 ± 2.76^{Ca}
	24d	42.94 ± 1.88^{Ba}	28.75 ± 8.01^{Ca}	11.94 ± 0.41^{Dc}	57.04 ± 1.86^{Ab}	25.59 ± 1.80^{Cb}	23.57 ± 2.69^{Cb}
$C_{14:1}$	0d	0.83 ± 0.01^{c}	0.83 ± 0.01^{d}	0.83 ± 0.01^{d}	0.83 ± 0.01^{d}	0.83 ± 0.01^{d}	0.83 ± 0.01^{b}
	2d	0.87 ± 0.03^{Bc}	0.90 ± 0.03^{Bcd}	0.85 ± 0.03^{Bcd}	1.07 ± 0.06^{Ac}	1.04 ± 0.08^{Aab}	0.85 ± 0.02^{Bb}
	4d	1.34 ± 0.15^{Ab}	0.87 ± 0.11^{Ccd}	0.88 ± 0.02^{Cbcd}	1.09 ± 0.07^{Bc}	1.04 ± 0.05^{Bab}	0.95 ± 0.03^{BCb}
	6d	1.00 ± 0.14^{Bc}	0.95 ± 0.03^{Bbc}	0.89 ± 0.04^{Bbc}	1.32 ± 0.05^{Ab}	0.92 ± 0.05^{Bc}	0.93 ± 0.04^{Bb}
	12d	1.48 ± 0.06^{Ab}	1.00 ± 0.01^{CDb}	0.93 ± 0.04^{Db}	1.45 ± 0.10^{Ab}	1.12 ± 0.03^{Ba}	1.13 ± 0.04^{Ba}
	24d	1.85 ± 0.09^{Aa}	1.16 ± 0.04^{Ca}	1.06 ± 0.03^{Ca}	1.61 ± 0.18^{Ba}	1.01 ± 0.04^{Cb}	1.12 ± 0.15^{Ca}
$C_{15:1}$	0d	0.83 ± 0.02^{a}	0.83 ± 0.02^{a}	0.83 ± 0.02^{a}	0.83 ± 0.02^{a}	0.83 ± 0.02^{a}	0.83 ± 0.02^{a}
	2d	0.79 ± 0.01^{Abc}	0.84 ± 0.01^{Aa}	0.79 ± 0.03^{Ab}	0.79 ± 0.01^{Ab}	2.67 ± 3.22^{Aa}	0.84 ± 0.00^{Aab}
	4d	0.80 ± 0.02^{Bbc}	0.75 ± 0.03^{Cc}	0.76 ± 0.03^{BCbc}	0.75 ± 0.03^{Cc}	0.80 ± 0.01^{ABa}	0.83 ± 0.00^{Aa}
	6d	0.77 ± 0.02^{Ac}	0.78 ± 0.04^{Abc}	0.76 ± 0.02^{Abc}	0.81 ± 0.01^{Aab}	0.81 ± 0.02^{Aa}	0.79 ± 0.03^{Ab}
	12d	0.78 ± 0.01^{BCbc}	0.76 ± 0.01^{Cbc}	0.73 ± 0.01^{Dc}	0.81 ± 0.01^{Aab}	0.80 ± 0.01^{ABa}	0.82 ± 0.01^{Aa}
	24d	0.80 ± 0.00^{BCb}	0.80 ± 0.01^{BCab}	0.76 ± 0.01^{Dbc}	0.79 ± 0.02^{CDb}	0.81 ± 0.03^{ABCa}	0.84 ± 0.01^{Aa}
$C_{16:1}$	0d	0.92 ± 0.17^{d}	0.92 ± 0.17^{d}	0.92 ± 0.17^{e}	0.92 ± 0.17^{e}	0.92 ± 0.17^{e}	0.92 ± 0.17^{b}
	2d	1.21 ± 0.14^{Bd}	1.21 ± 0.13^{Bcd}	1.08 ± 0.08^{Bde}	2.25 ± 0.27^{Ad}	1.19 ± 0.37^{Bde}	0.95 ± 0.08^{Bb}
	4d	3.67 ± 0.92^{Ab}	1.41 ± 0.73^{Bbcd}	1.28 ± 0.11^{Bcd}	3.03 ± 0.14^{Ac}	1.96 ± 0.23^{Bb}	1.37 ± 0.12^{Bb}
	6d	1.89 ± 0.62^{Bcd}	1.75 ± 0.06^{Bbc}	1.39 ± 0.11^{Bc}	3.26 ± 0.31^{Abc}	1.45 ± 0.22^{Bcd}	1.39 ± 0.25^{Bb}
	12d	3.06 ± 1.61^{ABbc}	1.95 ± 0.08^{BCb}	1.74 ± 0.12^{Cb}	3.90 ± 0.52^{Aab}	2.53 ± 0.28^{BCa}	2.43 ± 0.04^{BCa}
	24d	5.99 ± 0.83^{Aa}	2.66 ± 0.18^{Ca}	2.22 ± 0.10^{Ca}	4.55 ± 0.64^{Ba}	1.75 ± 0.08^{Cbc}	2.27 ± 0.76^{Ca}
$C_{17:1}$	0d	0.84 ± 0.04^{d}	0.84 ± 0.04^{d}	0.84 ± 0.04^{e}	0.84 ± 0.04^{e}	0.84 ± 0.04^{d}	0.84 ± 0.04^{c}
	2d	1.06 ± 0.10^{BCbcd}	1.07 ± 0.08^{BCDcd}	0.99 ± 0.08^{CDde}	1.61 ± 0.16^{Ad}	1.22 ± 0.09^{Bc}	0.89 ± 0.06^{Dbc}
	4d	2.67 ± 0.51^{Ab}	1.19 ± 0.51^{Cbcd}	1.15 ± 0.12^{Ccd}	1.87 ± 0.40^{Bcd}	1.56 ± 0.15^{BCb}	1.17 ± 0.09^{Cbc}

续表

脂肪酸	时间	ZR	302	M	TR13	TD4401	TR14
$C_{17:1}$	6d	1.54 ± 0.43^{Bc}	1.39 ± 0.03^{Bbc}	1.19 ± 0.07^{Bc}	2.23 ± 0.06^{Abc}	1.23 ± 0.16^{Bc}	1.3 ± 0.06^{Bb}
	12d	3.08 ± 0.17^{Ab}	1.58 ± 0.06^{DEb}	1.43 ± 0.15^{Eb}	2.64 ± 0.25^{Bab}	1.9 ± 0.13^{Ca}	1.82 ± 0.08^{CDa}
	24d	4.27 ± 0.23^{Aa}	2.02 ± 0.13^{Ca}	1.77 ± 0.10^{CDa}	2.95 ± 0.42^{Ba}	1.44 ± 0.07^{Dbc}	1.84 ± 0.53^{CDa}
$C_{18:1}T_9$	0d	0.90 ± 0.10^{c}	0.90 ± 0.10^{b}	0.90 ± 0.10^{b}	0.90 ± 0.10^{b}	0.90 ± 0.10^{b}	0.90 ± 0.10^{b}
	2d	1.01 ± 0.16^{Bc}	1.00 ± 0.07^{Bab}	0.94 ± 0.01^{Bb}	1.68 ± 0.47^{Bab}	6.77 ± 2.84^{Aa}	0.95 ± 0.06^{Bb}
	4d	3.78 ± 0.26^{Ab}	1.27 ± 0.58^{BCab}	1.00 ± 0.17^{Cb}	1.62 ± 0.06^{Bab}	1.16 ± 0.04^{Cb}	1.08 ± 0.19^{Cb}
	6d	0.90 ± 0.2^{Bc}	0.99 ± 0.23^{Bab}	1.04 ± 0.04^{Bb}	2.41 ± 0.18^{Aa}	1.02 ± 0.01^{Bb}	0.67 ± 0.04^{Cb}
	12d	1.93 ± 1.41^{ABc}	1.30 ± 0.52^{Bab}	1.07 ± 0.05^{Bb}	2.73 ± 0.03^{Aa}	1.66 ± 0.82^{ABb}	1.37 ± 0.54^{Bb}
	24d	7.17 ± 0.49^{Aa}	1.99 ± 1.07^{Ba}	2.08 ± 0.21^{Ba}	2.39 ± 1.59^{Ba}	0.81 ± 0.02^{Bb}	2.29 ± 1.36^{Ba}
$C_{18:1}C_9$	0d	1.80 ± 0.32^{c}	1.80 ± 0.32^{c}	1.80 ± 0.32^{c}	1.80 ± 0.32^{d}	1.80 ± 0.32^{c}	1.80 ± 0.32^{d}
	2d	5.82 ± 3.23^{Bbc}	8.28 ± 1.82^{ABbc}	4.92 ± 2.77^{Bc}	16.88 ± 11.34^{Ac}	11.94 ± 9.09^{ABb}	3.96 ± 1.21^{Bd}
	4d	40.7 ± 10.1^{Aa}	5.28 ± 1.68^{Dc}	11.53 ± 2.64^{CDb}	25.61 ± 2.24^{Bc}	18.37 ± 4.76^{BCb}	10.77 ± 2.43^{CDc}
	6d	12.04 ± 16.62^{Bbc}	14.83 ± 2.24^{Bab}	13.15 ± 1.21^{Bb}	37.56 ± 2.16^{Ab}	12.75 ± 3.56^{Bb}	13.93 ± 0.9^{Bb}
	12d	39.00 ± 1.47^{Ba}	17.31 ± 7.28^{Da}	17.94 ± 3.25^{DEa}	49.30 ± 6.51^{Aa}	27.09 ± 0.81^{Ca}	25.86 ± 2.18^{Ca}
	24d	18.90 ± 1.02^{Cb}	17.18 ± 6.72^{CDa}	1.31 ± 0.21^{Ec}	41.42 ± 4.52^{Aab}	17.1 ± 1.57^{CDb}	12.25 ± 0.5^{Dbc}
$C_{20:1}$	0d	0.90 ± 0.12^{c}	0.90 ± 0.12^{c}	0.90 ± 0.12^{c}	0.90 ± 0.12^{b}	0.90 ± 0.12^{c}	0.90 ± 0.12^{b}
	2d	0.91 ± 0.05^{Bc}	0.94 ± 0.03^{Bbc}	0.88 ± 0.06^{Bc}	1.17 ± 0.06^{Ab}	0.97 ± 0.13^{Bbc}	0.86 ± 0.02^{Bb}
	4d	1.61 ± 0.22^{Ab}	0.93 ± 0.21^{Bbc}	0.94 ± 0.04^{Bbc}	1.08 ± 0.18^{Bb}	1.11 ± 0.10^{Bab}	0.99 ± 0.04^{Bb}
	6d	1.10 ± 0.2^{Bc}	1.03 ± 0.04^{Bbc}	0.95 ± 0.05^{Bbc}	1.21 ± 0.32^{Bb}	0.98 ± 0.07^{Bbc}	1.00 ± 0.05^{Bb}
	12d	1.76 ± 0.13^{Ab}	1.14 ± 0.05^{DEab}	1.03 ± 0.05^{Eb}	1.57 ± 0.11^{Ba}	1.27 ± 0.04^{CDa}	1.28 ± 0.05^{Ca}
	24d	2.27 ± 0.13^{Aa}	1.32 ± 0.08^{Ca}	1.20 ± 0.04^{CDa}	1.67 ± 0.18^{Ba}	1.03 ± 0.06^{Dbc}	1.26 ± 0.23^{CDa}
$C_{22:1}$	0d	0.82 ± 0.02^{ab}	0.82 ± 0.02^{a}	0.82 ± 0.02^{a}	0.82 ± 0.02^{bc}	0.82 ± 0.02^{a}	0.82 ± 0.02^{a}
	2d	0.86 ± 0.06^{Aab}	0.82 ± 0.00^{ACa}	0.78 ± 0.02^{Cb}	0.83 ± 0.04^{Abc}	0.8 ± 0.01^{Ca}	0.83 ± 0.01^{ABa}
	4d	0.83 ± 0.03^{Aab}	0.75 ± 0.03^{Cb}	0.76 ± 0.02^{BCb}	0.77 ± 0.05^{BCc}	0.81 ± 0.01^{ABa}	0.84 ± 0.01^{Aa}
	6d	0.79 ± 0.05^{Bb}	0.79 ± 0.04^{Bab}	0.77 ± 0.03^{Bbc}	0.88 ± 0.01^{Aab}	0.80 ± 0.00^{Ba}	0.79 ± 0.03^{Bb}
	12d	0.88 ± 0.05^{Ba}	0.78 ± 0.02^{Dab}	0.74 ± 0.01^{Ec}	0.96 ± 0.02^{Aa}	0.82 ± 0.01^{CDa}	0.83 ± 0.02^{Ca}
	24d	0.88 ± 0.00^{Aa}	0.83 ± 0.02^{Ba}	0.77 ± 0.01^{Cc}	0.89 ± 0.07^{Aab}	0.82 ± 0.02^{BCa}	0.84 ± 0.01^{ABa}

续表

脂肪酸	时间	ZR	302	M	TR13	TD4401	TR14
$C_{24:1}$	0d	0.83 ± 0.01^a	0.83 ± 0.01^{ab}	0.83 ± 0.01^a	0.83 ± 0.01^a	0.83 ± 0.01^a	0.83 ± 0.01^a
	2d	0.84 ± 0.03^{ABa}	0.84 ± 0.00^{ABa}	0.80 ± 0.01^{Cab}	0.81 ± 0.01^{BCa}	0.81 ± 0.00^{Cb}	0.85 ± 0.02^{Aa}
	4d	0.82 ± 0.03^{ABab}	0.75 ± 0.03^{Cd}	0.77 ± 0.03^{BCbc}	0.75 ± 0.05^{Cb}	0.81 ± 0.01^{ABb}	0.84 ± 0.01^{Aa}
	6d	0.78 ± 0.01^{Ab}	0.78 ± 0.04^{Acd}	0.77 ± 0.03^{Abc}	0.82 ± 0.01^{Aa}	0.81 ± 0.00^{Ab}	0.79 ± 0.03^{Ab}
	12d	0.81 ± 0.01^{BCab}	0.79 ± 0.01^{Dbcd}	0.74 ± 0.01^{Fc}	0.83 ± 0.00^{Aa}	0.80 ± 0.02^{CDb}	0.83 ± 0.00^{ABa}
	24d	0.80 ± 0.03^{Bab}	0.81 ± 0.01^{Babc}	0.76 ± 0.01^{Cbc}	0.79 ± 0.02^{Ba}	0.82 ± 0.01^{Bab}	0.86 ± 0.02^{Aa}

注：不同大写字母表示同一阶段不同组间有显著差异（$P<0.05$）；不同小写字母表示同一组不同阶段间有显著差异（$P<0.05$）。

（三）乳酸菌对多不饱和脂肪酸含量的影响

肉制品经添加发酵剂发酵之后，游离脂肪酸的含量增加。在成熟阶段，磷脂发生降解，不饱和脂肪酸的含量增加。在增加的不饱和脂肪酸中，单不饱和脂肪酸的含量最高，多不饱和脂肪酸的含量虽然低于单不饱和脂肪酸，但是整体也是呈增加的趋势，因此不饱和脂肪酸的含量与饱和脂肪酸含量之比在发酵过程中有所提升（Xiao等，2010）。发酵剂的接入，不仅有利于单不饱和脂肪酸含量的增加，还有利于多不饱和脂肪酸，如花生四烯酸、亚麻酸等含量的增加。

如表6-11所示，实验组检测到的多不饱和脂肪酸有9种，分别为反亚油酸（$C_{18:2}T_9$）、亚油酸（$C_{18:2}C_9$）、γ-亚麻酸（$C_{18:3}N_6$）、α-亚麻酸（$C_{18:3}N$）、二十二碳二烯酸（$C_{20:2}$）、二十二碳三烯酸（$C_{20:3}$）、二十碳三烯酸（$C_{20:3}N_3$）、花生四烯酸（$C_{20:4}$）和二十二碳六烯酸（$C_{22:6}$）。其中亚油酸（$C_{18:2}C_9$）、亚麻酸（$C_{18:3}N_6$、$C_{18:3}N_3$）、花生四烯酸（$C_{20:4}$）含量较高，二十二碳六烯酸（$C_{22:6}$）含量次之。ZR、302、M、TR13、TD4401、TR14组在0d时，多不饱和脂肪酸含量为0.961mg/g，随着发酵的进行，多不饱和脂肪酸的含量增加。

发酵2d后与0d相比，只有TR13组的多不饱和脂肪酸的含量发生了显著变化（$P<0.05$），含量从0.961mg/g上升到了1.211mg/g，增长了26.01%。其他5组多不饱和脂肪酸的含量差异均不显著（$P>0.05$）。

发酵4d与0d相比，多不饱和脂肪酸的含量只有TR13和TD4401组发生了显著变化（$P<0.05$），含量分别为1.221mg/g和1.229mg/g，分别增长了27.06%和27.89%。在4~6d的后熟阶段，多数组分多不饱和脂肪酸变化趋势无显著差异（$P>0.05$）。在6~24d的4℃低温保藏阶段，多不饱和脂肪酸的含量总体增加，在6d、12d、24d的均值分别为1.021mg/g、1.267mg/g和1.350mg/g。其中12d时，ZR、302、M、TR13、TD4401、TR14组中多不饱和脂肪酸的含量分别为1.453mg/g、1.085mg/g、0.988mg/g、1.479mg/g、1.341mg/g、1.257mg/g，分别增加了51.04%、13.54%、3.13%、54.17%、39.58%、31.25%，TR13和ZR组的增加量最多，且与其他组相比差异显著（$P<0.05$）。TR13组与ZR组相比，TR13组在发酵的2d时多不饱和脂肪酸的含量已有显著差异（$P<0.05$），ZR组在冷藏的12d时多不饱和脂肪酸的含量才有显著差异（$P<0.05$），可见发酵剂TR13明显加快了多不饱和脂肪酸的生成速度。

n-3多不饱和脂肪酸主要包括 α-亚麻酸（$C_{18:3}N_3$）和二十二碳六烯酸（$C_{22:6}$），对抑郁症有治疗效果（Bove等，2018）。

ZR、302、M、TR13、TD4401、TR14组在12d时共检测到两种亚麻酸，分别为 γ-亚麻酸（$C_{18:3}N_6$）和 α-亚麻酸（$C_{18:3}N_3$），其中 γ-亚麻酸 $C_{18:3}N_6$ 在实验的不同阶段含量变化差异显著（$P>0.05$）。12d时6个实验组的 α-亚麻酸（$C_{18:3}N_3$）含量分别为0.173mg/g、0.133mg/g、0.119mg/g、0.160mg/g、0.151mg/g、0.154mg/g，与0d相比，分别增加了86.81%、42.86%、31.87%、75.82%、64.84%、64.84%，其中ZR和TR13组增加的增加量最大。

二十二碳六烯酸（$C_{22:6}$）各组实验阶段变化差异均不显著（$P>0.05$），n-6多不饱和脂肪酸主要包括反亚油酸（$C_{18:2}T_9$）、亚油酸（$C_{18:2}C_9$）和花生四烯酸（$C_{20:4}$）。

ZR、302、M、TR13、TD4401、TR14组在12d时亚油酸（$C_{18:2}C_9$）含量分别为0.447mg/g、0.241mg/g、0.205mg/g、0.497mg/g、0.298mg/g、0.281mg/g，与0d相比，分别增加了320.56%、124.30%、96.26%、367.30%、180.37%、161.68%，ZR和TR13组变化最大且与其他组差异显著（$P<0.05$）。TR13组与ZR组相比，在发酵2d时亚油酸（$C_{18:2}C_9$）的含量已出现显著差异（$P<0.05$），ZR组在冷藏12d时亚油酸（$C_{18:2}C_9$）的含量才发生显著差异（$P<0.05$），可见TR13明显加快了亚油酸（$C_{18:2}C_9$）的产生速度。

反亚油酸（$C_{18:2}T_9$）各实验阶段组间变化差异均不显著（$P>0.05$）。ZR、302、M、TR13、TD4401、TR14组在12d时花生四烯酸（$C_{20:4}$）的含量分别为0.170mg/g、0.158mg/g、0.150mg/g、0.168mg/g、0.165mg/g、0.169mg/g，分别增加了3.03%、−4.24%、−9.09%、1.81%、0、2.42%，302、TR13、TD4401、TR14组内0d和24d花生四烯酸（$C_{20:4}$）的组间含量差异均不显著（$P>0.05$）。在整个实验阶段 n-6/n-3 为1.14~2.94，远小于联合国粮食及农业组织和世界卫生组织的上限标准（5：1）（Ness，2004）。

由以上数据可以看出，6组实验在6个观察的时间点多不饱和脂肪酸总体表现为含量增加。TR13组在发酵0~2d时，多不饱和脂肪酸含量增加速度最快，且2d与0d相比差异显著（$P<0.05$），其他各组差异均不显著（$P>0.05$）。9种

多不饱和脂肪酸中 α-亚麻酸（$C_{18:3}N_3$）、亚油酸（$C_{18:2}C_9$）的占比最高且在发酵、干燥、成熟和冷藏阶段变化最大。对比 0d，ZR 组和 TR13 组在 12d 时多不饱和脂肪酸的含量增长多于其他实验组，分别增长了 51.04% 和 54.17%。且 TR13 组与其他实验组相比均差异显著（$P<0.05$）。

表 6-11　　乳酸菌对多不饱和脂肪酸含量的影响（每 10g 肉样）　　单位：mg

脂肪酸	时间	ZR	302	M	TR13	TD4401	TR14
多不饱和脂肪酸总量	0d	9.61 ± 1.48^{c}	9.61 ± 1.48^{b}	9.61 ± 1.48^{ab}	9.61 ± 1.48^{d}	9.61 ± 1.48^{b}	9.61 ± 1.48^{a}
	2d	10.13 ± 1.57^{Bc}	9.27 ± 0.79^{Bb}	9.36 ± 1.14^{Bb}	12.11 ± 0.81^{Bc}	10.38 ± 0.93^{Bb}	11.49 ± 4.37^{Ba}
	4d	11.36 ± 2.60^{ABc}	9.10 ± 2.40^{Bb}	9.68 ± 1.34^{ABab}	11.00 ± 0.92^{ABcd}	12.29 ± 0.55^{Aa}	10.89 ± 0.33^{ABa}
	6d	9.43 ± 0.93^{Cc}	9.88 ± 0.57^{Cb}	9.07 ± 0.44^{Cb}	12.88 ± 0.30^{Abc}	9.80 ± 0.16^{BCb}	9.68 ± 0.60^{Ca}
	12d	14.53 ± 1.28^{ABb}	10.85 ± 0.21^{DEb}	9.88 ± 1.14^{Eab}	14.79 ± 1.17^{Aab}	13.41 ± 0.65^{ABCa}	12.57 ± 0.83^{Ca}
	24d	18.54 ± 0.86^{Aa}	12.94 ± 1.03^{BCa}	11.61 ± 0.08^{Ca}	15.21 ± 1.48^{Ba}	12.08 ± 0.80^{Ca}	12.43 ± 2.54^{Ca}
$C_{18:2}T_9$	0d	0.84 ± 0.06^{a}	0.84 ± 0.06^{a}	0.84 ± 0.06^{a}	0.84 ± 0.06^{a}	0.84 ± 0.06^{a}	0.84 ± 0.06^{b}
	2d	0.83 ± 0.02^{Ba}	0.87 ± 0.01^{Ba}	0.83 ± 0.03^{Ba}	0.92 ± 0.02^{Ba}	1.29 ± 0.59^{Aa}	0.85 ± 0.01^{Bb}
	4d	0.88 ± 0.13^{ABa}	0.78 ± 0.01^{Ba}	0.84 ± 0.02^{ABa}	0.93 ± 0.15^{Aa}	0.97 ± 0.04^{Aa}	0.91 ± 0.02^{ABab}
	6d	0.89 ± 0.09^{Aa}	0.86 ± 0.09^{Aa}	0.85 ± 0.04^{Aa}	0.99 ± 0.15^{Aa}	0.88 ± 0.03^{Aa}	0.90 ± 0.03^{Aab}
	12d	0.86 ± 0.06^{Aa}	0.84 ± 0.1^{Aa}	0.84 ± 0.09^{Aa}	0.85 ± 0.03^{Aa}	0.88 ± 0.14^{Aa}	1.00 ± 0.16^{Aa}
	24d	0.95 ± 0.11^{Aa}	0.86 ± 0.02^{ABa}	0.80 ± 0.05^{Ba}	0.85 ± 0.07^{ABa}	0.93 ± 0.03^{ABa}	0.93 ± 0.01^{ABab}
$C_{18:2}C_9$	0d	1.07 ± 0.42^{b}	1.07 ± 0.42^{c}	1.07 ± 0.42^{d}	1.07 ± 0.42^{c}	1.07 ± 0.42^{c}	1.07 ± 0.42^{b}
	2d	1.21 ± 0.14^{BCb}	1.29 ± 0.13^{BCc}	1.16 ± 0.13^{BCd}	2.74 ± 0.45^{Ab}	1.57 ± 0.69^{Bbc}	0.94 ± 0.06^{Cb}
	4d	2.16 ± 2.00^{Ab}	1.65 ± 1.09^{Abc}	1.47 ± 0.18^{Acd}	2.82 ± 0.20^{Ab}	2.14 ± 0.36^{Ab}	1.47 ± 0.19^{ABb}
	6d	1.33 ± 0.36^{Cb}	1.87 ± 0.08^{Bbc}	1.59 ± 0.12^{BCc}	3.41 ± 0.05^{Ab}	1.63 ± 0.29^{BCbc}	1.71 ± 0.07^{BCb}
	12d	4.47 ± 0.61^{Aa}	2.41 ± 0.08^{BCab}	2.05 ± 0.22^{Cb}	4.97 ± 0.77^{Aa}	2.98 ± 0.34^{Ba}	2.81 ± 0.07^{Ba}
	24d	5.94 ± 0.40^{Aa}	3.17 ± 0.26^{Ba}	2.87 ± 0.19^{BCa}	5.64 ± 0.67^{Aa}	2.01 ± 0.13^{Cb}	2.73 ± 1.03^{BCa}

续表

脂肪酸	时间	ZR	302	M	TR13	TD4401	TR14
$C_{18:3}N_6$	0d	0.91 ± 0.16^a	0.91 ± 0.16^a	0.91 ± 0.16^a	0.91 ± 0.16^a	0.91 ± 0.16^a	0.91 ± 0.16^a
	2d	0.80 ± 0.03^{Aab}	0.83 ± 0.01^{Aab}	0.79 ± 0.02^{Ab}	0.81 ± 0.01^{Aab}	0.94 ± 0.24^{Aa}	0.83 ± 0.00^{ABa}
	4d	0.81 ± 0.01^{ABab}	0.75 ± 0.02^{Cb}	0.77 ± 0.03^{BCb}	0.76 ± 0.07^{BCb}	0.81 ± 0.01^{ABa}	0.84 ± 0.01^{Aa}
	6d	0.77 ± 0.03^{Ab}	0.78 ± 0.04^{Ab}	0.76 ± 0.03^{Ab}	0.82 ± 0.01^{Aab}	0.8 ± 0.01^{Aa}	0.79 ± 0.03^{Aa}
	12d	0.81 ± 0.00^{Bab}	0.78 ± 0.01^{Cb}	0.74 ± 0.01^{Db}	0.85 ± 0.00^{Aab}	0.82 ± 0.00^{Ba}	0.83 ± 0.01^{Ba}
	24d	0.82 ± 0.03^{Aab}	0.82 ± 0.01^{Aab}	0.77 ± 0.01^{Cb}	0.82 ± 0.03^{Aab}	0.81 ± 0.02^{Aa}	0.85 ± 0.02^{Aa}
$C_{18:3}N_3$	0d	0.88 ± 0.09^c	0.88 ± 0.09^d	0.88 ± 0.09^d	0.88 ± 0.09^c	0.88 ± 0.09^c	0.88 ± 0.09^b
	2d	0.92 ± 0.03^{Bc}	0.99 ± 0.06^{Bcd}	0.94 ± 0.05^{Bcd}	1.20 ± 0.07^{Ab}	1.02 ± 0.18^{Bc}	0.93 ± 0.05^{Bb}
	4d	1.54 ± 0.21^{Ab}	1.05 ± 0.33^{Bcd}	1.03 ± 0.06^{Bc}	1.14 ± 0.09^{Bb}	1.23 ± 0.12^{Bb}	1.09 ± 0.07^{Bb}
	6d	1.08 ± 0.18^{Bc}	1.16 ± 0.03^{ABbc}	1.06 ± 0.05^{Bc}	1.29 ± 0.09^{Ab}	1.09 ± 0.10^{Bbc}	1.13 ± 0.06^{ABb}
	12d	1.73 ± 0.13^{Eb}	1.33 ± 0.03^{ABab}	1.19 ± 0.08^{Ab}	1.60 ± 0.13^{DEa}	1.51 ± 0.06^{CDa}	1.54 ± 0.06^{CDa}
	24d	2.24 ± 0.10^{Aa}	1.57 ± 0.07^{Ba}	1.45 ± 0.06^{BCa}	1.79 ± 0.20^{Ba}	1.21 ± 0.06^{Cb}	1.53 ± 0.35^{BCa}
$C_{20:2}$	0d	0.81 ± 0.02^{bc}	0.81 ± 0.02^a	0.81 ± 0.02^c	0.81 ± 0.02^b	0.81 ± 0.02^{ab}	0.81 ± 0.02^a
	2d	0.78 ± 0.01^{Acd}	0.82 ± 0.01^{Aa}	0.78 ± 0.02^{Aabc}	0.81 ± 0.01^{Ab}	0.81 ± 0.01^{Ab}	3.29 ± 4.29^{Aa}
	4d	0.81 ± 0.02^{Abc}	0.75 ± 0.02^{Bb}	0.77 ± 0.02^{Bbc}	0.75 ± 0.06^{Bc}	0.82 ± 0.02^{Aab}	0.84 ± 0.00^{Aab}
	6d	0.77 ± 0.03^{Bd}	0.78 ± 0.03^{Bab}	0.76 ± 0.03^{Bbc}	0.84 ± 0.02^{Aab}	0.80 ± 0.01^{ABb}	0.79 ± 0.03^{Ba}
	12d	0.84 ± 0.01^{Bb}	0.79 ± 0.01^{Da}	0.75 ± 0.01^{Ec}	0.88 ± 0.01^{Aa}	0.84 ± 0.01^{Ba}	0.85 ± 0.02^{ABa}
	24d	0.90 ± 0.02^{Aa}	0.82 ± 0.03^{BCa}	0.79 ± 0.01^{Cab}	0.87 ± 0.04^{Aa}	0.82 ± 0.02^{BCab}	0.86 ± 0.03^{ABa}
$C_{20:3}$	0d	1.11 ± 0.93^{ab}	1.11 ± 0.93^a	1.11 ± 0.93^a	1.11 ± 0.93^a	1.11 ± 0.93^a	1.11 ± 0.93^a
	2d	0.59 ± 0.06^{Bb}	0.61 ± 0.04^{Ba}	0.59 ± 0.07^{Ba}	0.89 ± 0.08^{ABa}	1.62 ± 1.31^{Aa}	0.87 ± 0.04^{ABa}
	4d	1.17 ± 0.26^{Aab}	0.72 ± 0.33^{Ba}	0.65 ± 0.08^{Ba}	0.95 ± 0.08^{Ba}	0.85 ± 0.08^{Ba}	0.69 ± 0.10^{Ba}

续表

脂肪酸	时间	ZR	302	M	TR13	TD4401	TR14
$C_{20:3}$	6d	0.73 ± 0.28^{Bb}	0.80 ± 0.05^{Ba}	0.76 ± 0.04^{Ba}	1.09 ± 0.08^{Aa}	0.75 ± 0.07^{Ba}	0.76 ± 0.07^{Ba}
	12d	1.38 ± 0.20^{Aab}	1.02 ± 0.12^{BCa}	0.83 ± 0.08^{Ca}	1.42 ± 0.14^{Aa}	1.08 ± 0.12^{Ba}	1.03 ± 0.02^{BCa}
	24d	1.77 ± 0.21^{Aa}	1.09 ± 0.05^{BCa}	1.06 ± 0.07^{BCa}	1.08 ± 0.39^{BCa}	0.73 ± 0.10^{Ca}	1.16 ± 0.23^{Ba}
$C_{20:3}N_3$	0d	0.87 ± 0.07^{d}	0.87 ± 0.07^{c}	0.87 ± 0.07^{c}	0.87 ± 0.07^{c}	0.87 ± 0.07^{c}	0.87 ± 0.07^{c}
	2d	0.86 ± 0.02^{Bd}	0.92 ± 0.03^{Bbc}	0.87 ± 0.03^{Bc}	1.10 ± 0.10^{Ab}	0.94 ± 0.12^{ABbc}	0.97 ± 0.21^{ABbc}
	4d	1.30 ± 0.17^{Ac}	0.95 ± 0.24^{Bbc}	0.92 ± 0.03^{Bbc}	1.02 ± 0.08^{Bb}	1.04 ± 0.07^{Bb}	0.97 ± 0.04^{Bbc}
	6d	0.98 ± 0.15^{Bd}	1.01 ± 0.03^{Bbc}	0.94 ± 0.05^{Bbc}	1.16 ± 0.01^{Ab}	0.97 ± 0.06^{Bbc}	1.01 ± 0.04^{Bbc}
	12d	1.52 ± 0.09^{Ab}	1.12 ± 0.05^{Bab}	1.00 ± 0.05^{Cb}	1.42 ± 0.11^{Aa}	1.20 ± 0.07^{Ba}	1.21 ± 0.03^{Bab}
	24d	1.76 ± 0.07^{Aa}	1.27 ± 0.05^{Ba}	1.20 ± 0.04^{BCa}	1.38 ± 0.06^{Ba}	1.04 ± 0.04^{Cb}	1.27 ± 0.23^{Ba}
$C_{20:4}$	0d	1.65 ± 0.02^{b}	1.65 ± 0.02^{a}	1.65 ± 0.02^{a}	1.65 ± 0.02^{a}	1.65 ± 0.02^{a}	1.65 ± 0.02^{a}
	2d	1.57 ± 0.02^{Cc}	1.66 ± 0.01^{Aa}	1.58 ± 0.04^{Cb}	1.62 ± 0.00^{Ba}	1.62 ± 0.03^{Ba}	1.66 ± 0.02^{Aa}
	4d	1.67 ± 0.04^{Ab}	1.51 ± 0.03^{Bc}	1.53 ± 0.06^{Bbc}	1.47 ± 0.09^{Bb}	1.63 ± 0.02^{Aa}	1.68 ± 0.02^{Aa}
	6d	1.55 ± 0.05^{ABc}	1.58 ± 0.07^{ABb}	1.53 ± 0.06^{Bbc}	1.65 ± 0.00^{Aa}	1.62 ± 0.02^{ABa}	1.59 ± 0.07^{ABa}
	12d	1.7 ± 0.03^{Ab}	1.58 ± 0.03^{Cb}	1.50 ± 0.02^{Dc}	1.68 ± 0.02^{ABa}	1.65 ± 0.02^{Ba}	1.69 ± 0.02^{ABa}
	24d	1.76 ± 0.03^{Aa}	1.65 ± 0.02^{CDa}	1.58 ± 0.02^{Eb}	1.61 ± 0.04^{DEa}	1.62 ± 0.05^{DEa}	1.71 ± 0.04^{ABa}
$C_{22:6}$	0d	1.45 ± 0.35^{abc}	1.45 ± 0.35^{a}	1.45 ± 0.35^{a}	1.45 ± 0.35^{a}	1.45 ± 0.35^{b}	1.45 ± 0.35^{b}
	2d	2.58 ± 1.43^{Aa}	1.27 ± 0.78^{ABa}	1.83 ± 1.06^{ABa}	2.03 ± 1.19^{ABa}	0.57 ± 0.25^{Bb}	1.14 ± 0.07^{ABb}
	4d	1.01 ± 0.11^{Cc}	0.94 ± 0.41^{Ca}	1.70 ± 1.35^{ABCa}	1.15 ± 0.12^{Ca}	2.80 ± 0.16^{Aa}	2.42 ± 0.10^{ABa}
	6d	1.32 ± 0.37^{ABbc}	1.03 ± 0.31^{ABa}	0.83 ± 0.07^{Ba}	1.64 ± 0.16^{Aa}	1.26 ± 0.40^{ABb}	1.01 ± 0.23^{ABb}
	12d	1.21 ± 0.27^{Cbc}	0.97 ± 0.05^{Ca}	0.98 ± 0.67^{Ca}	1.12 ± 0.24^{Ca}	2.45 ± 0.17^{Ba}	1.60 ± 0.64^{BCb}
	24d	2.39 ± 0.05^{ABab}	1.69 ± 0.59^{BCa}	1.08 ± 0.27^{Ca}	1.17 ± 0.13^{Ca}	2.92 ± 1.16^{Ca}	1.40 ± 0.63^{BCb}

续表

脂肪酸	时间	ZR	302	M	TR13	TD4401	TR14
n-6 多不饱和脂肪酸	0d	3.57 ± 0.49^c	3.57 ± 0.49^c	3.57 ± 0.49^c	3.57 ± 0.49^c	3.57 ± 0.49^c	3.57 ± 0.49^b
	2d	3.60 ± 0.15^{Dc}	3.83 ± 0.15^{Dc}	3.56 ± 0.17^{Dc}	5.27 ± 0.47^{Ab}	4.47 ± 0.19^{Bb}	3.45 ± 0.09^{Db}
	4d	4.71 ± 1.94^{Ac}	3.94 ± 1.10^{Abc}	3.85 ± 0.17^{Ac}	5.22 ± 0.44^{Ab}	4.74 ± 0.42^{Ab}	4.05 ± 0.20^{Ab}
	6d	3.77 ± 0.28^{Cc}	4.31 ± 0.14^{Bbc}	3.97 ± 0.20^{BCbc}	6.04 ± 0.20^{Ab}	4.13 ± 0.34^{Bbc}	4.20 ± 0.17^{Bb}
	12d	7.03 ± 0.61^{Ab}	4.83 ± 0.14^{BCab}	4.38 ± 0.27^{Cb}	7.5 ± 0.80^{Aa}	5.51 ± 0.38^{Ba}	5.50 ± 0.21^{Ba}
	24d	8.66 ± 0.50^{Aa}	5.68 ± 0.26^{Ca}	5.25 ± 0.20^{Ca}	8.10 ± 0.76^{Aa}	4.56 ± 0.19^{Cb}	5.37 ± 1.08^{Ca}
n-3 多不饱和脂肪酸	0d	2.34 ± 0.27^b	2.34 ± 0.27^{ab}	2.34 ± 0.27^a	2.34 ± 0.27^a	2.34 ± 0.27^b	2.34 ± 0.27^{bc}
	2d	3.50 ± 1.46^{Aab}	2.26 ± 0.77^{ABCab}	2.77 ± 1.07^{ABCa}	3.23 ± 1.13^{ABa}	1.60 ± 0.42^{Cb}	2.07 ± 0.07^{ABCc}
	4d	2.56 ± 0.32^{BCb}	2.00 ± 0.74^{Cb}	2.73 ± 1.35^{BCa}	2.29 ± 0.21^{BCa}	4.03 ± 0.06^{Aa}	3.50 ± 0.11^{ABa}
	6d	2.41 ± 0.53^{BCb}	2.19 ± 0.33^{BCb}	1.89 ± 0.11^{Ca}	2.93 ± 0.16^{Ba}	2.35 ± 0.30^{BCb}	2.14 ± 0.29^{BCc}
	12d	2.94 ± 0.39^{BCb}	2.30 ± 0.03^{BCab}	2.17 ± 0.73^{Ca}	2.72 ± 0.26^{BCa}	3.96 ± 0.19^{Aa}	3.15 ± 0.68^{ABab}
	24d	4.63 ± 0.07^{Aa}	3.27 ± 0.66^{BCa}	2.53 ± 0.22^{Ca}	2.96 ± 0.24^{BCa}	4.12 ± 1.10^{ABa}	2.93 ± 0.97^{BCabc}
n-6 多不饱和脂肪酸 /n-3 多不饱和脂肪酸	0d	1.55 ± 0.36^{bc}	1.55 ± 0.36^a	1.55 ± 0.36^a	1.55 ± 0.36^c	1.55 ± 0.36^b	1.55 ± 0.36^{ab}
	2d	1.14 ± 0.42^{Ac}	1.82 ± 0.56^{ABCa}	1.44 ± 0.64^{ABCa}	1.78 ± 0.64^{ABbc}	2.94 ± 0.78^{Ca}	1.67 ± 0.04^{ABCa}
	4d	1.80 ± 0.52^{ABabc}	2.01 ± 0.19^{ABa}	1.66 ± 0.79^{ABa}	2.28 ± 0.02^{Aab}	1.17 ± 0.11^{Bb}	1.16 ± 0.06^{Bb}
	6d	1.62 ± 0.39^{Abc}	1.99 ± 0.23^{Aa}	2.11 ± 0.05^{Aa}	2.06 ± 0.07^{Abc}	1.79 ± 0.35^{Ab}	1.98 ± 0.19^{Aa}
	12d	2.40 ± 0.12^{ABa}	2.10 ± 0.09^{Ba}	2.14 ± 0.55^{Ba}	2.77 ± 0.34^{Aa}	1.39 ± 0.08^{Cb}	1.79 ± 0.33^{BCa}
	24d	1.87 ± 0.08^{Bab}	1.77 ± 0.27^{Ba}	2.09 ± 0.26^{Ba}	2.74 ± 0.12^{Aa}	1.17 ± 0.36^{Cb}	1.90 ± 0.28^{Ba}

注：$C_{n:n}$ 代表有 n 个碳原子，n 个不饱和双键，如：$C_{18:2}C_9$ 表示 18 个碳原子，2 个不饱和键，在第 9 个碳上有双键。其中 T 表示反式异构体，N 表示同分异构体。不同大写字母表示同一阶段不同组间有显著差异（$P<0.05$）；不同小写字母表示同一组不同阶段间有显著差异（$P<0.05$）。

参考文献

［1］卜永士，许惠雅，施文正.传统发酵鱼制品品质及安全性研究进展［J］.肉类研究，2021，35（6）：69-75.

［2］崔莹莹，杨铭铎，李想，等.食盐浓度和腌制时间对猪肉渗透动力学及品质的影响［J］.美食研究，2020，37（2）：41-47.

［3］杜娟，王青华，刘利强.亚硝酸盐在肉制品中应用的危害分析及其替代物的研究［J］.食品科技，2007（8）：166-169.

［4］党亚丽.金华火腿和巴马火腿风味的研究［D］.无锡：江南大学，2009.

［5］封莉，邓绍林，黄明，等.脂肪酶对中式香肠脂肪降解、氧化和风味的影响［J］.食品科学，2015，36（1）：51-57.

［6］葛长荣，马美湖.肉与肉制品工艺学［M］.北京：中国轻工业出版社，2010.

［7］葛长荣，马美湖，马长伟.肉与肉制品工艺学［M］.北京：中国轻工业出版社，2002.

［8］巩洋，孙霞，张勇，等.低酸香肠加工过程中脂肪降解和氧化［J］.食品工业科技，2015（12）：152-157.

［9］辜义洪，练冬梅.传统发酵肉中的微生物及其变化特性［J］.宜宾学院学报，2007，7（6）：61-65.

［10］黄露，郇延军.抗氧化型发酵剂对香肠发酵过程中脂肪氧化的影响［J］.食品与发酵工业，2016，42（12）：38-44.

［11］何欣，唐敏然，戴红，等.JJG（粤）052-2017《水分活度仪检定规程》解读［J］.计量与测试技术，2020，47（3）：97-100.

［12］郇延军，周光宏，徐幸莲.脂类物质在火腿风味形成中的作用［J］.食品科学，2004，25（1）：186-190.

［13］景智波.乳酸菌产脂肪酶特性研究及其在羊肉发酵香肠中的应用［D］.呼和浩特：内蒙古农业大学，2019.

［14］李里特.食品物性学［M］.北京：中国农业出版社，1998.

［15］刘婷，胡冠蓝，何栩晓，等.谷氨酰胺转氨酶和脂肪酶的使用量对中式香肠品质的影响研究［J］.食品科学，2014，35（5）：43-47.

［16］刘英丽，杨梓妍，万真，等.发酵剂对发酵香肠挥发性风味物质形成的作用及影响机制研究进展［J］.食品科学，2021，42（11）：284-296.

［17］刘艳姿.乳酸菌的生理功能特性及应用的研究［D］.秦皇岛：燕山大学，2010.

［18］刘战丽，罗欣.发酵肠的风味物质及其来源［J］.中国调味品，2002（10）：

32-35.

［19］明建，李洪军．不同酶嫩化处理对牛肉物性的影响［J］．食品科学，2008，
29（12）：156-159.

［20］曲冬梅，刘小杰．植物乳植杆菌及其在食品工业中的应用［J］．中国食品
添加剂，2008，1（1）：21-24.

［21］乔发东．腌腊肉制品脂肪组织食用品质的成因分析［J］．食品研究与开发，
2005（47）：7-10.

［22］沈清武，李平兰．微生物酶与肉组织酶对干发酵香肠中游离脂肪酸的影响
［J］．食品与发酵工业，2004，30（12）：1-5.

［23］仝其根，黄少婷，周敏．提取分离胡椒油及胡椒碱的研究［J］．农产品加
工，2008（7）：219-221.

［24］田圆圆，刘绒梅，耿琦，等．四川传统腌腊肉制品中乳酸菌的分离鉴定及
其抗氧化能力研究［J］．中国测试，2018，44（1）：54-59.

［25］王德宝，胡冠华，苏日娜，等．发酵剂对羊肉香肠中蛋白、脂质代谢与风
味物质的影响［J］．农业机械学报，2019，50（3）：343-351.

［26］王德宝，靳烨，其艳娟，等．发酵剂对羊肉干理化指标的影响及其分析研
究［J］．食品工业，2015，36（1）：74-76.

［27］王德宝，王晓冬，康连和，等．不同发酵剂对发酵羊肉香肠有害生物胺控
制及游离脂肪酸释放的影响［J］．食品与发酵工业，2018，44（9）75-81.

［28］吴浩，郭培源，毕松，等．基于Matlab的神经网络猪肉新鲜度测定与研究
［J］．农机化研究，2010，32（8）：113-116.

［29］王俊，周光宏，徐幸莲，等．发酵香肠成熟过程中理化性质变化研究［J］．
食品科学，2004，25（10）：63-66.

［30］王敏．发酵香肠及其发酵剂的研究进展［J］．江苏调味副食，2013（3）：
4-8.

［31］吴满刚，王小兰，陈洋洋，等．浓缩型冻干发酵剂在鸭肉发酵香肠中的应
用［J］．食品科学，2014，35（1）：134-140.

［32］王敏，李梦璐，葛庆丰，等．微生物外源酶对发酵肉制品品质的影响［J］．
食品与发酵工业，2012，38（10）：134-139.

［33］王蓉蓉．肉制品加工工艺学教学改革探索［J］．农产品加工（学刊），
2014，367（19）：79-83.

［34］王艳梅，马俪珍．发酵香肠成熟过程中的生化变化［J］．肉类研究，2004
（2）：46-48.

［35］王畏畏．香肠发酵剂筛选及其在发酵香肠中的应用研究［D］．扬州：扬州
大学，2008.

［36］吴莹莹，鲍大鹏，王瑞娟，等．6种市售工厂化栽培金针菇的氨基酸组成及

蛋白质营养评价［J］.食品科学，2018，39（10）：263-268.

［37］王小生.必需氨基酸对人体健康的影响［J］.中国食物与营养，2005（7）：48-49.

［38］谢爱英，张富新，陈颖.发酵香肠的pH值、水分含量与水分活度（A_w）的关系及其对制品贮藏性的影响［J］.食品与发酵工业，2004，5（11）：143-146.

［39］薛菲，蒋云升，闫婷婷.微生物发酵剂对兔肉脯游离氨基酸含量的影响［J］.食品科学，2014，35（5）：156-159.

［40］谢小雷，李侠，张春晖，等.中红外 - 热风组合干燥羊肉干降低能耗提高品质［J］.农业工程学报，2013，29（23）：217-226.

［41］许伟.原料鲜度及发酵条件对香肠中亚硝酸盐和亚硝胺的变化规律的影响［D］.无锡：江南大学，2012.

［42］余頔.发酵剂对干发酵香肠加工过程中蛋白质降解及多肽抗氧化能力影响［D］.南京：南京农业大学，2020.

［43］游刚，吴燕燕，李来好，等.接种乳酸菌对腌干鱼总脂肪及游离脂肪酸的影响［J］.食品工业科技，2015，36（11）：292-296.

［44］杨明阳.发酵剂对发酵羊肉干感官品质与风味的影响［D］.呼和浩特：内蒙古农业大学，2019.

［45］褚福娟，孔保华，黄永.乳酸菌对发酵牛肉干品质影响的研究［J］.食品与发酵工业，2008（8）：168-172.

［46］张根生，沈从燕，岳晓霞.乳酸发酵香辣羊肉干的研制［J］.食品科学，2006，27（11）：623-627.

［47］张庆芳，迟乃玉，郑燕，等.乳酸菌降解亚硝酸盐机理的研究［J］.食品与发酵工业，2002（8）：27-31.

［48］张倩，江萍.发酵羊肉干的研制［J］.食品研究与开发，2002（5）：28-30.

［49］张巍.微生物发酵技术提升传统川味香肠安全性的研究［D］.成都：成都大学，2019.

［50］张馨木.质构仪测定冷鲜肉新鲜度方法的研究［D］.长春：吉林大学，2012.

［51］翟钰佳.植物乳杆菌对羊肉发酵香肠生物胺形成的影响［D］.呼和浩特：内蒙古农业大学，2019.

［52］张志伟，谢华，纽广安，等.发酵香肠中生物胺生成量的菌株效应分析［J］.肉类研究，2005（1）：28-30.

［53］ANLI R E, VURAL N, YILMAZ S, et al. The determination of biogenic amines in Turkish red wines［J］. Journal of Food composition and analysis,

2004, 17（1）: 53-62.

［54］ANSORENA D, ZAPELENA M J, ASTIASARÁN I, et al. Simultaneous addition of Palatase M and Protease P to a dry fermented sausage（Chorizo de Pamplona）elaboration: effect over peptidic and lipid fractions［J］. Meat science, 1998, 50（1）: 37-44.

［55］ARO J M A, NYAM-OSOR P, TSUJI K, et al. The effect of starter cultures on proteolytic changes and amino acid content in fermented sausages［J］. Food Chemistry, 2010, 119（1）: 279-285.

［56］BECK H C, HANSEN A M, LAURITSEN F R. Catabolism of leucine to branched- chain fatty acids in *Staphylococcus xylosus*［J］. Journal of applied microbiology, 2004, 96（5）: 1185-1193.

［57］BEKHIT A A, HOPKINS D L, GEESINK G, et al. Exogenous proteases for meat tenderization［J］. Critical Reviewsin Food Science and Nutrition, 2014, 54（8）: 1012-1031.

［58］BELLO J, SANCHEZ-FUERTES M A. Application of a mathematical model to describe the behaviour of the *Lactobacillus* spp. During the ripening of a Spanish dry fermented sausage（Chorizo）［J］. Inter J Food Microbio, 1995, 27: 215-227.

［59］BERDAGUE J L, MONTEIL P, MONTEL M C, et al. Effects of starter cultures on the formation of flavor compounds in dry sausage［J］. Meat Science, 1993, 35（3）: 275-287.

［60］BOVE M, MHILLAJ E, TUCCI P, et al. Effects of n-3 PUFA enriched and n-3 PUFA deficient diets in naïve and Aβ-treated female rats［J］. Biochemical Pharmacology, 2018, 9（155）: 326-335.

［61］BOZKURT H, ERKMEN O. Effects of some commercial additives on the quality of sucuk（Turkish dry-fermented sausage）［J］. Food Chemistry, 2007, 101（4）: 1465-1473.

［62］BRINK B TEN, DARNINK C, JOOSTEN H M L J, et al. Occurrence and formation of biologically active amines in Foods［J］. Int Food Microbial, 1990（11）: 73-84.

［63］CANDOGAN K, WARDLAW F B, ACTON J C. Effect of starter culture on proteolytic changes during processing of fermented beef sausages［J］. Food Chemistry, 2009, 116（3）: 731-737.

［64］CASABURI A, DI MONACO R, CAVELLA S, et al. Proteolytic and lipolytic starter cultures and their effect on traditional fermented sausages ripening and sensory traits［J］. Food Microbiology, 2008, 25（2）: 335-347.

［65］CASTELLANO P, ARISTOY M C, SENTANDREU M A, et al. *Lactobacillus sakei* CRL1862 improves safety and protein hydrolysis in meat systems ［J］. Journal of Applied Microbiology, 2012, 113（6）: 1407-1416.

［66］DU S, CHENG H, MA J-K, et al. Effect of starter culture on microbiological, physiochemical and nutrition quality of Xiangxi sausage［J］. Journal of food science and technology, 2019, 56（2）: 811-823.

［67］ESSID I, HASSOUNA M. Effect of inoculation of selected *Staphylococcus xylosus* and *Lactobacillus plantarum* strains on biochemical, microbiological and textural characteristics of a Tunisian dry fermented sausage ［J］. Food Control, 2013, 32（2）: 707-714.

［68］FADDA S, OLIVER G, VIGNOLO G. Protein degradation by *Lactobacillus plantarum* and *Lactobacillus casei* in a sausage model system ［J］. Journal of Food Science, 2002, 67（3）: 1179-1183.

［69］FADDA S, VILDOZA M J, VIGNOLO G. The acidogenic metabolism of *Lactobacillus plantarum* CRL 681 improves sarcoplasmic protein hydrolysis during meat fermentation ［J］. Journal of Muscle Foods, 2010, 21（3）: 545-556.

［70］FALOWO A B, FAYEMI P O, MUCHENJE V. Natural antioxidants against lipid－protein oxidative deterioration in meat and meat products: A review［J］. Food Research International, 2014, 64: 171-181.

［71］FERMANDEZ M, DE LA HOZ. Effect of the addition Pancretic Lipase on the ripening of dry fermented sausages-part 1. Microbial, Physico-chemical and lipolytic changes ［J］. Meat Science, 1995, 40（2）: 159-170.

［72］FIDEL T. Proteolysis and lipolysis in flavor development of dry-cured meat products ［J］. Meat Science, 1998, 49（Supp.1）: 101-110.

［73］GARCÍA-RUIZ A, GONZÁLEZ-ROMPINELLI E M, BARTOLOMÉ B, et al. Potential of wine-associated lactic acid bacteria to degrade biogenic amines ［J］. International journal of food microbiology, 2011, 148（2）: 115-120.

［74］GUNILLA JOHANSSON, JEAN-LOUIS BERDAGUE, MATS LARSSO, et al. Lipolysis, proteolysis and formation of volatile components during ripening of a fermented sausage with *Pediococcus pentosaceus* and *Staphylococcus xylosus* as starter cultures ［J］. Meat Science, 1994, 38: 203-218.

［75］HE Q, CAO C, HUI W, et al. Genomic resequencing combined with quantitative proteomic analyses elucidate the survival mechanisms of *Lactobacillus plantarum* P-8 in a long-term glucose-limited experiment ［J］. Journal of proteomics, 2018, 176（2）: 37-45.

［76］HIERRO E, HOZ L. Contribution of the microbial and meat endogenous enzymes to the free amino acid and amine contents of dry fermented sausages ［J］. J Agric Food Chem, 1999, 47: 1156-1161.

［77］HUGHES M C, KERRY J P. Characterization of proteolysis during the ripening of semidry fermented sausages ［J］. Meat Science, 2002, 62: 205-216.

［78］JACOB GØTTERUP, OLSEN K, SUSANNE KNØCHEL, et al. Color formation in fermented sausages by meat-associated staphylococci with different nitrite and nitrate reductase activities ［J］. Meat Science, 2008, 78（4）: 492-501.

［79］JOHNSON R C, ROMANS J R, MULLER T S, et al. Physical, chemical and sensory characteristics of four types of beaf steak ［J］. Journal of Food Science, 1990, 55（5）: 1264-1273.

［80］KONGKIATTIKAJORN J. Potential of starter culture to reduce biogenic amines accumulation in som-fug, a Thai traditional fermented fish sausage ［J］. Journal of Ethnic Foods, 2015, 2（4）: 186-194.

［81］LEE Y C, KUNG H F, HUANG C Y, et al. Reduction of histamine and biogenic amines during salted fish fermentation by *Bacillus polymyxa* as a starter culture ［J］. Journal of food and drug analysis, 2016, 24（1）: 157-163.

［82］LEROY F, VERLUYTEN J, DE V L. Functional meat starter cultures for improved sausage fermentation ［J］. International Journal of Food Microbiology, 2006, 106（3）: 270-285.

［83］LIHUA ZHAO, YE JIN, CHANGWEI Ma, et al. Physico-chemical characteristics and free fatty acid composition of dry fermented mutton sausages as affected by the use of various combinations of starter cultures and spices ［J］. Meat Science, 2011, 88: 761-766.

［84］MARCO A, NAVARRO J L, FLORES M. The influence or nitrite and nitrate on microbial, chemical and sensory parameters of slow dry fermented sausage ［J］. Meat Science, 2006, 73: 660-673.

［85］NAILA A, FLINT S, FLETCHER G, et al. Control of biogenic amines in food—existing and emerging approaches ［J］. Journal of food science, 2010, 75（7）: R139-R150.

［86］NESS A. Diet Nutrition and the Prevention of Chronic Diseases. ［J］. Journal of Symbolic Logic, 2004, 32（4）: 914-915.

［87］OCKERMAN HW, BASU L. Handbook of fermented meat and poultry ［M］.

Oxford: Black well Pub Professional, 2007.

［88］PAIK H D, LEE J Y. Investigation of reduction and tolerance capability of lactic acid bacteria isolated from kimchi against nitrate and nitrite in fermented sausage condition［J］. Meat Science, 2014, 97（4）: 609-614.

［89］PEGG A E. Toxicity of polyamines and their metabolic products［J］. Chemical research in toxicology, 2013, 26（12）: 1782-1800.

［90］PRESTER L. Biogenic amines in fish, fish products and shellfish: a review［J］. Food Additives & Contaminants: Part A, 2011, 28（11）: 1547-1560.

［91］RUIZ-CAPILLAS C, JIMÉNEZ-COLMENERO F. Biogenic amines in meat and meat products［J］. Critical Reviews in Food Science and Nutrition, 2004, 44: 489-499.

［92］SACCANI G, FORNELLI G, ZANARDI E. Characterization of textural properties and changes of myofibrillar and sarcoplasmic proteins in salame Felino during ripening［J］. International Journal of Food Properties, 2013, 16（7）: 1460-1471.

［93］SCHMIDT S, BERGER R G. Aroma compounds in fermented sausages of different origins［J］. LWT-Food Science and Technology, 1998, 31（6）: 559-567.

［94］SRIPHOCHANART W, SKOLPAP W. Characterization of proteolytic effect of lactic acid bacteria starter cultures on thai fermented sausages［J］. Food Biotechnology, 2010, 24（4）: 293-311.

［95］STAHNKE M L H. Volatiles produced by *Staphylococcus xylosus* and *Staphylococcus carnosus* during growth in sausage minces［J］. LWT-Food Science and Technology, 1999, 32（6）: 365-371.

［96］STEFANO S, ALESSANDRO P, MAURIZIO M, et al. Oligopeptides and free amino acids in Parma hams of known cathepsin B activity［J］. Food Chemistry, 2001, 75（3）: 267-273.

［97］STRATTON J E, HUTKINS R W, TAYLOY S L. Biogenic amines in cheese and other fermented foods［J］. A Review J Food PROT, 1991, 54（3）: 460-470.

［98］SUN Z, HARRIS H, MCCANN A, et al. Expanding the biotechnology potential of lactobacilli through comparative genomics of 213 strains and associated genera［J］. Nature communications, 2015, 6（1）: 1-13.

［99］TITTARELLI F, PERPETUINI G, DI GIANVITO P, et al. Biogenic amines producing and degrading bacteria: A snapshot from raw ewes' cheese［J］. LWT, 2019, 101: 1-9.

[100] VINCI G, ANTONELLI M L. Biogenic amine: quality index of freshness in red and white meat [J]. Food Control, 2002, 13 (8): 519-524.

[101] VIRGILI R, SACCANI G, GABBA L, et al. Changes of free amino acids and biogenic amines during extended ageing of Italian dry-cured ham [J]. LWT-Food Science and Technology, 2007, 40 (5): 871-878.

[102] VIRGILI R, SCHIVAZAPPA C, PAROLARI G, et al. Proteases in fresh pork muscle and their influence on bitter taste formation in dry-cured ham[J]. Journal of Food Biochemistry, 1998, 22 (1): 53-63.

[103] VISESSANGUAN W, BENJAKUL S, RIEBROY S, et al. Changes in lipid composition and fatty acid profile of Nham, a Thai fermented pork sausage, during fermentation [J]. Food Chemistry, 2006, 94 (4): 580-588.

[104] XIAO F, GUO F. Impacts of essential amino acids on energy balance [J]. Molecular metabolism, 2021, 57: 101393.

[105] XIAO Y, LIU Y, CHEN C, et al. Effect of Lactobacillus plantarum and Staphylococcus xylosus on flavour development and bacterial communities in Chinese dry fermented sausages [J]. Food Research International, 2020, 135: 109247.

[106] XING L, GE Q, JIANG D, et al. Caco-2 cell-based electrochemical biosensor for evaluating the antioxidant capacity of Asp-Leu-Glu-Glu isolated from dry-cured Xuanwei ham [J]. Biosensors and Bioelectronics, 2018, 105: 81-89.

[107] YOO D A, BAGON B B, VALERIANO V D V, et al. Complete genome analysis of *Lactobacillus fermentum* SK152 from kimchi reveals genes associated with its antimicrobial activity [J]. FEMS Microbiology Letters, 2017, 364 (18): 124-128.

[108] ZALACAIN I, ZAPELENAM.J, DEPENA.M.P, et al. Use of lipase from Rhizom-ucor miehei in dry fermented sausages elaboration: microbial, chemical and sensory analysis [J].Meat Science, 1997, 45 (1): 99-105.

[109] ZENG X, XIA W, JIANG Q, et al. Effect of autochthonous starter cultures on microbiological and physico-chemical characteristics of Suan yu, a traditional Chinese low salt fermented fish[J]. Food Control, 2013, 33(2): 344-351.

[110] ZHANG Y, HU P, LOU L, et al. Antioxidant activities of lactic acid bacteria for quality improvement of fermented sausage [J]. Journal of food science, 2017, 82 (12): 2960-2967.

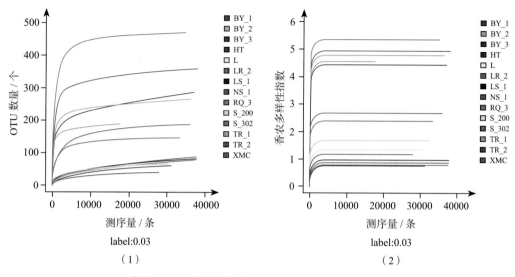

彩图 2-1 稀释性曲线（1）和香农指数曲线（2）

"label:0.03"表示该分析是基于 OTU 序列差异水平在 0.03，相似度为 97% 的水平进行运算的。

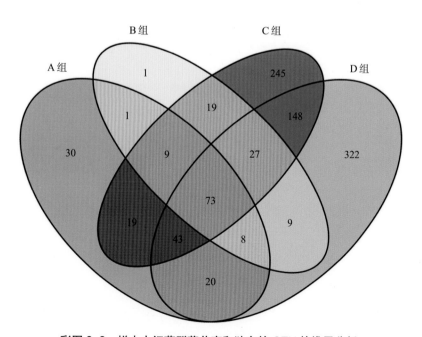

彩图 2-2 样本中细菌群落共享和独有的 OTU 的维恩分析

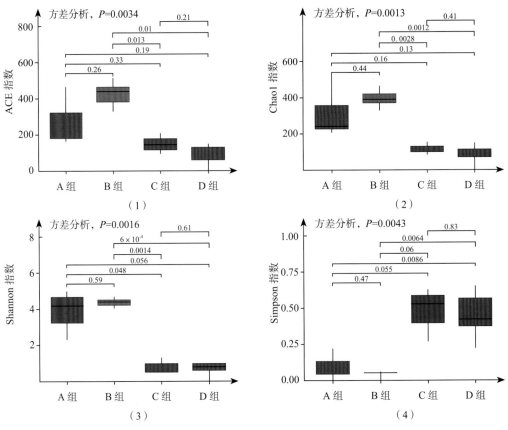

彩图 2-3　样本中的细菌群落多样性分析

（1）ACE 指数　（2）Chao1 指数　（3）Shannon 指数　（4）Simpson 指数

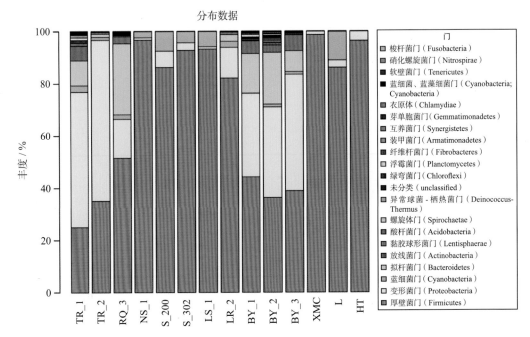

彩图 2-4　样本中细菌在门水平上的分布

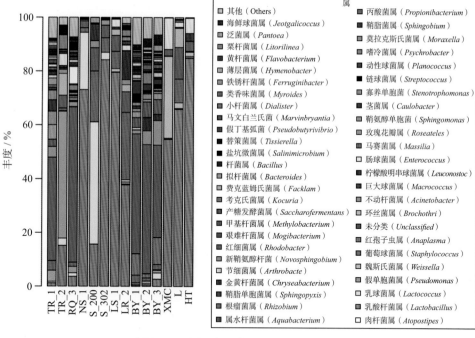

彩图 2-5 样品中细菌在属水平上的分布

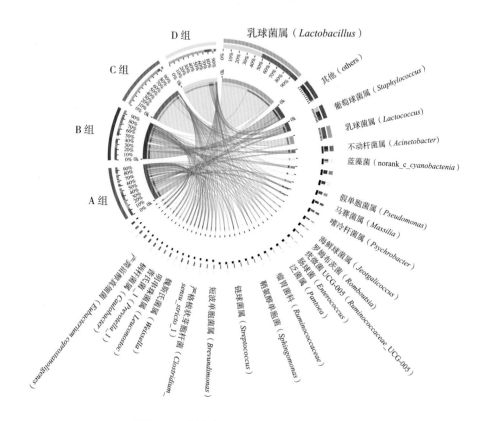

彩图 2-6 样本与物种关系图（Circos）

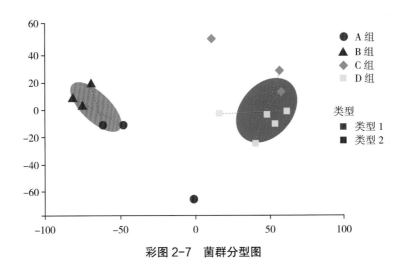

彩图 2-7　菌群分型图

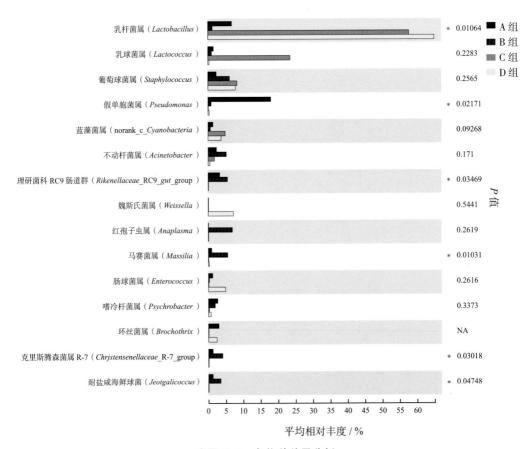

彩图 2-8　多物种差异分析

纵坐标表示某一分类水平下的物种名；物种对应的柱子长度表示该物种在各样本组中的平均相对丰度；
不同颜色表示不同分组；* 表示 0.01<P≤0.05；NA 表示未检出。

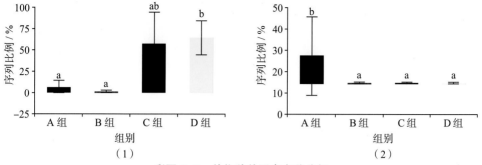

彩图 2-9　单物种单因素方差分析

（1）乳杆菌属　（2）假单胞菌属

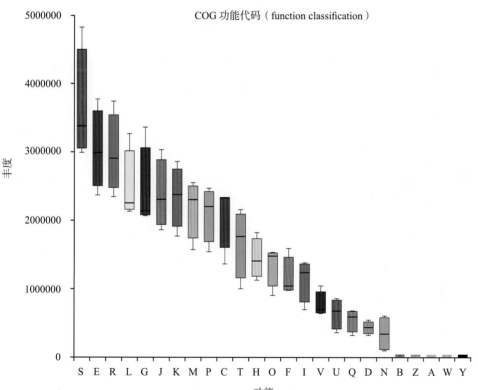

COG 功能代码（function classification）

彩图 2-10　COG 功能丰度谱

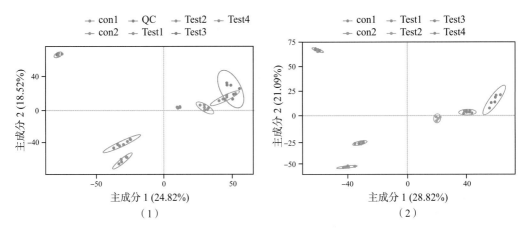

彩图 3-1 不同离子模式下发酵肉制品的主成分分析

（1）阳离子模式 PCA （2）阴离子模式 PCA

QC 表示质量控制。百分数表示主成分 1、主成分 2 的贡献值。Con1、Con2、Test1、Test2、
Test3、Test4 含意见表 3-1。

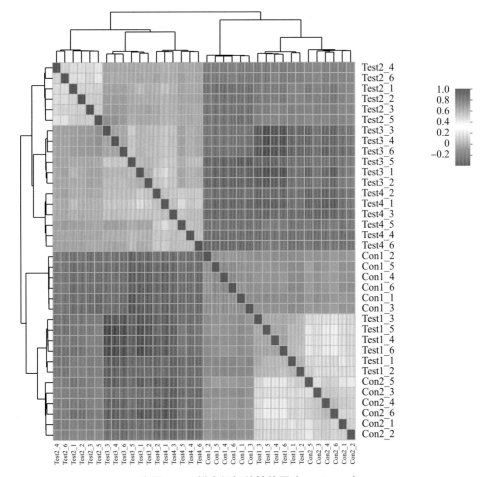

彩图 3-2 样本间相关性热图（Heatmap）

图的右侧和下侧为样本名，图中每个格子表示两个样本之间的相关性，不同颜色代表样本间相关系数的大小。
Con1、Con2、Test1、Test2、Test3、Test4 含意见表 3-1。

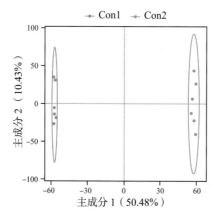

彩图 3-3　阴阳离子混合模式下自然发酵肉与原料肉的主成分分析

百分数表示主成分 1、主成分 2 的贡献值。Con1、Con2 含意见表 3-1。

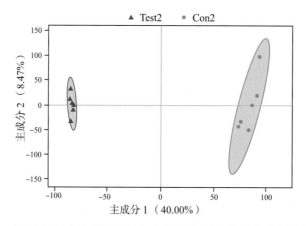

彩图 3-4　阴阳离子混合模式下添加乳酸菌的发酵肉与自然发酵肉的主成分分析

百分数表示主成分 1、主成分 2 的贡献值。Test2、Con2 含意见表 3-1。

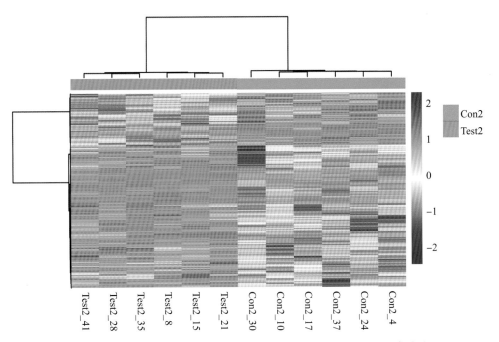

彩图 3-5　添加 TR13 发酵剂的发酵肉与自然发酵肉差异物质表达热图

Test2、Con2 含意见表 3-1。图中每列表示一个样本，每行表示一个代谢物，图中的颜色表示代谢物在该组样本中相对表达量的大小。

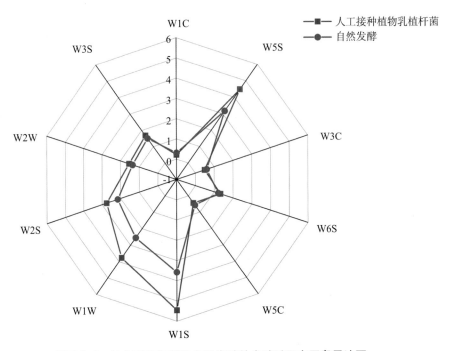

彩图 3-6　植物乳植杆菌和自然发酵的发酵香肠电子鼻雷达图

W1C：芳香成分苯类；W5S：灵敏度大，对氮氧化合物很灵敏；W3C：氨类，对芳香成分灵敏；W6S：主要对氢化物有选择性；W5C：短链烷烃芳香成分；W1S：对甲基类灵敏；W1W：对无机硫化物灵敏；W2S：对醇类、醛酮类灵敏；W2W：对芳香成分、有机硫化物灵敏；W3S：对长链烷烃灵敏。图中 -1 ~ 6 为响应值。

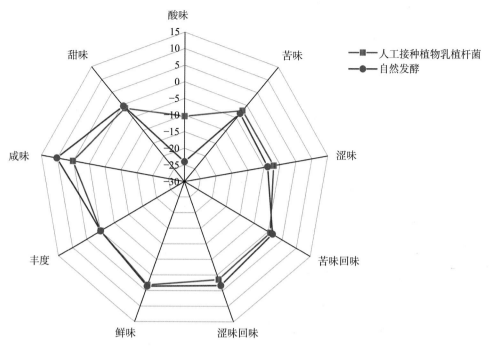

彩图 3-7 不同组别的发酵香肠电子舌雷达图

图中 –30 ~ 15 为响应值。

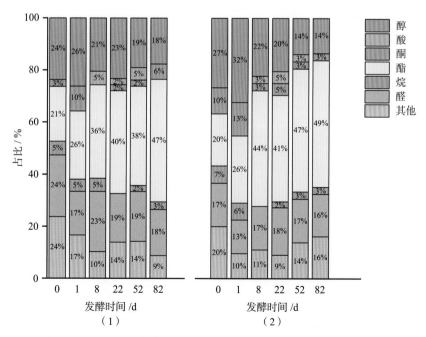

彩图 3-8 不同组发酵香肠在加工过程中挥发性风味物质种类数占比

（1）植物乳植杆菌发酵 （2）自然发酵

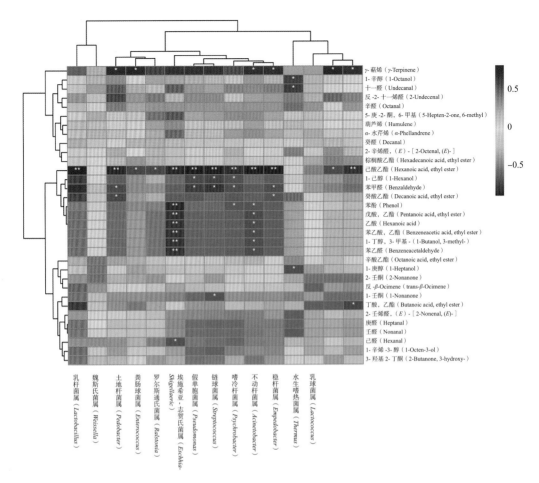

彩图 3-9 优势细菌与风味指标相关性

每个方格的颜色表示皮尔逊相关系数（R），其中"*"表示相关性显著（$P<0.05$），
"**"表示相关性极显著（$P<0.01$），暖色系代表正相关，冷色系代表负相关。

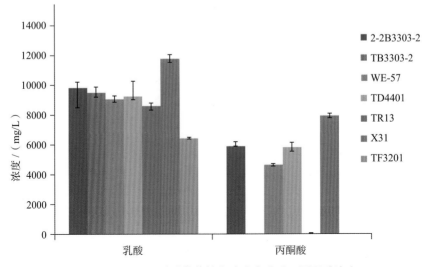

彩图 4-1 不同乳酸菌菌株上清液中乳酸、丙酮酸浓度

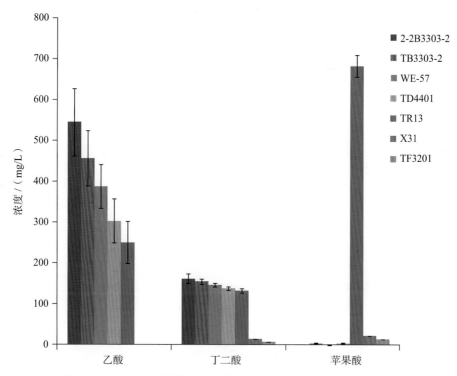

彩图 4-2　不同乳酸菌菌株上清液乙酸、丁二酸、苹果酸浓度

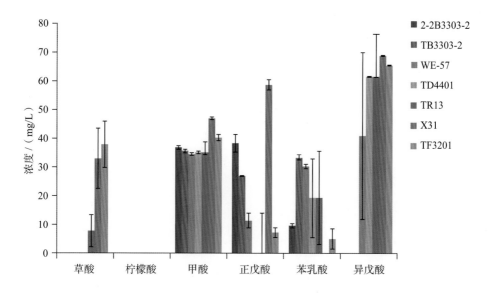

彩图 4-3　不同乳酸菌菌株上清液草酸、柠檬酸、甲酸、正戊酸、苯乳酸、异戊酸浓度

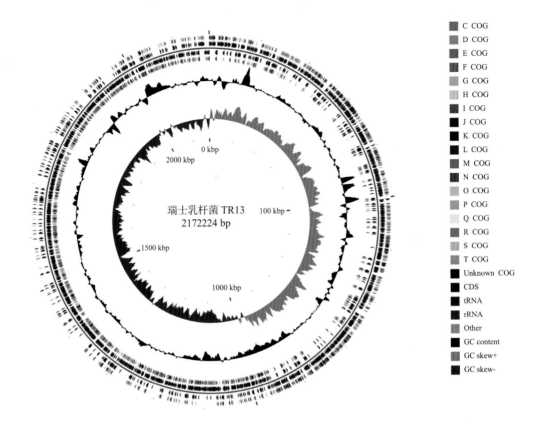

彩图 4-4　瑞士乳杆菌 TR13 基因组 CGView 圈图

圈图的最外面一圈为基因组大小的标识，第二圈和第三圈为正链、负链上的 CDS，不同的颜色表示 CDS 不同的 COG 的功能分类，第四圈为 rRNA 和 tRNA，第五圈为 GC 含量，向外的红色部分表示该区域 GC 含量高于全基因组平均 GC 含量，峰值越高表示与平均 GC 含量差值越大，向内的蓝色部分表示该区域 GC 含量低于全基因组平均 GC 含量，峰值越高表示与平均 GC 含量差值越大，最内一圈为 GC skew 值，具体算法为（G–C）/（G+C），可以辅助判断前导链和后滞链，一般前导链 GC skew>0，后滞链 GC skew<0，也可以辅助判断复制起点（累计偏移最小值）和终点（累计偏移最大值），尤其对环状基因组最为重要。C COG、D COG、E COG、F COG、G COG、H COG、I COG、J COG、K COG、L COG、M COG、N COG、O COG、P COG、Q COG、R COG、S COG、T COG 含义见表 4-31。